科学コミュニケーション論

藤垣裕子・廣野喜幸──［編］ ［新装版］
東京大学科学技術インタープリター養成プログラム

東京大学出版会

Theoretical Perspective for Science Communication
［New Edition］
Yuko FUJIGAKI and Yoshiyuki HIRONO, editors
University of Tokyo Press, 2020
ISBN978-4-13-003209-4

『科学コミュニケーション論』新装版によせて

　2008年に刊行した『科学コミュニケーション論』の新装版を出版することとなった．新装版にあたって，とくに第1，2章に最新の内容を追加した．新装版出版の背景にはもちろん続編の企画があるが，それだけにとどまらず，日本社会における科学コミュニケーション自体の必要性が高まっていること，そしてその教育の必要性の認識も高まっていることが挙げられる．2008年から2020年までの12年間にさまざまなことがおこったが，特筆すべきことは，やはり2011年の東日本大震災後の三大災害（地震，津波，原子力災害），そして2020年現在の新型コロナウイルス感染症禍であろう．2008年度版252ページに英国のBSE禍後の「痛みをともなうコミュニケーション」に対し，日本の科学コミュニケーションにおける「痛みの感覚の欠如という意味での生ぬるさ」への言及がある．「痛みをともなうコミュニケーション」が日本でも現実のものとなったのが，この2つのできごとである．

　2011年11月3日，米国クリーブランドで国際科学技術社会論学会と米国科学史学会，技術史学会の合同のプレナリーが「フクシマ」をテーマに行われた際，三学会をそれぞれ代表する原子力技術史あるいは原子力社会論の研究者たちが発表を行った．そのなかの一人が，作業服を着た管直人首相（当時）と枝野幸男内閣官房長官（当時）のスライドを映し，「日本政府はDis-organized Knowledgeを出しつづけた」と説明すると，さまざまな国籍をもつ800人の聴衆から失笑が漏れた．日本は長年「科学技術立国」を謳ってきたが，リスク・コミュニケーションないしクライシス・コミュニケーションにおいては，世界に誇れる国ではない．

　そもそもorganizedな知識とは何だろうか．日本学術会議は当時，「専門家として統一見解を出すように」という声明を出したが，これはunique，ある

いは unified と訳される．Organized であることは，ただ１つに定まる知識（unique）とは異なる．異なる見解を統一（unified）することとも異なる．時々刻々と状況が変化する原子力発電所事故の安全性に関する事実を一カ所に集め，organized な知識（幅があっても偏りのない，安全側にのみ偏っているのではない知識）を発信することを検討する必要がある．情報発信をめぐる問題は，科学者の責任に関して新たな課題を提示する．心配させないようにただ１つに定まる情報を出し，行動指針となる１つの統一見解を出すのが科学者の責任なのだろうか．それとも幅のある助言をして，あとは市民に選択してもらうのが責任なのだろうか．

この問いは，不確実事象の科学コミュニケーションおよび科学教育のありかたとつながってくる．科学者が「幅のある助言をして，あとは市民に選択してもらう」文化を育てるためには，まずメディアがリスク情報について YES かNO か，あるいは白か黒かという回答を迫る傾向を修正しないとならない．行政およびメディアがいままで，１つの行動指針をめざすことにあまりにこだわり，「市民が自分で考え行動する文化」の進展を拒んできた傾向がある．また，科学教育が「理科の問題の答えはただ１つに定まる」という教育をしてきたことも問題だろう．もちろん１つに定まるものもあるが，なかには科学者にもまだ答えが出せず不確実性がある状況で社会の意志決定が必要な課題もある．英国の理科の教科書では，「科学者の答えが１つに定まらない問題もあること」「科学者の間で意見が異なることもあること」「科学者が正しいとする答えも探究がすすめばいずれ書き換えられる可能性もあること」を教え，そのうえで市民が自ら考える素養を教えている．それは「市民が自分で考え行動する文化」を醸成するために大事な素養となる．

原発事故後，低レベル放射線の健康影響についても多くの議論があった．ICRP（国際放射線防護委員会）のいくつかの報告書にもこれについての言及がある．これらの報告書のいくつかを熟読して驚くのは，低線量被曝を受けた人が直面する問い，および住民による防護方策の実施についての詳細な記載である．たとえば，「放射能事故の場合，影響を受けた人々は新たな問題と懸念に直面することになる」という記述があり，人々が直面する問題と懸念の例として，以下が挙げられている．「環境はどの程度汚染されているのか．自身はど

の程度被爆しているのか．とりわけ，自身はどの時点で汚染されたのか．このような新たな状況にどう向き合うべきか．自身の現在および将来の被ばくを合理的に達成可能な限り低減するために何をすべきか」などである（ICRP Pub.111 ドラフト JRIA 暫定翻訳版）．

　また，住民による防護方策の実施のなかには，市民参加の勧めが何例も示されている．たとえば，「当局が主要な利害関係の代表者をこれらの計画（放射線防護計画）の作成に関与させるようすべきであると勧告する（同 2 項 34）」「汚染地域の過去の経験によれば，地域の専門家や住民を防護方策に関与させることが復興プログラムの持続可能性にとって重要であることが実証されている（同 4 項 55）」「ノルウェーにおいて対策の適用とモニタリングに際して現地の人々への権限付与と影響を受けた人々の直接関与が重視されたこと（同 A 7）」「羊を制限区域の外へ移動させたいと望む農民は放射性セシウムのレベルを判定するために自身の家畜を調べることができた．そのため，生体モニタリング技術が用いられた（同 A 8）」．

　日本でも ICRP の報告書は，被ばく線量の上限を決めるために引用されることはあった．しかし，このような測定や方策への市民参加の記述があることを紹介している事例は非常に少ない傾向にあった．本書の「市民参加モデル」を考えるうえでも参考となるエピソードである．

　さらに，2020 年現在の新型コロナウイルス感染症禍においても，「不確実事象の扱い方」「リスク・コミュニケーションないしクライシス・コミュニケーションのありかた」「科学的助言のありかた」が問題となっている．コロナウイルスに関する科学的知見はまだ不完全であり，時々刻々と知見が蓄積されつつある「作動中の科学」のなかにあり，そこには科学の不定性がある．そのような不確実性を扱う場合のリスク・コミュニケーションないしクライシス・コミュニケーションはどうあるべきか．そして専門家会議はリスク・コミュニケーションないしクライシス・コミュニケーションにどこまでの責任を負うべきか．また，科学的助言では，専門家が複数の選択肢のメリットおよびデメリットを示したうえで政治が意思決定してその決定の責任を負うというのがあるべき姿である．しかし，医学的見地からの助言を担うはずの人々が個人の行動や生活スタイル，企業活動の自粛要請までに関与すること，人々の行動変容とい

う社会の意思決定にまで直接関与する傾向があった．これはどのように評価すればよいのだろうか．

　以上のように，この 12 年の間におきた 2 つのできごとは，日本でも「痛みをともなうコミュニケーション」が現実のものとなる契機となった．そもそも科学コミュニケーションやリスク・コミュニケーションないしクライシス・コミュニケーションはどうあるべきかの再考を私たちにせまるのである．このような状況下で，科学コミュニケーションの「歴史」「理論」「実践」「隣接領域」を概観した本書は，今後の方針を考えるうえでの 1 つの手がかりとなることだろう．

2020 年晩夏　藤垣裕子・廣野善幸

はじめに

本書の目的

　本書の目的は,「科学コミュニケーション論」の理論的骨格を考察する端緒を提供することにある. 近年, 多くの先進国で科学技術コミュニケーション[1]の充実を目的とする政策が打ち出され, 日本においてもサイエンス・キャンプの実施 (1996 年), サイエンス・パートナーシップ・プログラムの策定とスーパー・サイエンス・ハイスクールの設置 (2002 年), 日本人の有するべき科学技術リテラシーを冊子化する作業 (2005 年) などがすすみ, 科学技術振興調整費による科学技術コミュニケーター養成プログラムも実施されている (2005 年より北海道大学, 早稲田大学, 東京大学の 3 カ所で実施). 本書は, この養成プログラムの一つである東京大学科学技術インタープリター養成プログラムにおける基幹授業の一つ,「科学コミュニケーション基礎論」の授業用に整備され, インタープリターおよびコミュニケーターをめざす人たちに最低限知っておいてほしい当該分野の理論的枠組みをまとめたものである.

　科学コミュニケーションというと, ともすると「わかりやすく伝える方法」「わかりやすく書く方法」といった how-to ものに終始してしまう傾向も強い. もちろん科学者共同体のなかの人間の専門的知見をわかりやすく伝えるための技法も大事な側面である. しかし, それだけではなく, 東大のプログラムの責任者である黒田玲子が指摘するように, どう伝えるかだけでなく,「何を伝えるか」が重要である[2]. さらに, そもそも科学技術の情報を伝えるとはどういうことなのか, 受け取るとはどういうことなのか, 一般のコミュニケーションと比べて科学コミュニケーションはどこが違うのか, 科学技術に関連する意思決定や市民参加との関係はどうなっているのか, 科学教育と科学コミュニケーションはどう違うのか, といったもろもろの問いへの答えを考えることも大事

なことである．本書は，それらの問いをとくに欧州における知見の蓄積をもとに日本に限定しない形で考えることを試みている．そして，科学コミュニケーションの「理論」的側面をまとめようと試みている．

　文献サーベイや欧州における科学コミュニケーションの現場の議論に参加してみて，われわれは，日本で科学技術理解増進の文脈で語られる科学コミュニケーションと，欧州（とくに英国）における痛みをともなった科学コミュニケーションとの温度差をまのあたりにした．科学技術と民主主義について考えるシンクタンクである英国 DEMOS で行われたシンポジウムでは，自然科学者による社会科学者への注文，社会科学者から自然科学者への批判，政策立案者から自然科学者，また社会科学者への注文，市民団体から政府や自然科学者への注文，funding 機関（予算配分機関）や企業から自然科学者や政府への注文などが徹底的に議論され，科学コミュニケーションあるいは市民参加といったときの「痛み」——英国の自然科学者と公衆との間でのディスコミュニケーションのプロセスで負った論争の痛みと，将来にむけての真剣な議論が観察された．この痛みをともなうコミュニケーションに比して，日本における理解増進の文脈で語られる「科学コミュニケーション」の，痛みの感覚の欠如という意味での生ぬるさに対して，われわれは自覚的であるべきだろう．

科学コミュニケーション論の展開

　本書で紹介するように，英国における科学コミュニケーション論は，1985年のロイヤル・ソサエティによるボドマー・レポート「科学を公衆に理解してもらうために」に端を発し，1987 年にロイヤル・ソサエティ，王立研究所，英国科学振興協会の三者によって設置された COPUS（Committee on Public Understanding of Science）が拠点となって展開された[3]．これらの試みは，1991 年に「欠如モデル」として批判されることになる[4]．欠如モデルでは，各人が器をもっており，ある者は器のなかの溶液（科学的知識）が多く，他の者は少ないとみなす．科学者の器にはたくさんの溶液が入っているが，多くの一般市民の器はほとんどからっぽである，つまり溶液が欠如している．科学技術リテラシー増進のためには，一般市民の器に知識を入れつづけることが必要である．そして，科学知識にふれればふれるほど溶液の量は多くなり，科学知識

の溶液が多ければ多いほど科学技術を肯定的にとらえ，支持するようになるとする．一般市民が新しい技術に対して抵抗を示すのは，彼らの器に十分な知識がないせいである．器に知識が増えれば理解も深まり，抵抗も少なくなる，といった一連の考え方が欠如モデルである．

　1991年あたりから，これらの一連の考え方は「欠如モデル」であると批判されるようになる．人間を器とみなす発想には間違いがある．人は興味のあることについては，自ら知識を獲得する．興味のないことについては，いくら強制的に知識を与えられても，定着していかない．器にただ単に溶液のように知識を注ぐのではなく，各人の興味の文脈にしたがって，十分な科学技術リテラシーを考える必要がある．これが文脈モデルである．

　このように，欠如モデルから文脈モデルへの移行は，1985年から1991年の間におきている．それと並行して，科学ジャーナリズム論においても，1980年代の科学リテラシー・モデル（知識をもつ科学者が知識のない市民に知識を提供する）から，1990年代にパブリック・ジャーナリズム・モデル（一般市民の興味の文脈にあわせて情報を提供する必要がある）へとモデルがかわっていく[5]．このように，モデルの変遷には，科学コミュニケーション論とジャーナリズム論とで同期性があることが観察される．

　さらに，文脈モデルの提唱に対応して，科学技術リテラシーの内実もただの溶液から，いくつかの段階に分けた詳細な検討へと移行していく．リテラシーは一様な溶液なのではなく，少なくとも3段階に分けられる．具体的には，①興味をもつ，②理解できる知識をもつ，③議論できる能力をもつ，の三つである．後者の二つには，「科学という営みをどうとらえるか」についての知識が入ってくる．

　これらリテラシーの階層性に対応して，コミュニケーションにもさまざまなタイプのものを考えることができる．たとえば，理解を深めるための科学コミュニケーションと議論を深めるための科学コミュニケーションとでは，コミュニケーションの内実が異なる．科学技術をめぐる意思決定への市民参加の場面では，ただ単にわかりやすく科学知識を説明するだけではなく，「ローカルノレッジをひきだすコミュニケーター」の存在が必要となるだろう[6]．

　上記の「科学をどうとらえるか」のモデルとコミュニケーション・モデルと

意思決定モデルとは，それぞれに連関がある．たとえば，科学についてのモデルとして「固い」科学観（科学知識はつねに正しい，いつでも確実で厳密な答えを用意してくれる，確実で厳密な科学的知見がでるまで，環境汚染や健康影響の原因の特定はできない）をもつ人[7]は，コミュニケーション・モデルとして「欠如モデル」を採用しやすく，かつ意思決定モデルとして「技術官僚モデル」[8]を採りやすい．逆に，科学についてのモデルとして，「作動中の科学」観（科学的知見は時々刻々書き換わる，いますぐ答えのでないものもある，根拠となる科学的知見がまだ得られていないこともあるし，書き換わることもある）をもつ人は，コミュニケーション・モデルとして「文脈モデル」「lay-expertize モデル」「市民参加モデル」[9]を採りやすく，意思決定モデルとして「民主主義モデル」[10]を採りやすいのである．

科学コミュニケーション論の将来：本書を踏み台にして考えてほしいこと

　われわれは，これら科学コミュニケーション論の興隆の分析やリテラシーの階層性，コミュニケーション・モデルの多様性をとおして，日本における「科学コミュニケーションの興隆」を再チェックし，国際的な文脈から問い直しをすることが必要であると考えている．なぜ，日本でいま，科学コミュニケーションがさかんなのか，そして日本の科学コミュニケーションはあるところに偏ってはいないか．もしそうだとするとそれはなぜなのか．日本の科学コミュニケーションの特殊性は何によるのか，科学の移入の歴史か，市民参加や市民の意味の違いによるのだろうか．

　これらの問いを考えるために，本書は以下のような構成をとった．まず，第I部では，欧州，米国，日本における科学コミュニケーションの歴史を対比した．第1章で国際的文脈のうち，とくに英国の科学コミュニケーションの歴史に注目して，レビューを行った．英国に注目した理由は，上に解説した欠如モデル，文脈モデル，市民参加モデル，といった科学コミュニケーションのモデルが，主に英国人を中心とした研究者によって次々と提唱されているためである．第2章では，欧州および米国の動向をレビューした．そして第3章で，日本の科学コミュニケーションの歴史を追った．これらをとおして，日本の科学コミュニケーションを国際的文脈から問い直す作業のための材料を整え，対比

を考えられるようにした.

　続いて第II部では，理論的なモデルのレビューを行った．第4章で，一般的なコミュニケーション論と科学コミュニケーションとの違いを考察したのちに，第5章では，専門誌『科学の公衆理解（*Public Understanding of Science*）』の全体像をレビューした．さらに第6章では，「受け取ることのモデル」，第7章では「伝えることのモデル」のレビューを行った．第II部を読むことによって，科学コミュニケーションの理論的な枠組みとして，どのようなモデルがこれまでに提唱されているのかをつかむことができる．

　第III部では，とくに実践とその評価に焦点をあてた．第8章では，実践のなかでも出張授業の具体的な内容と評価について扱った．第9章では，実践のなかでも，とくに「伝え手側」の評価を扱った．「伝え手側」のなかでもとくに科学ジャーナリズムは，伝える際のフレーミング（問題枠組み）によって伝わる内容が異なってくる効果が顕著であり，かつ影響力が大きい．そのため，第9章では，主にジャーナリズムに焦点をあて，伝える側のフレーミングと伝わり方の評価についての論文のレビューを行った．第10章では，「受け取る側」の評価について扱った．このように，科学コミュニケーションの実践を行った際，その効果をどうやって評価するか，を考察するのが第III部である．

　最後に第IV部では，科学コミュニケーションの隣接領域である科学教育（第11章），市民参加（第12章），科学者の社会的責任と科学コミュニケーションとの関係（第13章）を吟味した．この隣接領域として科学ジャーナリズム論を扱う構想もあったのだが，これについては一つの章で扱うには問題が大きすぎたため，次の機会にゆずりたいと考えている．

　もちろん，本書によってすべての答えが得られるわけではなく，今後追求していく必要のあることもたくさんある．たとえば，「どのように伝えるか」（表現）とコミュニケーションとの関係である．映像によるわかりやすさと文章によるわかりやすさとはどのように異なるのか，そして科学技術への理解においてどちらの表現法をとることにそれぞれどのようなメリットとデメリットがあるのか，理解を深めるための科学コミュニケーションと議論を深めるための科学コミュニケーションとでは採用される表現方法が異なるのか，議論のための批判的思考を養成するために映像は有害か有用か，みやすいことやわかりやす

いことは，批判的思考を失わせることになるのだろうか，などである．

　本書を踏み台にして，日本における「科学コミュニケーション論」の理論的
骨格が健全な批判的精神をもって発展することを祈っている．

註

1)　ここで本書が科学コミュニケーションなる言葉を使用している点についてふれておきた
い．本書が扱う領域については，現在，科学技術コミュニケーション，科学コミュニケー
ション，技術コミュニケーション，サイエンス・コミュニケーションなどといった表記が
入り乱れている．同様な意味で用いられる場合もあれば，差別化が明確に意識されている
場合もある．

　　本来，科学とは自然法則の解明や自然に関する知識の獲得を目指す営み，つまり自然の
認識であり，一方技術は自然の加工・改変を旨とする活動である．自然を認識できたから
といって加工できるわけでもなければ，自然を加工できたからといって認識できるわけで
もない．たとえば，鎌形赤血球病についてわれわれはかなり認識を深めているが根本的治
療法はいまだ存在しないし，日々ジェット飛行機が各地を飛び回っているが，なぜ飛行機
が空を飛べるかについての十分な理論・認識を全員が共有しているわけではない．したが
って，科学と技術は元来別物であり，歴史的にも長い間両者はほとんど接することがなか
った．

　　両者の接近がみられるようになるのは16世紀であり，密接な関係をもつようになるの
はやっと19世紀の半ばに至ってのことである．その頃になると自然法則の解明に基づい
た自然の改変が可能になってくる．ここに，科学と技術が渾然一体となった科学技術が出
現する．科学と科学技術の境は判然としないし，技術と科学技術も明確に区別することは
できず，科学と科学技術と技術は連続した活動の観を呈してくる．科学と技術が渾然一体
となった科学技術とは別に，科学と科学技術と技術の連続体の総体に対して科学技術なる
用語が使われることがあり，このあたりの事態および用語は錯綜している．少しでも明確
を期すため，総体としての科学技術には科学／技術といった表記も考案されてきた．

　　本来別の活動であるのだからつねにその点を明確にしつづけるべきだと考える論者は，
科学と技術の区別を疎かにせず，科学技術なる言葉を一切使わない者さえいる．こうした
論者にとって科学コミュニケーションは自然法則の認識などに関するコミュニケーション
であり，技術コミュニケーションは自然の加工改変についてのコミュニケーションを意味
し，厳格に使い分けられる．米国で『すべてのアメリカ人のための科学』とは別に『すべ

てのアメリカ人のための技術』がまとめられたのは，科学コミュニケーションと技術コミュニケーションが別立てで考えられているためである．

　本書は科学コミュニケーションなる表記を採用しているが，これは上述の考えに立っているためではない．先に述べたように，本書が扱う領域については，科学と科学技術と技術をめぐる事態および用語の混沌を反映し，科学技術コミュニケーション，科学コミュニケーション，技術コミュニケーション，サイエンス・コミュニケーションなどなどの用語が乱立している．この乱立を解きほぐすことも重要ではあろうが，用語に拘泥することは必ずしも生産的ではない．そこで本書では，広く，科学と科学技術と技術に関するコミュニケーション一般を念頭におきながら，紙面の節約を期すため，表記を科学コミュニケーションに統一することにした．出現する箇所によってあるいはニュアンスが異なる場合もあるだろうが，適宜斟酌して読み取っていただけると幸いである．

2)　黒田玲子，「社会の中の科学，科学にとっての社会」，河合隼雄・佐藤文隆共同編集，『現代日本文化論 13　日本人の科学』，岩波書店，pp. 221-252, 1996.

3)　第 1 章参照．

4)　第 5, 6 章参照．

5)　第 9 章参照．

6)　第 6 章参照．

7)　第 5 章参照．

8)　技術官僚モデル（technocratic model）は，科学者集団が証拠を評価するときの基準に行政官が通じることによってよい判断ができる，とする．したがって，確実で厳密な科学的知見に基づいて意思決定し，そのような知見がでるまで，環境汚染や健康影響の原因の特定はできないとする．第 12 章参照．

9)　第 6 章参照．

10)　民主主義モデル（democratic model）ではより多くの価値観（専門家以外の）を導入することによってよい判断ができるということが主張される．たとえば，技術官僚モデルでは，環境における有害物質の規制の失敗は，不十分な専門家投入の結果である，と主張するのに対し，民主主義モデルでは，市民は十分に技術的なことを議論できる，という仮定にたち，民主制の導入を説くことになる．

目　次

I　歴史と背景

第1章　英国における科学コミュニケーションの歴史

水沢 光

　英国では，古くから，科学を一般に普及するためさまざまな啓蒙活動が実施されてきたが，近年における科学コミュニケーション施策の直接のきっかけとなったのは，1985年のロイヤル・ソサエティの報告書であった．本章では，まず，19世紀の啓蒙活動について簡単にふれた後，ロイヤル・ソサエティの報告書と，報告書の影響下に設立されたCOPUSの活動について概説する．次いで，BSE問題を契機に政府や科学者に対する不信感が高まり，2000年前後に科学コミュニケーション施策をめぐる政策転換がおこったことを述べる．最後に，科学コミュニケーションに関する2000年以降の状況について概観する．

1.1　前史

　英国の科学者たちは，古くから，科学研究への社会的な支持を求めて，さまざまな啓蒙活動を実施してきた．

　王立研究所（Royal Institution of Great Britain）は，19世紀以来，市民向けの講演活動を続けてきたことで知られている．1799年にロンドンで設立された王立研究所は，研究活動を実施するだけでなく，設立初期から，科学を一般に普及するための啓蒙講演に取り組んできた．とくに，ファラデー（Faraday）が開始したクリスマス講演と金曜講座は，19世紀から継続して開催されている．どちらの講演も，実験を織り交ぜながら科学を一般向けに紹介するもので，多くの観客を集めてきた．クリスマス講演は，クリスマス休暇中の数日間にわた

る連続講演で，1861年に始まった．有名な『ロウソクの科学』[1]は，ファラデーが1861年に行ったクリスマス講演の記録である．金曜講座は，1825年以来，毎週金曜日の夜に開催されている[2]．

　英国科学協会（British Science Association）も，前身の英国科学振興協会（British Association for the Advancement of Science）の時代から，科学と社会を橋渡しする活動に取り組んできた．1831年に設立された英国科学振興協会は，当初から，科学研究に対する国民の関心を高めることを協会の目的の一つとしていた．協会における最大のイベントは，毎年1週間にわたって開催される年会「ブリティッシュ・サイエンス・フェスティバル（British Science Festival）」である．19世紀後半には，この年会で重大な研究業績の公表が相次ぎ，専門を超えた公開討論の場として機能した．たとえば，1856年には技術者ベッセマー（Bessemer）が画期的な製鋼法を発表し，1860年には，前年に出版されたダーウィン（Darwin）の『種の起源』をめぐり，進化論に関する激しい論争が行われた[3]．

　こうした科学者たちの活動にもかかわらず，19世紀以降に進んだ研究活動の専門分化によって，科学は素人には近寄り難いものになっていった[4]．スノー（Snow）は，1959年の講演「二つの文化と科学革命」のなかで，伝統的文化における知識人ですら科学に興味をもっていないことを指摘している．そして，科学的文化と人文的文化との隔絶と対立が正常な社会の進歩までを阻害していると訴えた．スノーによれば，科学的文化に属する集団と人文的文化に属する集団は，それぞれ独自の言葉づかい・教養・道徳・心理的傾向をもち，互いに交流することを止めてしまっているというのである[5]．

1.2　ロイヤル・ソサエティの報告書とCOPUSの設立

　前節で述べたように，科学を一般に普及するための活動は古くから行われてきたが，近年における施策展開の直接のきっかけとなったのは，1985年にロイヤル・ソサエティ（Royal Society）が発行した報告書「科学を公衆に理解してもらうために（The Public Understanding of Science）」であった．報告書は，ボドマー（Bodmer）を議長とする特別委員会がまとめたため，ボドマー・レ

ポートとよばれることもある．ロイヤル・ソサエティは，1660 年に設立され
た現存する最古の学会である[6]．

　報告書は全文を通じて，科学の公衆理解を改善する必要性を強調している．
ここで「公衆」とは，一般市民だけでなく，科学者以外のすべての人々を意味
する．報告では，「公衆」を，相互に重なり合う五つのグループに分けて考察
している．五つのグループとは，①個人的幸福を求める私的個人，②民主社会
の一員としての市民，③科学的な内容をふくむ仕事に携わる人々，④中堅管理
職や労働組合専従者，⑤産業や政府などでの意思決定に責任をもつ人々である．
報告は，こうした分類をしたうえで，個人の生活の向上から国家の繁栄までの
あらゆる面において，科学への理解増進が重要であることを主張する[7]．

　報告書は，科学の公衆理解が不足している現状を明らかにしたうえで，教育
機関・マス・メディア・科学者社会・産業界などに対して，科学の公衆理解を
増進するための取り組みを促した．報告は，科学技術に対する意識調査のデー
タを基に，科学の公衆理解の不十分さを主張する．そして，科学の公衆理解増
進に取り組む際の出発点として，正規教育の重要性を強調し，初等・中等・高
等教育の各レベルで科学教育を拡充するよう提言した．また，公開講演・児童
活動・博物館・図書館などの充実策についても提言している．さらに，マス・
メディアに対して，科学関係の記事や番組を増やすよう求めるとともに，科学
ジャーナリストだけでなくジャーナリスト全体が，科学について認識を深める
ことが必要だと指摘している．一方，科学者に対しては，職業的義務として科
学の公衆理解増進に取り組むよう求め，特に，ジャーナリストおよび政治家と
協力関係を構築するよう促している．最後に，ロイヤル・ソサエティに対して，
以上の提言を実現するため，科学の公衆理解増進を目的とした常設委員会を設
置するよう勧告した[8]．

　この報告を受けて，1985 年，ロイヤル・ソサエティは，王立研究所・英国
科学振興協会と共同で，科学理解増進委員会（Committee on the Public Under-
standing of Science: COPUS）を設立した．COPUS は，多様な社会階層を対象
にしたさまざまなプログラムを展開した．たとえば，上層の公務員向けの講義
から女性グループ向け講座まで，多彩なセミナーを開催した．また，大英科学
博物館（Science Museum）などと協力したポピュラー・サイエンスの書籍に

対する賞の運営から，地域密着型の科学普及活動への資金提供まで，幅広い事業を手がけた[9]．

　1987 年，英国科学振興協会は，報道関係者や政治家との交流を科学者に促すための試みを開始した．メディア・フェローシップ（Media Fellowships）とウェストミンスター・フェローシップ（Westminster Fellowships）という二つのプログラムである．メディア・フェローシップは，40 歳以下で常勤の若手科学者を対象に，夏の 2 カ月間，テレビ局・ラジオ局・新聞社・出版社などの報道機関で，指導役の科学ジャーナリストとともにはたらく機会を提供するプログラムである．年間 10 人ほどの参加者には，コミュニケーション・スキルやメディアに対する認識を向上させたうえで，科学の世界に戻ってくることが期待されていた．また，科学者とともにはたらくことで，ジャーナリストたちの科学理解が増す効果も期待された．一方，ウェストミンスター・フェローシップは，科学者に政治の世界ではたらく機会を提供するプログラムである．プログラムの名称は，国会議事堂のあるウェストミンスター宮殿に由来している．参加者は，議会科学技術室（Parliamentary Office of Science and Technology: POST）に勤務し，国会議員向けの報告書作成にかかわった[10]．

　さらに，ロイヤル・ソサエティは，1986 年，科学コミュニケーションに関して英国を代表する賞であるマイケル・ファラデー賞（Michael Faraday Prize）を設立した．賞は，科学上の概念を一般用語で伝えるという領域で卓越した技能をもつ科学者や技術者に毎年贈られている．1990 年には『利己的な遺伝子』で有名なドーキンス（Dawkins）に賞が授与された[11]．

　ロイヤル・ソサエティの報告書は，科学コミュニケーション領域の教育機関整備や研究活動促進にもつながった．1991 年には，ロンドン大学インペリアル・カレッジ（Imperial College London）が大学院修士課程における科学コミュニケーションの専門家養成を開始した[12]．その後，ロンドン大学ユニバーシティ・カレッジ（University College London）が科学コミュニケーション領域を拡充して，従来の科学史科学哲学分野を科学技術論学科（Department of Science and Technology Studies）と名称変更し，オープン・ユニバーシティ（Open University，放送大学）が科学コミュニケーションのコースを開設するなど，他大学も追随した[13]．また，経済・社会学領域における研究資金配分

機関である経済・社会研究会議（Economic and Social Research Council: ESRC）が，科学コミュニケーション領域への研究助成を開始し，1992年には英国物理学会（Institute of Physics）が大英科学博物館と共同で雑誌 *Public Understanding of Science*（*PUS*）を創刊した[14]．

　1993年になると英国政府も，白書『われわれの可能性の実現』で，科学の公衆理解増進の重要性を指摘するようになった．白書は，科学・工学・技術の卓越性を保持し続けることによって，英国の競争力と生活の質を向上させていくことを提唱している．その具体的施策として，質量ともに十分な研究人材の養成と並んで，科学・工学に関する公衆の理解を向上させることを挙げている．そして，科学の公衆理解を促進するためにすでに多様な活動が行われていることを指摘したうえで，英国政府としても科学の公衆理解増進に取り組むことを表明した．英国政府は，呼び水となる新しい活動の実施および，活動団体の交流促進において，主要な役割を果たしていくとの方針を明らかにしている．また，科学の公衆理解増進活動を助成するため資金援助することを約束した[15]．

　白書を受けて，政府は本格的に科学の公衆理解増進への取り組みを開始した．貿易産業省（Department of Trade and Industry）下の科学技術庁（Office of Science and Technology: OST）が，科学の公衆理解に関する行政領域を担当することとなった．科学技術庁は英国科学振興協会やCOPUSの活動に対して財政的支援を行うとともに，科学技術庁としての独自の活動にも取り組んだ[16]．科学技術庁からの資金援助によって，1994年3月には，初の全国科学週間（National Science Week）が英国科学振興協会主催で行われた．1994年の全国科学週間には，大学・小中高の学校・博物館・科学館・財団・研究所など400近くの団体が参加し，1200のイベントを国中で開催した[17]．全国科学週間は，その後も毎年3月に引き続き開催されている．また，科学技術庁は，独自の活動として，異種移植やメンタルヘルスといった生医学分野の問題に焦点をあてた演劇や，科学分野の放送に対する助成活動を行った[18]．

　政府からの研究資金を配分する研究会議も，研究費の配分を通して，科学の公衆理解増進活動を奨励しはじめた．1990年代後半，自然科学領域における研究費の配分は，分野ごとに設置された五つの研究会議が行っていた[19]．各研究会議は，研究費の応募書類や研究成果報告書に科学理解増進活動に関する

記述を義務づけるなどして，それぞれの分野の科学者に，科学理解増進活動に参加することを促した[20]．

1.3　BSE 問題

　1990 年代後半におこった牛海綿状脳症（Bovine Spongiform Encephalopathy: BSE）をめぐる事件は，政府や科学者に対する深刻な不信感をもたらし，科学理解増進活動にも大きな転換を迫ることになった．

　英国では 1980 年代から BSE 感染牛が確認されていたが，政府は，人間に感染する可能性を否定し続けていた．1986 年に最初の BSE 発生が判明して以降，英国での BSE 報告数は増加の一途をたどり，1990 年代初頭には年間 3 万頭にも及んだ[21]．メディアは，BSE を人の健康に対するペスト以降最大の脅威だと報じ，英国産牛肉がロシアや英国の各地の学校で焼却処分になったと伝えた．こうした報道に対して，農業漁業食料省（Ministry of Agriculture, Fisheries and Food）は，1990 年 5 月，牛肉の安全性を訴える声明を発表し，ガマー（Gummer）大臣は 4 歳の娘にビーフバーガーを食べさせて牛肉の安全性をアピールした[22]．

　政府や政治家が BSE の人間への感染を否定する際に根拠としたのは，専門家の報告であった．1988 年に英国政府は，BSE の影響を検討するため，オックスフォード大学の動物学者サウスウッド（Southwood）教授ら 4 名の科学者で構成する専門家委員会を設置した．専門家委員会は，1989 年 2 月，政府に報告書を提出し，人間への BSE 感染の危険性はきわめて少ないと結論づけた[23]．

　専門家委員会の報告は，当時の限られた知識をもとにくだされた判断であったが，行政関係者や政治家はこうした制約を無視して牛肉の安全性をアピールするために報告を使い続けた．専門家委員会が報告をまとめた当時，BSE の発症メカニズムは明らかにはなっておらず，プリオンが原因物質だという学説が定説となったのは 1990 年代のことであった．報告は，さらなる研究が不可欠だと述べ，BSE が人の健康に何らかの影響を与えることはほとんどないとしつつも，こうした評価が誤っていれば結果はたいへん深刻なものになるであ

ろうと警告した．しかし，この警告は行政関係者や政治家から適切に評価され
ず，人間への BSE 感染の危険性がきわめて少ないことが科学的に証明された
かのように扱われ続けた[24]．

　このため，政府が一転して BSE の人間への感染の可能性を認めると，市民
は，政府や政府機関ではたらく科学者に対して強い不信感をもつようになった．
1996 年 3 月 20 日，政府は，10 名のクロイツフェルト・ヤコブ病患者について，
BSE 感染牛を食べたことが原因で病気が発症した可能性を認めた．患者の映
像がニュース番組で報道され，英国社会は大混乱となった[25]．政府や政府機
関ではたらく科学者は，市民からの信用を失ってしまった．1999 年の世論調
査によれば，政府機関ではたらく科学者に対する信頼度は，私企業や大臣に対
する信頼度より高いものの，テレビ・独立した科学者（大学教授など）・圧力
団体（グリンピースなど）に対する信頼度よりは低い値を示している[26]．

1.4　政策の転換

　BSE が人間に感染する可能性が明らかになって以降，政府は，科学コミュ
ニケーションにおける施策の重点を，科学の公衆理解増進から，科学に対する
公衆の不信感を取り除くことへと転換した．重要な転換点となったのが，2000
年 2 月に公表された上院科学技術委員会勧告「科学と社会（Science and
Society）」であった[27]．

　勧告「科学と社会」は，政府への科学的助言に対する公衆の信頼が，BSE
問題によって打ち砕かれ危機的状態にあると警告している．勧告は，英国での
さまざまな調査データを提示し，公衆の科学への関心は高いが，政府や産業界
と関わりをもつ科学への信頼が低いことを明らかにする．また，遺伝子組換え
食品やクローニングなど直接的な利益を実感しにくい科学に対しても拒否反応
があることを報告している．そして，信頼に対する危機的状態が，「対話
（dialogue）」を求める新しい社会状況を生み出していることを強調する．勧告
は，COPUS などの機関が，対話を求める社会状況にすでに応えていることを
明らかにしたうえで，こうした動きをさらに進めていくよう求めた[28]．

　勧告は，公衆との対話を進めるうえで重要な概念についてふれるとともに，

公衆との対話活動における先進的な取り組みについて報告している．公衆との対話を促進する際に勧告が注目するのは，科学的知識の不確実性やリスクである．勧告は，科学的知識の不確実性を隠せば，必ず，公衆からの信頼と尊敬を損なうことになると警告している．また，勧告は，政策決定における公衆関与の先行事例として，フォーカスグループ・市民陪審・コンセンサス会議などを紹介している．そして，政府に対し，こうした先行事例における経験を収集して，対話活動を実施する際の基準を作成するように提言する．さらに，勧告は，科学教育の改革や，科学とメディアの関係改善についても具体的な提案を行っている[29]．

　勧告「科学と社会」は，科学技術社会論（Science and Technology Studies: STS）研究者による議論を取り入れたものである．それは，STS分野の研究者であるデュラント（Durant）とウィン（Wynne）が，勧告「科学と社会」をまとめた委員会の特別顧問を務めたことからもわかる[30]．1985年のロイヤル・ソサエティの報告をきっかけに行われたさまざまな調査や，STS分野の研究成果は，既存の科学理解増進活動における素朴な前提に修正をせまるものであった．第一に，「科学知識が増えれば，科学への肯定的態度が増す」という通説が，単純には成立しないことが明らかになってきた．デュラントらは，世論調査のデータに基づいて，科学知識が多い人ほど科学一般を支持するが，倫理的な問題をはらむ研究分野に対しては否定的な態度を示す傾向があることを指摘した[31]．また，EU諸国を対象にした世論調査「ユーロバロメータ」は，英国・デンマークなど科学の理解度が高い国の人々が，他の諸国に比べて，科学に関心をもっていないことを明らかにした[32]．第二に，ロイヤル・ソサエティの報告が提起した「科学の公衆理解の不足」という認識自体に，再検討が必要なことがわかってきた．STS研究者は，無知な公衆に対して科学知識を与え啓蒙するという考え方を，「欠如モデル（deficit model）」とよび批判した．アーウィン（Irwin）やウィンらは，公衆は単に無知なのではなく，公衆なりの文脈で独自の知識をもっていると主張した．こうした文脈に依存した知識は「ローカルノレッジ（local knowledge）」とよばれる[33]．STS研究者らの主張は，科学者と公衆の対話の必要性を示唆する（「欠如モデル」や「ローカルノレッジ」についての詳細は第6章参照）．

上院科学技術委員会の勧告「科学と社会」を受けて，英国政府も，科学者と公衆との対話促進の必要性を認めるようになった．2000年6月に出版された白書『卓越性と機会——21世紀へ向けた科学・イノベーション政策』は，イノベーションを進めるうえでの消費者の役割を強調し，消費者が科学に信頼をもてるように，科学研究の価値について社会全体で議論することが重要だと指摘している[34]．

　政策の転換は，科学コミュニケーション活動における用語にも変化をもたらした．勧告「科学と社会」は，「科学の公衆理解（Public Understanding of Science: PUS）」という用語の問題点を指摘している．勧告によれば，この用語は，科学と社会の関係におけるすべての問題が，総じて公衆の無知と誤解に基づいているとの認識を前提にしている[35]．こうした批判を受けて，政策の転換後は，「科学に対する公衆の意識（Public Awareness of Science）」という概念が使われるようになった．科学に対する公衆の意識とは，公衆の科学に対する一連の態度などを指す．新たな政策のもとでは，公衆と科学者の対話などによる「科学技術への公衆関与（Public Engagement in Science and Technology: PEST）」を通じて，公衆の意識の向上を目指すこととなったのである[36]．

　政策の転換を受け，科学技術庁は，公衆がどのような情報を求めているのかを知るために，科学に関する意識調査を実施した．2000年10月に公表された報告書『科学と公衆——英国における科学コミュニケーションと公衆の態度』は，英国における科学コミュニケーション活動の概観を提示するとともに，公衆を以下の六つのグループに分類して分析を行っている．

(1) 自信に満ちた信奉者（全体の17%，以下同様）：高収入・高学歴で，物事が思い通りになると考え，政府を信頼している．

(2) 技術愛好家（20%）：高収入・高学歴で，物事が思い通りになると考え，政府に不信感をもつ一方，科学に関心をもつ．

(3) サポーター（17%）：科学に関心をもつが，科学知識が少ない．

(4) 憂慮する人々（13%）：幅広い事柄に関心をもち，権威を疑う．

(5) 自信のない人々（17%）：低収入・低学歴・若年で，物事に対して自信がなく，科学技術のメリットを十分認識していない．

(6) 無関心な人々（15%）：低収入・低学歴・高齢で，時事的な事柄への関

心が乏しい.

科学コミュニケーションを担う個々の団体は，特定の社会集団を対象にした的を絞った活動を実施したいと思うかもしれないが，さまざまな団体の活動を通じて，すべての社会集団にはたらきかけていくことが重要であると，報告は指摘する[37].

　対話重視の社会状況のなかではじまった活動の一つに，サイエンスカフェ（science cafe）がある．サイエンスカフェは，カフェやバーといった日常生活の場で，科学者と市民が気軽な雰囲気で語り合う場を作ろうとする試みである．科学者からの簡単な話題提供の後，参加した市民を交えて質疑と対話が行われる．市民が気兼ねなく発言できるように，参加者の数は通常 30 人から 50 人ほどである．サイエンスカフェは，カフェで哲学について語り合う「カフェ・フィロソフィーク（café philosophique）」というフランスの活動を参考にはじまったため，「カフェ・シアンティフィーク（café scientifique）」とフランス語で表記する場合もある．1998 年，英国のリーズではじまり，その後，英国内だけでなく，日本をふくむ世界各国に広まった[38].

　政策の転換は，ロイヤル・ソサエティ・王立研究所・英国科学振興協会が共同で運営している COPUS の組織にも変化をもたらした．勧告「科学と社会」は，科学技術庁が COPUS に対して直接に財政支援すること，COPUS が科学教育分野のメンバーを追加することを勧告した．また，対話重視への政策転換に合わせて，「科学理解増進（Public Understanding of Science）」という用語を用いない新名称を採用するよう提案した[39]. 勧告を受けて COPUS は，科学コミュニケーション活動に対する助成を終了した．かわって，2004 年から科学技術庁が，「サイエンスワイズ（Sciencewise）」という名称で新たな助成プログラムを開始した[40].

1.5　2000 年以降の状況

　最後に，2000 年以降の行政組織の改変と科学コミュニケーション活動の状況について概観する.

　2006 年，貿易産業省は，省内のイノベーション・グループを科学技術庁に

編入し，庁の名称を科学技術庁（Office of Science and Innovation: OSI）へと変更した．その後，2007 年，貿易産業省は廃省となり，科学技術庁の機能は，新たに開庁した「技術革新・大学・技能省（Department for Innovation, Universities and Skills）」に統合された．さらに同省は，省庁統廃合により，2009 年に「ビジネス・技術革新・技能省（Department for Business, Innovation and Skills）」となり，2016 年には「ビジネス・エネルギー・産業戦略省（Department for Business, Energy and Industrial Strategy）」となった．

COPUS の活動を引き継いだサイエンスワイズでは，ビジネス・エネルギー・産業戦略省からの支援のもと，同省の出資する助成機関「英国研究イノベーション機構（UK Research and Innovation）」からの資金提供により，2004 年の設立以来，50 以上の科学技術と社会の公衆対話活動に対する助成を行ってきた[41]．以下では，サイエンスワイズから助成を受けた近年の 3 つのプロジェクトを紹介する．①ゲノム医学に関する公衆対話には，2018 年 7 月から 2019 年 5 月に，年齢性別などのバランスを考慮して集められた合計 100 人が参加した．参加者は，ロンドン，リーズ，コヴェントリー，エディンバラの 4 カ所のワークショップなどで，専門家を交えて議論を行った[42]．②コネクテッド自動運転車（CAV）についての公衆受容をめぐる対話は，2018 年 10 月から 12 月まで実施された．コネクテッド自動運転車は，無線などによって常時接続され，外部と位置情報や地図データなどを送受信しながら運転を行う車である．対話では，合計 150 人の参加者が，グラスゴーやリーズなど 5 カ所のワークショップに参加した[43]．③オンラインターゲティングに関する対話は，2019 年 6 月から 7 月に，合計 150 人が参加して行われた．オンラインターゲティングは，グーグル・アマゾン・フェイスブックなどのプラットフォームで利用されているもので，ユーザーの位置情報や閲覧情報などをもとに，パーソナライズされた広告を表示したり，より長時間の利用を促進したりするため活用されている．プロジェクトでは，年齢性別などのバランスを考慮して選ばれたグループの他に，若者，人種的マイノリティー，貧困層，メンタルな問題を抱えた人々の視点を持った 4 つの特別グループも編制された[44]．

ロイヤル・ソサイエティは，2001 年から，「国会議員と科学者の交流計画（MP-Scientist Pairing Scheme）」を企画している．企画では，国会議員に対して，

科学に親しむ機会を提供するとともに，科学者に対して，政治の場に専門知識を提供する際の方法を教授している．科学者の参加資格は，博士号を取得した現職の科学者で，実際の参加者の過半数は，ロイヤル・ソサイエティの特別研究員である．企画への参加が認められた科学者は，まず，秋に国会内で開催される約1週間の集中講習に参加する．集中講習では，一般的な議会運営や科学関連の政治問題についてセミナーを受けた後，ペアを組んだ国会議員の活動に付き添い議員活動を体験する．その後，12月頃に，科学者は国会議員の地元事務所を訪問し，国会議員は科学者の研究室を訪ねて交流を深める．この企画には，毎年およそ30組，2001年以来合計で約500組の国会議員と科学者が参加している[45]．

　英国科学協会は，毎年3月に，英国科学週間（British Science Week）を開催している．2020年の英国科学週間では，3月6日から15日までの10日間に，全国で数千のイベントが催され，合計50万人以上が参加した．幅広い層の参加を意識した取り組みが重視されており，英国研究イノベーション機構の支援を受け，人種的マイノリティーや農村地域などの150以上のコミュニティーおよび500以上の学校に対して，イベントを開催するための助成金を授与された．家庭やコミュニティー，学校などでイベントを行うための，実験などのアイデアを掲載したアクティビティーパックも用意されており，無料でダウンロードできる．アクティビティーパックは，5歳以下向け・5-11歳向け・10-14歳向けの3種類があり，合計7万回ダウンロードされた．また，中南米に生息するクモザルの映像分析に市民の参加を募る，市民科学のプロジェクトも実施された．科学週間の報道は，325以上の記事や番組などで行われ，推定で4450万人の読者や視聴者に配信された[46]．

　英国科学協会は，毎年9月に，ブリティッシュ・サイエンス・フェスティバルを各都市持ち回りで開催している．2019年のサイエンス・フェスティバルは，2019年9月10日から13日まで，イングランド中部の都市コヴェントリーとウォリックシャー州で行われ，約1万7000人が参加した．100以上の参加無料のイベントが，ウォリック大学などで実施された．英国科学協会は，科学に普段は無関心な人々に参加してもらうことを重視して，科学とは直接関係ない地域コミュニティーの団体に助成して科学コミュニケーション活動に参加する

ことを奨励している．2019 年のフェスティバルでは，学習障害についての慈善団体，薬物やアルコールなどの依存症についての支援団体，コミュニティラジオ局などへの助成が実施された．こうした地域の団体の行うイベントは，大学などで行う大規模イベントに比べて，科学への関心が乏しかったり，関心をもっていても特段の関わりがなかったりする人々が，参加する割合が高いという成果が出ている[47]．

　近年，英国の人々の科学への関心は，緩やかに増加傾向が見受けられ，また，科学コミュニケーションへの関心も国際的に高い状態にある．2019 年の調査によれば，過去 1 年の間に，科学関係の施設や催しに参加した人の割合は，自然保護区（53%），動物園や水族館（42%），科学博物館（33%），科学館（19%），学外での講演（14%），研究室体験（12%），プラネタリウム（9%），サイエンスフェスティバル（5%）で，全体として 2014 年に比べ増加傾向にある．また，多くの人々は，科学コミュニケーションを重要だと捉えており，政府，科学者，規制当局が，もっと公衆とコミュニケーションをとるように求めている．回答者の 83% は，規制当局がもっと公衆とコミュニケーションすべきだと答え，回答者の 66% は，科学者が研究の社会的側面や倫理的側面についてもっと関与するべきとだと考えている．どのような形で科学への意志決定に関わりたいかという設問に対しては，調査での意見表明（70%），クラウドソーシング活動への参加（47%），パブリックコンサルテーションへの参加（47%）との回答が多く，フォーカスグループでの意見表明（40%），公衆対話への参加（30%）との回答はやや少なかった．公衆対話が必要との意見は，他のヨーロッパ諸国と比べても高い傾向にあり，2013 年のユーロバロメーターの調査によれば，EU27 カ国平均では回答者の 55% が公衆対話が必要と回答したのに対し，英国では回答者の 64% が公衆対話が必要と答えており，北欧諸国と並んで高かった[48]．

　英国では，1985 年のロイヤル・ソサエティの報告以降，数々の試行錯誤を重ねながら，科学コミュニケーション活動を発展させてきた．当初は，科学者による科学の公衆理解増進を目指す活動が中心であったが，BSE 問題をきっかけに，科学者と公衆の対話を重視する方向へと転換した．英国で行われたさまざまな活動や議論は，今後の日本において科学コミュニケーション活動を進

める際にもおおいに参考になるだろう.

1）マイケル・ファラデー，三石巌訳，『ロウソクの科学』，角川文庫，1962.

2）黒田玲子，『科学を育む』，中公新書，pp. 203-205, 2002 に，金曜講座の雰囲気の紹介がある.

3）ジョン・ザイマン，松井巻之助訳，『社会における科学（上）』，草思社，pp. 136-139, 1981. Ziman, J., *The Force of Knowledge: The scientific dimension of society*, Cambridge University Press, 1976. British Science Association, Our history. <https://www.britishscienceassociation.org/history> ［2020, Aug 31］. 英国科学協会の年会が「ブリティッシュ・サイエンス・フェスティバル」とよばれるようになったのは近年のことである.

4）古川安，『科学の社会史 増訂版』，南窓社，pp. 128-131, 2000.

5）C・P・スノー，松井巻之助訳，『二つの文化と科学革命 第三版』，みすず書房，pp. 24-26, 1984. Snow, C. P., *The Two Cultures and the Scientific Revolution*, Cambridge University Press, 1959.

6）田中久徳，「科学技術リテラシーの向上をめぐって——公共政策の社会的合意形成の観点から」，『レファレンス』，56（3），57-83, 2006.

7）Royal Society, *The Public Understanding of Science*, p. 7, 1985. 邦訳：大山雄二訳，「公衆に科学を理解してもらうために I」，『科学』，**56**（1），21-29, 1986；「公衆に科学を理解してもらうために II」，『科学』，**56**（2），96-102, 1986；「公衆に科学を理解してもらうために III」，『科学』，**56**（3），171-181, 1986.

8）Royal Society, 前掲書 7）.

9）Bodmer, W. and Wilkins, J., Research to improve public understanding programmes, *PUS*, **1**, 7-10, 1992.

10）Briggs, P., *The BA at the end of the 20th century: A personal account of 22 years from 1980 to 2002*, pp. 25-28, 2004. 議会科学技術室が正式に発足したのは 1989 年である. 1987 年時点では，議会科学技術室の前身である議会科学技術情報財団（Parliamentary Science and Technology Information Foundation: PSTIF）として，チャリティでの活動を開始したばかりであった. 1993 年に，安定的な予算が認められスタッフなどが充実すると，ウェストミンスター・フェローシップは終了した. 議会科学技術室についての詳細は，下記の文献を参照のこと. Vig, N. J. and Paschen, H. eds., *Parliaments and*

16　第1章　英国における科学コミュニケーションの歴史

Technology: The development of technology assessment in Europe, State University of New York Press, 2000. 春山明哲,「科学技術と社会の『対話』としての『議会テクノロジー・アセスメント』——ヨーロッパの動向と日本における展望」,『レファレンス』, **57** (4), 83-97, 2007. なお, メディア・フェローシップは, 2020年現在まで続いている. British Science Association, Media Fellows. <https://www.britishscienceassociation.org/media-fellows> [2020, Aug 31].

11) Royal Society, Michael Faraday Prize and Lecture. <https://royalsociety.org/grants-schemes-awards/awards/michael-faraday-prize/> [2020, Aug 31].

12) Imperial College London, Q and A: Imperial Celebrates Quarter Century of Science Communication. <http://www.imperial.ac.uk/news/188326/imperial-celebrates-quarter-century-science-communication/> [2020, Aug 31].

13) University College London, STS FAQs. <https://www.ucl.ac.uk/sts/about-sts/sts-faqs> [2020, Oct 17]. 渡辺政隆・今井寛,『科学技術理解増進と科学コミュニケーションの活性化について』, 文部科学省 科学技術政策研究所報告書(調査資料 -100), pp. 31-33, 2003.

14) Durant, J., Editorial, *PUS*, **1**, 1-5, 1992.

15) UK Government, *Realising our Potential*, 1993.

16) House of Commons Science and Technology Committee, Government Funding of the Scientific Learned Societies, Fifth Report of Session 2001-02, p. 29, Appendix 30, 2002. <https://publications.parliament.uk/pa/cm200102/cmselect/cmsctech/774/774.pdf> [2020, Aug 31]. <https://publications.parliament.uk/pa/cm200102/cmselect/cmsctech/774/774ap31.htm> [2020, Aug 31]. なお, 科学技術庁は1992年の設立時には内閣府に設置されたが, 1995年に貿易産業省に移管された. 小林信一,「1995年の科学技術政策」,『学術の動向』, **9**(6), 47-53, 2004. また, 本章ではOSTを科学技術庁と訳したが, 科学技術局や科学技術院と翻訳される場合もある. たとえば, 平成13年版科学技術白書では「科学技術庁」, 平成6年版科学技術白書では「科学技術局」, 舘和夫『英国における研究評価』科学技術庁科学技術政策研究所(調査資料 -54), 1998年では「科学技術院」と訳されている.

17) Briggs, P., 前掲書10), pp. 55-58.

18) House of Commons Science and Technology Committee, 前掲書16), Appendix 30.

19) 五つの研究会議とは, ①素粒子物理・天文学研究会議(Particle Physics and Astronomy Research Council: PPARC), ②工学・自然科学研究会議(Engineering and Physical Science Research Council: EPSRC), ③自然環境研究会議(Natural Environmental Research Council: NERC), ④医学研究会議(Medical Research Council: MRC), ⑤バイオ

テクノロジー・生物科学研究会議（Biotechnology and Biological Science Research Council: BBSRC）である.

20) Pearson, G., The participation of scientists in public understanding of science activities: The policy and practice of the U.K. Research Councils, *PUS*, **10**, 121-137, 2001.

21) *BSE Inquiry Report*, vol. 16, p. 31, 2000.

22) *BSE Inquiry Report*, vol. 1, p. 129, 2000.

23) 前掲書 22), p. xx, p. 48.

24) 前掲書 22), p. xx, p. 55. 小林傳司,『トランス・サイエンスの時代　科学技術と社会をつなぐ』, NTT 出版, pp. 42-46, 2007.

25) 前掲書 22), p. 159. 小林, 前掲書 24), pp. 41-42.

26) House of Lords, *Science and Society*, p. 17, p. 88, 2000.

27) Miller, S., Public understanding of science at the crossroads, *PUS*, **10**, 115-120, 2001.

28) House of Lords, 前掲書 26), pp. 11-33.

29) House of Lords, 前掲書 26), pp. 34-63.

30) House of Lords, 前掲書 26), p. 64.

31) Evans, G. and Durant, J., The relationship between knowledge and attitudes in the public understanding of science in Britain, *PUS*, **4**, 57-74, 1995.

32) House of Lords, 前掲書 26), p. 16.

33) Irwin, A. and Wynne, B. eds., *Misunderstanding Science? The Public Reconstruction of Science and Technology*, Cambridge University Press, 1996.

34) Department of Trade and Industry, *Excellence and Opportunity – A science and innovation policy for the 21st century*, 2000. 政府自身が, 白書が勧告「科学と社会」の影響を受けていることを認めている. Department of Trade and Industry, *The Government Response to the House of Lords Select Committee on Science and Technology Third Report, Science and Society*, 2000. 邦訳「科学と社会——科学技術に関する上院特別委員会第三次報告書への政府回答」,『海外科学技術政策』, **12** (1), 40-53, 2001.

35) House of Lords, 前掲書 26), p. 25.

36) 文部科学省編,『平成 16 年度科学技術白書——これからの科学技術と社会』, p. 29, 2004. S. ストックルマイヤー,「第 9 章　公衆に科学技術を伝える」, S. ストックルマイヤー他編著, 佐々木勝浩他訳,『サイエンス・コミュニケーション——科学を伝える人の理論と実践』, 丸善プラネット, pp. 210-211, 2003. Stocklmayer, S. M., Gore, M. M., and Bryant, C. eds., *Science Communication in Theory and Practice*, Springer, 2001.

37) Office of Science and Technology and the Wellcome Trust, *Science and the public: A review of science communication and public attitudes toward science in Britain*, 2000.

38）　小林信一，Thomas E. Hope，草深美奈子，両角亜希子，『科学技術と社会の楽しい関係——Café Scientifique（イギリス編）』，産業技術総合研究所　技術と社会研究センター報告書（CST-WP-2004-02），2004．中村征樹，「サイエンスカフェ——現状と課題」，『科学技術社会論研究』，5, 31-43, 2008．

39）　House of Lords，前掲書 26），pp. 26-27.

40）　Risk & Policy Analysts, Evaluation of the Sciencewise Programme 2012-2015, 2015. <https://sciencewise.org.uk/wp-content/uploads/2018/11/SW-Evaluation-FR-230315.pdf> Council for Science and Technology, Policy through dialogue: informing policies based on science and technology, 2005.

41）　Sciencewise, About Sciencewise. <https://sciencewise.org.uk/about-sciencewise/> [2020, Aug 31]．サイエンスワイズでは，英国の対話活動は，国際比較すると，参加プロセスの透明性や社会や学術界の負担量は高いが，人口比の参加者数や，参加者の社会的幅は低いと評価している．Sciencewise, International Comparison of Public Dialogue on Science and technology, 2010.

42）　Ipsos MORI, A Public Dialogue on Genomic Medicine: Time for a New Social Contract?, 2019. URSUS Consulting, Evaluation of a Public Dialogue on Genomic Medicine: Time for a New Social Contract?, 2019. <https://sciencewise.org.uk/wp-content/uploads/2018/08/Final-evaluation-report-19.06.2019.pdf> [2020, Aug 31].

43）　Traverse, CAV Public Acceptability Dialogue Engagement Report, 2019. <https://sciencewise.org.uk/wp-content/uploads/2019/01/CAV-Public-Acceptablity-Dialogue-Report.pdf> [2020, Aug 31]. CAV Public Acceptability Dialogue, 2019. <https://sciencewise.org.uk/wp-content/uploads/2019/01/CAV-Public-Acceptability-Dialogue-Evaluation-Report.pdf> [2020, Aug 31].

44）　Centre for Data Ethics and Innovation, Public Attitudes Towards Online Targeting, 2020. <https://sciencewise.org.uk/wp-content/uploads/2020/04/CDEI-policy-briefing.pdf> [2020, Aug 31]. Centre for Data Ethics and Innovation, Review of Online Targeting: Final Report and Recommendations, 2020.

45）　Royal Society, Pairing scheme. <https://royalsociety.org/grants-schemes-awards/pairing-scheme/> [2020, Aug 31].

46）　British Science Week. <https://www.britishscienceweek.org> [2020, Aug 31]. British Science Association, Early Years Activity Pack, 2020. British Science Association, Primary Activity Pack, 2020. British Science Association, Secondary Activity Pack, 2020. 科学週間は，一時，「科学工学週間（Science & Engineering Week）」という名称で実施されたこともあったが，2014 年に名称変更して英国科学週間となった．英国科学協会は，

技術・工学・数学・社会科学などを含んだ広義の概念として，科学を捉えている．なお，新型コロナウイルス拡大を受けて 2020 年 3 月下旬には英国全土でロックダウン（都市封鎖）が行われる状況であったこともあり，2020 年の科学週間の参加者は，例年よりも少なめだった．

47）　British Science Association, British Science Festival. <https://www.britishscienceassociation.org/british-science-festival> ［2020, Aug 31］. British Science Association, British Science Festival 2019 Evaluation Report, 2019.

48）　Department for Business, Energy and Industrial Strategy, Public attitudes to science 2019, 2020. European Commission,Science and Technology, Special Eurobarometer 340, 2010. ユーロバロメーターについては，第 2 章を参照のこと．

第2章　米国および欧州の傾向

水沢 光

　米国および欧州においても，近年，科学コミュニケーションの拡大を図るため，多様な活動が試みられている．本章では，米国における科学コミュニケーション活動の傾向と，欧州における特徴的な活動について概説する．

2.1　米国の傾向

　本節では，米国の科学コミュニケーション活動を，三つの分野に分けて概観する．まず，科学者自身による公衆へのアウトリーチ活動について述べる．次いで，マス・メディア・研究機関の広報・科学館など，科学界と一般社会の間の情報伝達を専門的に担っている機関の活動について扱う．最後に，科学界による政府・議会向けの政策提言活動についてふれる．各分野は，それぞれ重複する領域をもつが，説明する便宜上，個別の分野ごとに取り扱うこととする（教育改革の動向については，第11章を参照）．

2.1.1　アウトリーチ活動

　米国では，科学者自身が公衆と対話を行うアウトリーチ（outreach）活動が，さまざまな研究機関で実施されている．

　近年におけるアウトリーチ活動の活発化の背景には，冷戦終結後の社会状況がある．冷戦期，科学研究は，国威発揚・国家安全保障という大義名分のもとで正当化されてきた．1945年に科学研究開発局長ブッシュ（Bush）が大統領

に提出した報告書『科学——限りなきフロンティア (*Science: The endless frontier*)』は，科学を振興すれば，自ずと，公共福祉・国家安全保障・雇用創出などに結びつくと訴えた．冷戦下，ブッシュの提言は大筋で受け入れられ，国家による研究活動への支援は急速に拡大した．1990年前後に冷戦が終結すると，安全保障を目的とした科学振興の正当性は薄れ，人々は科学に対してより直接的な利益を求めるようになった[1]．

1998年に米国議会下院科学委員会がまとめた報告書『未来への扉を開く——新たな国家科学政策に向けて (*Unlocking Our Future: Towards a new national science policy*)』は，冷戦終結を受けた科学技術政策の転換を提言するなかで，科学コミュニケーションの重要性を強調している．報告は，今後の研究支援の方策や研究環境の整備指針について勧告するとともに，科学教育の充実・科学コミュニケーションの拡大を提言する．科学コミュニケーションに関しては，科学研究が公的な支援を受け続けるために必要だとして，以下の3項目を勧告した．①大学は，大学院教育の一貫として，ジャーナリズムもしくはコミュニケーションに関するコースを履修する機会を科学者に対して提供する．また，ジャーナリズム学部は，科学記事の執筆に関するコースを履修するようジャーナリストに奨励する．②市民との対話に適性のある科学者・技術者に対して，研究に使う時間を削って，自身の研究の性質や重要性に関して市民を教育するよう奨励する．雇用主や同僚は，そうした活動を行う研究者を不利に扱わない．③政府機関は，国家資金に基づく研究成果を誰もが利用できるよう責任をもつ．研究結果と含意に関する平易な要約を作成し，ウェブサイトに掲載するなど，幅広く配布する[2]．

社会的な要請に応え，米国の研究機関は，公衆への多様なアウトリーチ活動に取り組んでいる．米国航空宇宙局 (NASA) は，1990年代後半から，教育普及活動を本格的に実施している．1997年に，NASA の宇宙科学局は，「教育および公衆へのアウトリーチ・プログラム (Education and Public Outreach Program)」を開始し，2002年には，NASA の組織目標に「次世代の探究者を激励すること」を追加した．NASA の「教育および公衆へのアウトリーチ・プログラム」は，学校向けの活動として，教育者や生徒のための教育活動や教材提供を実施している．また，非正規教育機関向け活動としては，科学館やプ

ラネタリウムでの展示や科学ショーの提供などを行っている．さらに，アウトリーチ活動として，一般公衆向けの講演やウェブサイト作成などを手がけている[3]．2019年には，生徒や学生82万人以上と教員18万人以上がイベントに参加した．参加者の属性は小学生46%，中学生24%，高校生18%，大学生8%，大学院生2%だった．また，高等教育向けのインターンシップや研究助成などとして，合計3200万ドルが8000人の学生に授与された[4]．

　また，大学は，学生への科学コミュニケーション教育と連携しながら，アウトリーチ活動を進めている．マサチューセッツ工科大学（MIT）では，大学博物館（MIT Museum）を拠点に，アウトリーチ活動を推進している．博物館の目的は，マサチューセッツ工科大学の科学技術を幅広いコミュニティと結びつけ，国や世界に貢献することである．館長は，STS研究者のデュラント（Durant）が務めており，遺伝子工学と倫理や，ナノテクノロジーと社会についてのティーンエイジャー向けのサイエンスカフェなどのイベントを随時開催している．2007年からは，毎年，マサチューセッツ工科大学，ハーバード大学，ケンブリッジ市などの支援のもと，ケンブリッジ・サイエンス・フェスティバルを行っている．フェスティバルでは，マサチューセッツ工科大学の博物館を中心に，10日間で200以上のイベントが開催される．イベントの対象は，小中高生・大学生・大人までと幅広く，参加者は10万人以上にのぼる[5]．

　科学界全体としても，科学者によるアウトリーチ活動を奨励している．米国科学振興協会（American Association for the Advancement of Science: AAAS）は，協会自身がさまざまな科学の普及活動を行っているほか，「科学への公衆関与についてのバーミク賞（Mani L. Bhaumik Award for Public Engagement with Science）」を設け，科学の公衆関与に優れた貢献をした科学者・技術者を表彰している[6]．米国科学振興協会は，1848年に設立された米国を代表する科学振興協会で，262の科学・工学系の学会と提携し，のべ会員数は1000万人を数える[7]．また，学術雑誌 *Science* の発行元としても知られている[8]．2020年の「科学への公衆関与についてのバーミク賞」は，ジョージア大学の気象学者シェパード（Shepherd）教授に贈られた．シェパード教授は，経済誌『フォーブス』に定期コラムを執筆したり，ポッドキャストの司会者を務めるなど，一般の人々との交流に多大な労力を払ってきた[9]．

2018 年現在までのところ，米国人は，一般に科学技術の価値を高く評価しており，基礎研究への政府支出に対する支持も強い．2020 年に公表された調査報告書『科学・工学指標（Science and Engineering Indicators）』[10] によれば，2018 年時点での米国人の科学研究に対する態度は，以下のような傾向にある．①米国人の科学への関心は，日本や欧州などよりも高く，回答者の 85％は，科学的発見に対して，とても関心がある（41％），もしくはある程度関心がある（44％）と答えた．②米国人の科学知識の水準は，1990 年代以降，大きく変化していない．③米国人は科学研究の効用を高く評価しており，回答者の74％は，科学研究からの利益が不利益を上回ると答えた．④すぐに利益に結びつかない基礎研究への政府支出を支持すると答えた者は 84％で，同様の質問を開始した 1985 年以来，一貫して 75％以上を保っている[11]．

2.1.2 マス・メディア，広報，科学館

米国においては，マス・メディアの科学部門・研究機関の広報など，科学技術に関する情報伝達を担う機関が，職業的な地位を確立し活発な活動を展開している．以下では，こうした機関向けの人材養成と活動への支援策を中心に概説する．

米国では，多くの大学が，科学と社会のコミュニケーションを担う人材の養成に取り組んでいる．科学ジャーナリストやサイエンスライターなどの養成コースを設けている大学は 40 以上あり，大学院レベルの教育を行っている大学も多い[12]．たとえば，ボストン大学では，「科学・医療ジャーナリズム・プログラム（Science and Medical Journalism Program）」を設置し，卒業生は，新聞・雑誌・テレビ等のマスコミや教育研究機関などに就職している[13]．また，カリフォルニア大学サンタクルス校は，1981 年以来，科学コミュニケーション・プログラム（Science Communication Program）を設けている[14]．

科学ジャーナリストとしてはたらこうとする学生向けの奨学制度も充実している．米国科学振興協会は，1974 年以降，マス・メディアにおける科学報道の向上を目指して，マス・メディア科学工学フェローシップ（Mass Media Science & Engineering Fellowship）を実施してきた．フェローシップは，大学4 年生・大学院生・博士研究員がマスコミでのインターン活動に参加するのを

支援している．奨学生に選ばれると，夏休みの 10 週間，ラジオ・テレビ・新聞・雑誌での科学報道に携わる機会が与えられる．毎年，20-25 名の学生が奨学生として参加している[15]．

　科学ジャーナリストなどとして教育を受けた学生たちの活躍の場は，新聞・雑誌・テレビのような既存のメディアだけでなく，大学や研究機関の広報部門にも広がってきている．大学や研究機関は，学内の研究成果を社会に伝えるために，さまざまな広報活動に取り組んでいる[16]．2005 年に米国の研究大学を対象に実施した調査によれば，ほとんどすべての大学が，研究活動や研究成果を定期的に公表する計画をもっており，74％の大学は，年 5 回以上の頻度で成果を公表している．研究活動や研究成果の公表方法は，一般メディアへのプレスリリース（回答した大学の 87％），同窓会誌など一般雑誌の記事として（同87％），高等教育メディアへのプレスリリース（同 59％），研究雑誌（同 58％），研究年報（同 54％）などである[17]．

　また，科学技術に関するテレビ番組制作・映画製作・演劇公演などを支援する助成財団もある．スローン財団（Sloan Foundation）は，書籍・ラジオ・テレビ・映画・演劇・インターネットを通した科学の公衆理解増進活動への助成を行っている．テレビ・映画・演劇の援助にはとくに力を入れており，科学者・技術者についての画一的イメージの払拭に向けて取り組んでいる．助成のもとで作成された作品には，数学者チューリング（Turing）の半生を描いた「イミテーション・ゲーム／エニグマと天才数学者の秘密」などがある[18]．

　2000 年以降，科学館においても，すでに確立している科学知識だけでなく，最新の研究内容や研究の社会的意味を伝えようとする動きが広がっている．全米科学財団（National Science Foundation: NSF）は，1980 年代から，科学館の展示や地域の科学活動を支援してきたが，2000 年前後から，科学館などでの「研究の公衆理解（Public Understanding of Research: PUR）」活動への助成も行っている．「科学の公衆理解（Public Understanding of Science: PUS）」が，すでに確立している科学知識の理解を促すことに重点をおくのに対し，「研究の公衆理解」は，現在進行中の科学研究を伝えることに焦点をあてる[19]．研究の公衆理解活動は，科学館の現場にも広がっており，2004 年には，米国の科学者集団を代表する組織である全米科学アカデミー（National Academy of

Sciences: NAS）が，最新の科学研究を伝えるために，ワシントンDC に，マリアン・コシュランド科学館（Marian Koshland Science Museum）を設立した．マリアン・コシュランド科学館では，地球温暖化や DNA を題材にしたイベントなどを実施している[20]．また，ボストン科学館（Museum of Science, Boston）やミネソタ科学館（Science Museum of Minnesota）などでも，研究の公衆理解を進める活動を展開している[21]．

2.1.3 科学界による政策提言

米国の科学界は，政府や連邦議会に対して，さまざまな形での政策提言や専門的な情報提供を行っている．

全米科学アカデミー・全米工学アカデミー（National Academy of Engineering: NAE）・全米医学アカデミー（National Academy of Medicine: NAM）・全米研究会議（National Research Council: NRC）は，ナショナルアカデミーズ（National Academies）として一体となって活動し，政府や議会に対して，科学技術に関する政策提言を行っている．ナショナルアカデミーズは，約1300 人の職員をもち，毎年 200 以上の報告書を公表し，政府の政策立案に寄与している[22]．たとえば，科学教育の充実などを提言した報告書『強まる嵐を越えて（*Rising Above the Gathering Storm*）』の勧告内容は，2006 年1 月のブッシュ（Bush）大統領の一般教書演説のなかに反映された[23]．

また，米国科学振興協会は，1973 年以降，科学者・技術者と政治家・官僚との交流を促し，政策立案過程に専門的視点を導入するため，科学技術政策フェローシップ（Science & Technology Policy Fellowships）を実施している．科学技術政策フェローシップは，博士号をもつ科学者・技術者に，1 年間，連邦政府の官庁や連邦議会の職員としてはたらく機会を提供する事業である．フェローシップを通じて，研究者は，科学と政策の複合領域について学び，自分のもっている専門知識を新しい領域に応用する機会を得る．また，研究者を受け入れる機関は，専門知識を得るとともに，外部からの視点を獲得することができる．毎年 250 人の研究者がフェローシップに参加しており，これまでの参加者は合計で 3400 人以上になる[24]．

さらに，米国科学振興協会は，議会向けに情報提供も実施している．米国科

学振興協会が設置した政府関係オフィス（Office of Government Relations）は，科学技術に関わる諸問題について，議員に対する専門的知見の提供を行っている[25]．専門知識を議員向けに提供する方法には，公聴会における専門家委員の承知などもあるが，政府関係オフィスは，専門家による情報提供を組織的かつ自発的に行うための機関である．

2.2 欧州の傾向

　欧州社会は，科学技術に関する意思決定に，専門家だけでなく，科学技術について素人の市民が参加する仕組みを発達させてきた．本節では，市民参加型の代表的な取り組みである「市民参加型テクノロジーアセスメント」と「サイエンスショップ」について概説する．また，こうした取り組みを支援する欧州連合の政策についても扱う．

2.2.1 市民参加型テクノロジーアセスメント

　テクノロジーアセスメント（Technology Assessment: TA）とは，実用化されつつある科学技術の社会的影響を評価しようとする試みである．テクノロジーアセスメントという考え方は，1960年代に米国で生まれた．米国では1972年に議会技術評価局（Office of Technology Assessment: OTA）が発足し，議員向けに発行する報告書を通じて，議会における意思決定に影響を与えた[26]．米国の議会技術評価局は1995年に廃局となったが，テクノロジーアセスメントの概念は欧州に広まっていった．1980年代には，英国・フランス・デンマーク・オランダの各国と欧州議会が相次いで議会にテクノロジーアセスメント機関を設置し，1990年代以降には，さらに，ドイツ・スイス・ノルウェー・スウェーデンの各国が続いた[27]．

　欧州におけるテクノロジーアセスメントは，市民参加の手法を取り入れることで，米国とは異なる独自の発展を遂げた．米国のテクノロジーアセスメントでは，科学技術の専門家が，対象となる科学技術を評価していたが，欧州のテクノロジーアセスメント機関は，専門家だけでなく，素人の市民も巻き込んで技術の社会的影響を議論していく手法を開発した．市民参加の手法は，評価活

動に参加する市民の属性によって，以下の二種に分類できる．第一は，評価対象の技術に直接の利害関係をもたない一般市民が参加する手法で，コンセンサス会議（consensus conference），市民陪審などがある．第二は，住民・行政官・政治家・事業者などの利害関係者が参加する手法で，シナリオワークショップ，フューチャーサーチなどがある[28]．

　市民参加型のテクノロジーアセスメントのなかでもっとも初期に生み出された手法の一つが，コンセンサス会議である．コンセンサス会議という手法は，1980年代に，デンマークのテクノロジーアセスメント機関「デンマーク技術委員会（Danish Board of Technology）」が開発した．デンマーク技術委員会は，1987年に「産業と農業における遺伝子操作技術」に関するコンセンサス会議を開催して以降，継続的に会議を実施しており，実際の政策決定に一定の影響を与えている．デンマークで生まれたコンセンサス会議は，1990年代以降，オランダ・英国・フランス・ドイツなど欧州各国へと広がっていった．日本においても，農林水産省の外郭団体が，遺伝子組換え農作物に関するコンセンサス会議を実施するなど，実施例がある[29]．

　コンセンサス会議では，十数名の市民パネルが，専門家から知識提供を受けながら，市民パネルどうしの議論を通じて，コンセンサス（合意）を形成していく．会議に参加する市民パネルは，新聞などを通じて公募され，年齢・性別・居住地域などを考慮して選出される．選ばれた市民パネルは，週末に開催される2回の準備会合と2泊3日の本会合を通じて議論を進め，最終的な合意文書を作成する．専門家は，準備会合では基礎知識を提供し，本会合では市民パネルからの質問を受けて，質疑応答に参加するが，合意文章の作成に関わることは許されていない．会議終了後には記者会見が行われ，市民パネルによって作成された合意文書は，メディアなどを通じて公表される[30]．

2.2.2　サイエンスショップ

　サイエンスショップ（science shop）は，市民の求めに応じて，大学などの研究能力を社会に提供する機関である．1970年代のオランダの学生運動を起源としており，研究のための研究になりがちな「アカデミズム科学」や，市場原理に支配される「産業化科学」への批判を背景にして誕生した．1980年代

には，オランダの全大学に一つあるいは複数のサイエンスショップが設置され，ベルギー，デンマーク，フランス，ドイツ，オーストリアにも広がった．なお，米国では，1960年代以降，「コミュニティ・ベイスト・リサーチ（Community-Based Research: CBR）」とよばれるサイエンスショップと類似した活動が，別途存在している[31]．

　サイエンスショップを利用することで，市民は，科学技術に関わる社会問題に対し，市民の立場に沿った専門的助言を得ることができる．科学技術に関わる問題では，行政や企業における専門家の見解に対して，専門的知識をもたない市民の懸念は，正当なものであったとしても，そのままの形では社会的に受け入れられない場合が多い．市民は，サイエンスショップを通じて大学などの研究能力を利用することで，専門的な裏づけをもって社会的に発言していくことができる．課題をもち込む市民団体は，労働組合・NPO・圧力団体・環境保護団体・消費者組合・住民団体などである．サイエンスショップは，他の手段では専門知識を利用することが難しい市民団体に対して，無償もしくは廉価で専門的知見を提供することにより，科学技術に関わる問題に市民が参加するのを促す役割を果たしている．実際にサイエンスショップが取り扱った社会問題には，下記のようなものがある．①高速道路の近くに住む住民たちが，防音壁の建設を求めて，高速道路付近の騒音測定をサイエンスショップに依頼した．サイエンスショップによる調査活動の結果，防音壁が建設されることになった．②住民団体が，携帯電話アンテナからの電磁波測定をサイエンスショップに依頼した．調査活動の結果，当面は，アンテナが設置されないことになった[32]．

　サイエンスショップの活動への参加は，学生や教員にとっても，地域社会の問題解決に携わり，自分たちの研究・教育内容に新しい視野を得ることのできる貴重な機会となっている．市民団体がもち込んでくる課題は，社会科学をふくめた複数の学問分野にまたがる複雑な問題である場合が多い．また，市民団体の最終的な目的は，単に自然現象を解明することではなく，得られた研究成果を活用して行政や企業にはたらきかけ，具体的な社会問題を改善することにある．サイエンスショップに携わる研究者は，市民団体がもち込む課題を，市民団体との意思疎通を通じて，自身の専門分野で扱える問題に翻訳していく必要がある．学生は，サイエンスショップの活動に参加することで，自分のもつ

知識を実際の社会状況に適用する経験を積むとともに，コミュニケーション能力を向上させることができる．また，教員や大学は，社会との結びつきを強化し，教育内容や研究計画を改善することに役立てている[33]．

2.2.3 欧州連合の政策

1990年代後半以降，欧州では，各国での取り組みに加えて，欧州連合の政策としても，科学コミュニケーションの推進に取り組んでいる．

欧州連合の科学技術政策の中心に位置づけられるのが，研究開発助成計画「フレームワーク・プログラム（Framework Programme)」である．フレームワーク・プログラムでは，すべての研究領域に対して助成を行うのではなく，欧州連合の政策目標に沿った重点的な研究領域だけを支援している．公募する研究領域は，欧州連合の政策を基に，行政機関である欧州委員会が提案し，欧州議会の議決をへて決定する．公募する研究領域の決定は，これまで4-7年ごとに行われており，1984年にはじまった第1次フレームワーク・プログラム（First Framework Programme: FP1 / 1984-87年の計画）以降，2020年までに，9回の研究開発助成計画が策定されている[34]．

第5次フレームワーク・プログラム（FP5 / 1998-2002年の計画）は，「公衆の科学技術意識の向上」を，初めてまとまった研究領域として取り上げた．「公衆の科学技術意識の向上」分野での公募に対しては，多数の応募があり，助成金額は，当初予算の1200万ユーロ（FP5の助成研究費総額の0.08％[35]）から，最終的には1600万ユーロへと増額された．助成の対象となった企画は，欧州科学技術週間における各種活動のほか，メディア向けの科学技術情報提供サービスの運営，各国のサイエンスショップの交流活動などであった[36]．

2001年，欧州委員会は，科学と社会の新しい協力関係の構築を目標に，「『科学と社会』行動計画」を発表した．「行動計画」は，科学の発展と市民のニーズが合わなくなっていることに危惧を表明し，事態を改善するため欧州委員会が行うべき38の具体的な行動計画を挙げている．「行動計画」では，以下の三つの目的に沿って，個別の行動計画を提起する．

(1) 欧州における科学教育と文化の振興：各国の科学週間などにおける成功事例の交換，各国のサイエンスショップの交流の促進など．

(2)　市民に身近な科学政策の実現：コンセンサス会議などの市民参加手法に関する各国情報の交流促進など.

(3)　政策立案の中心に信頼できる科学をおくこと：新技術の倫理的影響についての公衆対話の促進，政策立案者に対する科学的な情報提供の向上など[37].

　2001 年の「行動計画」を受けて，第 6 次フレームワーク・プログラム（FP6／2002-06 年の計画）は，科学と社会の協力関係の構築を重点課題に位置づけた. FP6 では，領域「科学と社会」を特別プログラムの一つとしてとりあげたのである[38]. 領域「科学と社会」における助成対象は，サイエンスショップの普及活動，倫理に関する研究，科学教育・科学コミュニケーション活動，科学界での女性の地位向上活動などである[39]. FP6 における「科学と社会」は，科学コミュニケーションだけを対象にしたものではないが，科学と社会の対話促進を重要な分野と位置づけている. 助成金額は，合計 8800 万ユーロ（FP6 の助成研究費総額の 0.46％）だった[40].

　FP6 の「科学と社会」プログラムのもと，欧州委員会は，科学コミュニケーションに関する賞を設け，優れた活動を行う個人や団体への表彰活動を開始した. 2004 年に創設されたデカルト・コミュニケーション賞（Descartes Communication Prize）は，欧州各国などで科学コミュニケーション関連の賞を受賞した個人や団体を対象に選考を行っている. 2006 年の賞では，五つの事業が賞を獲得し，賞金 25 万ユーロ（約 4000 万円）をシェアした. 受賞した五つの事業は，①ナポリの科学館の運営，②子ども向け科学週刊誌 *Eureka* の発行，③ドキュメンタリー作品「欧州，その自然史（Europe, a Natural History）」の製作，④海洋生物調査ネットワークの活動，⑤科学実演を行う会社の活動である. 2007 年，デカルト・コミュニケーション賞は，科学コミュニケーション賞（Science Communication Prize）へと名称を変更した[41].

　また，FP6 では，欧州連合が支援するすべての研究プロジェクトに対して，公衆への対話や情報発信・科学教育への貢献を強く求めたが，実際にこうした活動を行った研究プロジェクトは少数に留まった. 欧州委員会のアンケート調査によると，利害関係者との対話活動を行ったのは，回答したプロジェクトのうち 38％だった. 何らかの形で，利害関係者や一般公衆へのアウトリーチ活

動を行ったプロジェクトは，42%だった．アウトリーチ活動の具体的内容は，公衆に配慮したウェブサイト構築（活動を行ったプロジェクトの37%），公衆向けの会議やセミナー開催（同36%），広範な公衆を対象にした地域向けイベントの開催（同33%）などである．研究分野によって公衆との対話やアウトリーチ活動の実施状況に大きな差があり，ナノテクノロジー分野や生命科学分野では，こうした活動に取り組んだプロジェクトが少なく，「食物品質」分野や「市民と統治」分野では多かった．また，若者や学校を対象とした教育活動を行ったプロジェクトは，回答したプロジェクトのうち，わずか6%だった[42]．

　第7次フレームワーク・プログラム（FP7 / 2007-13年の計画）も，科学と社会に関する問題領域を，重要な課題としてとりあげた．FP7は，「協力」「考案」「人材」「能力」「核研究」「共同研究センター」の六つの研究領域からなる．四つめの「能力」領域は，さらに七つの項目に分かれており，そのうちの一つに「社会の中の科学（Science in Society）」がある．「社会の中の科学」が助成対象にするのは，科学技術における倫理の研究，科学研究における女性の役割の向上活動，科学教育への支援，公衆を対象にした欧州規模での科学イベントの促進などである[43]．FP7の「社会の中の科学」の研究費予算は，2億8000万ユーロ（FP7の助成研究費総額の0.55%）で，FP6の「科学と社会」の約3倍となった[44]．

　欧州連合における科学コミュニケーション施策拡充の背景には，科学技術社会論（STS）研究者の政策決定への関与がある．たとえば，2007年には，ウィン（Wynne）を議長としカロン（Callon）・ジャザノフ（Jasanoff）らを専門家委員とする委員会が，科学経済社会局（Science, Economy and Society Directorate）に対して，リスク評価や科学諮問のあり方に関する提言を報告している[45]．科学経済社会局は，欧州連合の科学技術政策を担当する研究総局（Directorate-General for Research）の一部局で，FP7の「社会の中の科学」などを管轄する部署である[46]．

　第8次フレームワーク・プログラム（名称「ホライズン2020（Horizon 2020）」/ 2014-2020年の計画）は，「社会と共にある / 社会のための科学（Science with and for Society）」を引続き重要課題と位置づけた．「社会と共にある / 社会のための科学」では，科学コミュニケーション，科学教育，サイエンスキャリア，

研究倫理，ジェンダー平等，市民科学，オープンアクセス，責任ある研究・イノベーション（RRI）などを助成対象とした[47]．FP8 の「社会と共にある / 社会のための科学」の研究費予算は，4 億 6200 万ユーロ（FP8 の助成研究費総額の 0.60％）で，FP7 の「社会の中の科学」からさらに増加した[48]．

　第 9 次フレームワーク・プログラム（名称「ホライズン・ヨーロッパ（Horizon Europe）」/ 2021-2027 年の計画）でも，「ヨーロッパの研究・イノベーション・システムの改革と強化（Reforming and enhancing the European R&I system）」として，科学と社会に関する問題領域を取り上げる方向で策定が進められている[49]．

　また，欧州研究会議（European Research Council）は，2020 年，研究への公衆関与賞（Public Engagement with Research Award）を創設した．2020 年には，パブリック・アウトリーチ，報道関係，ソーシャル・メディアの 3 つのカテゴリーで，それぞれ 1 名ずつ合計 3 人の受賞が発表された[50]．

　以上のような欧州連合の取り組みにもかかわらず，欧州市民は，一般に科学技術にあまり関心をもっておらず，科学技術について知らないと思っている．2013 年に公表された世論調査「ユーロバロメータ」[51]によれば，欧州連合 27 カ国平均で回答者の 53％が，科学技術の発展について，とても関心がある（13％）もしくは，かなり関心がある（40％）と答えた．国別にみると，関心が高いのはスウェーデン（とても関心があるもしくはかなり関心があると回答した者の割合は 77％，以下同様）・ルクセンブルク（69％）・デンマーク（68％）で，低いのはチェコ（33％）・ブルガリア（35％）・ルーマニア（36％）だった．階層別性別で比較すると，高学歴者（69％）・学生（67％）・男性（64％）で関心が高かった．一方，回答者（欧州連合 27 カ国平均）の 58％が，科学技術の発展についてまったく知らない（18％）もしくは，あまり知らない（40％）と答えた．科学技術の発展について知っていると答えた回答者は，科学技術の発展に関心があると回答する傾向が高く（88％），知らないと答えた回答者は関心があると回答する傾向が低かった（30％）[52]．

　米国および欧州では，それぞれ多様な科学コミュニケーション活動が実施されているが，大まかにいって，次のような特徴をもっている．米国では，市民

の科学研究に対する支持が比較的高く，科学者から公衆や政府に向けた情報発信が盛んであり，また，科学と社会の情報伝達を担う人材の養成が組織的に実施されている．一方，欧州では，市民の科学への関心が相対的に低く，科学技術の急速な発達に対する懸念が強いなかで，科学技術に関する意思決定に市民の参加を促すための取り組みが発展している．各国の社会状況に合わせて発達した多彩な活動は，日本社会に合った科学コミュニケーション活動を探るうえでも重要な手がかりになるだろう．

註

1) 小林信一，「第 5 章 社会のための科学技術——その歴史」，小林信一・小林傳司・藤垣裕子，『社会技術概論』，放送大学教育振興会，pp. 68-73, 2007.

2) Committee on Science U. S. House of Representatives 105 Congress, *Unlocking Our Future : Toward a new national science policy*, 1998.

3) Rosendhal, J., Sakimoto, P., Pertzborn, R., and Cooper, L., The NASA office of space science education and public outreach program, *Advances in Space Research*, **34**, 2127-2135, 2004.

4) NASA, NASA STEM Engagement Highlights 2019. <https://www.nasa.gov/sites/default/files/atoms/files/ostem_highlights_2019.pdf> [2020, Aug 20].

5) MIT Museum. <https://mitmuseum.mit.edu> [2020, Aug 20]. Cambridge Science Festival. <https://www.cambridgesciencefestival.org> [2020, Aug 20].

6) AAAS, Mani L. Bhaumik Award for Public Engagement with Science. <https://www.aaas.org/page/mani-l-bhaumik-award-public-engagement-science> [2020, Aug 20]. 同賞は，「科学技術の公衆理解増進賞（Award for Public Understanding of Science and Technology）」との名称で 1987 年に創設されたが，その後名称変更した．

7) AAAS, Annual Report 2010. <https://www.aaas.org/sites/default/files/aaas_ann_rpt_10.pdf> [2020, Aug 20].

8) 米国科学振興協会については，下記の本を参照．Kohlstedt, S. G., Sokal, M. M., and Lewenstein, B. V., *The Establishment of Science in America: 150 years of the American Association for the Advancement of Science*, Rutgers University Press, 1999.

9) AAAS, Mani L. Bhaumik Award for Public Engagement with Science. <https://www.

aaas.org/page/mani-l-bhaumik-award-public-engagement-science> [2020, Aug 20].

10） 「科学・工学指標」は，全米科学財団（NSF）の諮問機関である全米科学会議（National Science Board）が，2年に一度，公表している.

11） National Science Board, Science and Engineering Indicators 2020.

12） J・コーネル，岡田小枝子訳，「21章 アメリカの科学ジャーナリズムはいま」，『科学ジャーナリズムの世界』，化学同人，p. 229, 2004. 渡辺政隆・今井寛，『科学技術理解増進と科学コミュニケーションの活性化について』，p. 34，文部科学省 科学技術政策研究所報告書（調査資料 -100），2003.

13） Boston University, MS in Science Journalism. <https://www.bu.edu/academics/com/programs/science-journalis> [2020, Aug 20].

14） UC Santa Cruz, Science Communication Program. <https://scicom.ucsc.edu/> [2020, Aug 20].

15） AAAS, Mass Media Science & Engineering Fellowship. <https://www.aaas.org/programs/mass-media-fellowship> [2020, Aug 20].

16） コーネル，前掲書12），pp. 220-234.

17） Welker, M. E. and Cox, A. R., A report on research activities at Research Universities, *Research Management Review*, **15**, 1-11, 2006.

18） Alfred P. Sloan Foundation, Public Understanding of Science, Technology & Economics. <https://sloan.org/programs/public-understanding> [2020, Aug 20].

19） Field, H. and Powell, P., Public understanding of science versus public understanding of research, *PUS*, **10**, 421-426, 2001.

20） 清水麻記・今井寛・渡辺政隆・佐藤真輔，『科学館・博物館の特色ある取組みに関する調査──大人の興味や地元意識に訴える展示及びプログラム』，文部科学省 科学技術政策研究所報告書（調査資料 -141），pp. 30-31, pp. 93-97, 2007.

21） Chittenden, D., Farmelo, G., and Lewenstein, B. V. eds., *Creating Connections: Museums and the public understanding of current research*, Alta Mira Press, 2004.

22） National Academies. <https://www.nationalacademies.org> [2020, Aug 20]. 日本学術会議国際協力常置委員会『国際協力常置委員会報告 各国アカデミー等調査報告書』，2003.

23） More Training Is Seen as Key to Improving Math Levels, *New York Times*, 2006 February 2. <http://www.nytimes.com/2006/02/02/politics/02education.html> [2020, Oct 17].

24） AAAS, Science & Technology Policy Fellowships. <https://www.aaas.org/programs/science-technology-policy-fellowships> [2020, Aug 20].

25)　<https://www.aaas.org/programs/office-government-relations> [2020, Aug 20]．政府関係オフィスは，1994 年に科学技術議会センター（Center for Science, Technology and Congress）として開設し，その後，組織変更して同オフィスとなった．

26)　米国の議会技術評価局に関しては，以下の本に詳しい．Bimber, B., *The Politics of Expertise in Congress: The rise and fall of the office of technology assessment*, State University of New York Press, 1996.

27)　Vig, N. J. and Paschen, H. eds., *Parliaments and Technology: The development of technology assessment in Europe*, State University of New York Press, pp. 4-5, 2000．春山明哲，「科学技術と社会の『対話』としての『議会テクノロジー・アセスメント』——ヨーロッパの動向と日本における展望」，『レファレンス』，**57**（4），83-97, 2007．大磯輝将「諸外国の議会テクノロジーアセスメント——ドイツを中心に」，『レファレンス』，**61**(7)，49-66, 2011．なお，日本におけるテクノロジー・アセスメントに関しては以下の文献を参考のこと．水沢光，「1970 年代における日本型テクノロジーアセスメントの形成と停滞——通産省工業技術院の取り組みを中心に」，『STS NETWORK JAPAN Yearbook2000』，9, 16-30, 2002.

28)　藤垣裕子，「第 13 章　海外の社会技術」，小林他，前掲書 1），p. 179.

29)　小林傳司，「第 8 章　科学技術への市民参加」，小林他，前掲書 1），pp. 115-119．小林傳司，「第 7 章 社会的意思決定への市民参加——コンセンサス会議」，小林傳司編著，『公共のための科学技術』，玉川大学出版部，pp. 158-160, 2002．デンマーク技術委員会が正式に発足したのは 1995 年である．1995 年以前は，「技術委員会」との名称で活動していた．

30)　小林傳司，「第 8 章　科学技術への市民参加」，小林他，前掲書 1），pp. 121-123．コンセンサス会議は，合意の形成を目指すが，市民パネルに合意形成を強要するわけではない．少数意見や，合意に至らなかった論点がある場合には，その旨，「合意文書」に記載される．

31)　平川秀幸，「第 8 章　専門家と非専門家の協働——サイエンスショップの可能性」，小林傳司編著，前掲書 29），pp. 186-187. Leydesdorff, L. and Ward, J., Science shops: a kaleidoscope of science-society collaborations in Europe, *PUS*, **14**, 353-372, 2005. Gnaiger, A. and Martin, E., *Science Shops: Operational options*, p. 8, 2001. SCIPAS Report No. 1.

32)　Gnaiger and Martin, 前掲書 31），p. 8, p. 119, p. 121．平川，前掲論文 31），pp. 188-198.

33)　平川，前掲論文 31），pp. 195-199.

34)　European Commission, *The Sixth Framework Programme in Brief*, 2002．大磯輝将，「研究開発政策——新リスボン戦略と FP7」，『総合調査　拡大 EU ——機構・政策・課題』，国立国会図書館調査及び立法考査局調査企画課「総合調査」報告書，2007．岡村浩一郎，「第 1 部　科学技術イノベーション政策の国際動向　Ⅱ　EU の科学技術イノベーション政策 2　EU フレームワークプログラム」，『ポスト 2020 の科学技術イノベーション政

策：科学技術に関する調査プロジェクト報告書』，国立国会図書館 調査及び立法考査局（調査資料 2019-6），pp. 10-18, 2020. 実際の助成プログラムの公募では，各フレームワーク・プログラムの策定時に1度だけ募集を行うのではなく，それぞれの応募テーマをより詳細に区分するなどして，複数回にわたって募集を行う．

35) FP5 の研究費総額は 139.8 億ユーロ．欧州原子力共同体プログラムを除く．European Commission, Fifth RTD Framework Programme, 1998-2002. <https://cordis.europa.eu/programme/id/FP5> [2020, Aug 20].

36) European Commission, 5th Framework Programme *Raising Public Awareness of Science and Technology: Projects financed under FP5*, 2003. FP5 は，四つの個別の研究分野，三つの分野横断型領域，共同研究センターおよび核研究プログラムから構成されている．「公衆の科学技術意識の向上」は，分野横断領域の一つ「人的な研究能力と社会経済知識基盤の向上」にふくまれている．分野横断領域「人的な研究能力と社会経済知識基盤の向上」は，五つの項目に分かれており，そのうちの一つに，「科学技術における卓越性の促進」がある．「科学技術における卓越性の促進」は，さらに三つの小項目「高水準な会議への支援」「高水準な研究活動の選別」「公衆の科学技術意識の向上」に分かれている．

37) European Commission, *Science and Society Action Plan*, 2002.

38) European Commission, 前掲書 34). FP6 の主な目的は，欧州の研究において統合と協力を促進し，欧州研究圏（European Research Area）の創設に貢献することである．FP6 は，①七つの個別の研究分野・三つの分野横断型領域・共同研究センター，②欧州研究圏の構築のための四つの特別プログラム，③欧州研究圏の基盤強化のための二つの支援プログラム，④核研究からなる．2番目の「欧州研究圏の構築のための四つの特別プログラム」のうちの一つが「科学と社会」である．

39) European Commission, *Socio-economic Sciences & Humanities and Science in Society in 2007*, p. 66, 2008.

40) FP6 の研究費総額は 162.7 億ユーロ．欧州原子力共同体プログラムを除く．European Commission, The 6th Framework Programme in brief, 2002.

41) European Commission, *Descartes Communication Prize : Excellence in Science Communication*, 2007. European Commission, *Socio-economic Sciences & Humanities and Science in Society in 2007*, pp. 88-91, 2008.

42) European Commission, *Final Report of the Study on the Integration of Science and Society Issues in the Sixth Framework Programme*, 2007.

43) European Commission, Ex-post Evaluation of Science in Society in FP7 Final Report, 2016.

44) FP7 の研究費総額は 505.2 億ユーロ．欧州原子力共同体プログラムを除く．European

Commission, FP7 in Brief, 2007. <https://ec.europa.eu/research/fp7/pdf/fp7-inbrief_en.pdf> [2020, Aug 20].

45) European Commission, *Taking European Knowledge Society Seriously: Report of the Expert Group on Science and Governance to the Science, Economy and Society Directorate, Directorate-General for Research, European Commission*, 2007.

46) European Commission, 前掲書 41), pp. 105-108.

47) European Commission, Science with and for Society in Horizon 2020: Achievements and Recommendations for Horizon Europe, 2020. 科学技術振興機構研究開発戦略センター『科学技術・イノベーション動向報告～EU編～（2015年度版）』(CRDS-FY2015-OR-04) 2016年. とくに第5章, 第6章. 「責任ある研究・イノベーション（RRI）」については, 下記を参照. 科学技術振興機構研究開発戦略センター『科学技術イノベーション政策における社会との関係深化に向けて我が国におけるELSI/RRIの構築と定着』(CRDS-FY2019-RR-04), 2019.

48) ホライズン2020の研究費総額は770.28億ユーロ. 欧州原子力共同体プログラムを除く. European Commission, Factsheet: Horizon 2020 budget, 2013. <https://ec.europa.eu/research/horizon2020/pdf/press/fact_sheet_on_horizon2020_budget.pdf> [2020, Aug 20].

49) European Commission, Horizon Europe - Investing to shape our future (Version 25), 2019.

50) European Research Council, Public Engagement with Research Award. <https://erc.europa.eu/managing-your-project/public-engagement-research-award> [2020, Aug 20].

51) 「ユーロバロメータ」は, 欧州委員会が実施している世論調査である. 1990年, 1993年, 2001年, 2005年, 2010年, 2013年には, 科学技術に焦点をあてた調査の報告書が公表されている. European Commission, Science and Technology, Special Eurobarometer 43, 1990. European Commission, Science and Technology, Special Eurobarometer 76/Wave38.1, 1993. European Commission, Science and Technology, Special Eurobarometer 154/Wave55.2, 2001. European Commission, Science and Technology, Special Eurobarometer 224/Wave63.1, 2005. European Commission, Science and Technology, Special Eurobarometer 340, 2010. European Commission, Science and Technology, Special Eurobarometer 401, 2013.

52) European Commission (2013), 前掲 51), pp. 8-22.

第3章　日本における
科学コミュニケーションの歴史

藤垣裕子・廣野喜幸

　日本における近年の科学コミュニケーション施策の主なきっかけとなったのは，若者の科学技術離れへの危惧であった．本章では，まずとくに戦後を中心に日本の科学コミュニケーションの歴史を振り返り，科学技術離れ，理科離れの議論までを概説する．次いで，近年の科学コミュニケーション政策を糸口として日本の科学コミュニケーションの特質をいくつか指摘する．最後に，科学技術離れ対策としての科学コミュニケーションとは別の流れである市民参加型科学コミュニケーションについて日本の現状を論じる．

3.1　科学コミュニケーションの重要性の認識

　戦後の科学コミュニケーションを考えるうえで興味深い文章がある．いささか長くなるが次に引用しよう．

　　原子爆弾が一発爆発してみると，科学者は実験室の中で試験管とにらみっこばかりしていられないし，一般人は原子というものが科学者の観念の産物にすぎないなどと敬遠してはいられないようになる．こうして，科学と他のあらゆる文化部門，科学者と一般人の相互作用はますます大きくなって行き，互いに他をひとごとのように考えていることは許されなくなっていく．……これからの科学者は単なる研究職人であってはならないことになる．彼らは目をひろく開いて人類文化の中で自分の位置と責任を自覚

39

し，一般人の科学への愛と関心とをよびおこし，彼らをして科学が自分の享受する文化財であるという実感をもって，その力を喜んで科学者に貸すようにしなければならない．……しかし，このことがすべての科学者をして研究室を留守にして街頭にたたせるという結果になってはならない．それは目的を忘れた行動である．客観的な科学そのものがからっぽになっては，それを愛せよ，それに関心を持てよと求めても出来ない相談である．科学者は常に科学を生産していなければならない．

　この意味で，科学教育家とか科学ジャーナリストとか，あるいは科学評論家といわれる人々の仕事がますます重要になってくる．科学とほかの部門との相互作用が大きくなったことは，これらの活動の意義を非常に重くする．われわれはこれらの仕事の意味を新たに見なおし，それらに今までにない政策を要求しなければならない．

　すなわち，これらの仕事はもはや単なる職人的な教育や知識の切り売りや概念的なおしゃべりであってはならない．これらの仕事は，一方に科学の文化における位置についてひろい見通しを持ち，他方には日々に進む科学そのものの中に深く根を張っているような人によって行われねばならない．

　これらの人々は，一般人の要求や興味をよく察するとともに科学が如何にして作られるかということも体得していなければならない．[1]

　この文章は朝永振一郎によって，戦後すぐ，1948 年に書かれたものであるにもかかわらず，内容の先見性には目をみはるものがある．コミュニケーションという言葉こそ使われていないが，現代における科学コミュニケーションに通じ文化としての科学を理解し，科学がいかにして作られるかのプロセスの理解もふくめた科学コミュニケーションの重要性を指摘している[2]．

　まず，こうした認識が登場するまでの日本の科学コミュニケーション史を軽く振り返っておくことにしよう．

3.2 日本の科学コミュニケーション史

3.2.1 儒教的自然知識の克服から西洋近代科学の知識普及へ

　科学コミュニケーションを広い意味で解すれば，江戸期までさかのぼることができる[3]．『大平広記百工秘術』（1724 年），『万宝智恵海』（1828 年）などの実用書や，『改訂増補江戸大節用海内蔵』（1863 年）といった，当時の図入り百科事典とでもよべる節用集に，暦日や潮の干満など自然に関する知識を普及させるための文章が掲載されていたからである．しかし，その内容は今日の西洋自然科学ではなく，儒教的自然観に基づいたものであった．

　明治維新以後，日本は西洋自然科学の積極的導入を図る．それにともない，節用集という形式は保たれたまま，儒教的な自然の知識は西洋近代科学のそれに置き換わっていった．細川習『新法須知』（1869 年）や宮崎柳条『西洋百工新書』（1872 年）がその代表例である．同時に，西洋の科学啓蒙書の翻訳・翻案も試みられ，大庭雪斎は 1862 年にオランダの科学啓蒙書を『民間格知問答』として世に問うている．そのうち日本人のなかからも独自な科学啓蒙書が著されはじめる．たとえば，福沢諭吉の『訓蒙窮理図解』（1868 年）や小幡篤次郎の『天変地異』（1868 年）がそれである．これらは西洋自然科学の知識普及とともに，あるいはそれ以上に，儒教的自然観の払拭と西洋近代科学的自然観の導入が目的とされていた．

　1872 年に学制がしかれると，この種の科学啓蒙書がさかんに発行されるが，科学教科書が整備されるにともない，科学啓蒙書の発行は下火になっていった．学校教育から離れた形で，科学啓蒙書が出版されるのは 1887 年前後以降である．バックレー（Buckley）の翻案を山県悌三郎が『理科仙郷』として出版したのは 1886 年のことであった．他の著名な科学啓蒙書に，渡辺敏『近易物理・一壤百験』（1892 年），後藤牧太『誰でもできる物理の実験』（1911 年）などを挙げることができる．この頃になると，自然観を照準とした目的は背景に退き，西洋近代科学の自然知識の普及が前面に登場する．

　また，日本の科学雑誌はこの頃に出現する．1888 年には，子ども向け科学雑誌『少年園』（少年園社）が山県悌三郎によって，また成人向けには『理学

界』が理学界社によって 1904 年に創刊されている．なお，当時の総合雑誌
『東洋学芸雑誌』にも多くの成人向け科学記事が掲載されたが，これは程度が
高かったため，入門向けに『理学界』発刊が企画されたといわれている．なお，
『東洋学芸雑誌』は英国の科学誌 *Nature* を目標に 1881 年東洋学芸社によって
創刊された．第一次科学雑誌ブームは 1920 年代にはじまり，この頃，『子供の
科学』（誠文堂新光社，1924 年），『科学』（岩波書店，1931 年），『科学朝日』（朝
日新聞社，1941 年）などが創刊された[4]．

　さらに，東京数学物理学会や日本天文学会はさかんに講演を開催した．これ
らはそれぞれ『物理学通俗講演集』『天文通俗講話』として 1910 年代に発行さ
れた．

　『理学界』が第二次世界大戦まで続いたことに象徴的に示されているように，
第二次世界大戦までの日本の科学コミュニケーションは，基本的に，科学啓蒙
書・科学雑誌あるいは一般雑誌の科学記事・講演会による科学知識の普及だっ
たのである．

　こうした状況に対し，冒頭に記したように，朝永が，原子爆弾という社会問
題に強く関与する題材から，科学者の社会的責任を念頭に，科学コミュニケー
ションの構想を披露したのは，日本の科学コミュニケーションにとっては，一
つの画期だったと評価できるだろう．しかし，朝永の構想したような科学コミ
ュニケーションが，政策立案者に現実の課題と受け止められるまでにはさらに
半世紀の時間がかかった．次にその経緯をみていくことにしよう．

3.2.2　1950-60 年代の科学啓発

　日本の戦後の科学振興では，1956 年に設置された科学技術庁がそのけん引
役をつとめた．科学技術庁はその当初から科学技術に関する広報，啓発活動を
業務の一つとしていた．『科学技術庁十年史』によると，当時の広報，啓発に
関する業務の目標は以下のように記されている[5]．

　・科学技術に関する国家の政策，事業，研究の情勢，成果を適確に広報する
　　こと
　・科学技術の現状，使命，発展の方向などについての一般の理解を高めるこ

と

・科学技術に関する各種のコミュニケーションのあり方を検討し，その改善をはかること.

　ここでコミュニケーションという表現が用いられていることに注意しよう．科学技術に関するコミュニケーションという概念は，戦後かなり早い段階から存在したことが示唆される[6].

　しかし，その内実は，「定期刊行物の刊行」「不定期刊行物の刊行」「関係団体等に対する資料の提供」「報道機関に対する発表」「啓蒙普及関係行事に対する協力」「科学技術行事に対する政策」となっており，科学技術に関するコミュニケーションといっても，情報の発信を主眼とする一方向的なものであったことが読み取れる．その限りでは，そこでの発想は，旧来の科学コミュニケーションとさほど変わりはなかったといえるだろう．また，1958 年に発表された初の『科学技術白書』では，「政府の果たす役割りのますます増大しつつある今日，これに対する適切な方策を樹立推進し，その要望にこたえる必要があるが，一方科学技術を育てあげることに対し，国民の理解と支持を得ることが必要である」[7]とあり，国民の理解と支持の重要性が認識されていたことが示唆される.

　なお，第二次科学雑誌ブームが第二次世界大戦後におこり，『自然』（中央公論社，1946 年）などが創刊されている[8].

　1957 年は，戦後復興期が一段落し，日本経済が新たな転換点を迎えた時期である．また，この年は，スプートニク・ショックが経験され，日本に限らず，ソ連に比べ科学の遅れの反省が促された年でもある．中山茂は，スプートニク・ショックの影響により米国で大統領科学顧問が設けられたことなどを受けて，「日本の官政界でも何か強力な科学政策を施行しなければならない空気」となったことが，1959 年の科学技術会議の設立に結びついたとしている[9]．その科学技術会議の諮問第 1 号「10 年後を目標とする科学技術振興の総合的基本方策について」に対して，1960 年 10 月 4 日に第 1 号科学技術答申が出されている．この答申には，生産性の向上というスローガンが数多くみられる[10].

　1960 年 2 月には，発明の日である 4 月 18 日をふくむ 1 週間が「科学技術に

ついて広く一般の方々に理解と関心を深めていただき，日本の科学技術の振興を図ることを目的として」[11]，「科学技術週間」と制定された．また，同年には，科学技術啓発の民間機関として財団法人日本科学技術振興財団が設立され，同財団によって 1964 年，科学技術館とテレビ局が開設され，啓発活動が展開された[12]．

　1960 年代は，技術格差の解消と自主技術の開発が進められた時期とされている[13]．それまで日本の技術水準の向上は，技術導入に依存するところが大きかったが，ここで国内産業の競争力の強化を目的とした自主技術開発が重要課題となったわけである．東京オリンピックも 1964 年に開催され，1960 年代は日本の高度成長期となる．またこの年代には，科学技術に関する世論調査が総理府によって数多く実施された[14]．

3.2.3　1970 年代の「反公害」運動・反原発運動・反科学技術

　1970 年は大阪万博が開催された年である．同時にこの年は，瀬戸内海の汚染，田子の浦の汚染，光化学スモッグなど，新聞などメディアで「公害」という言葉がでないときはない，と形容されたほどに公害問題が大きく扱われた年であり，11 月に行われた第 64 回国会（臨時会）は「公害国会」ともよばれた．1960 年代の高度成長のもたらした陰の部分である公害問題が一気に噴出したのが 1970 年代である．この時期の主な科学コミュニケーションとは，住民の「反公害」運動，反原発運動，といった活動であり，それと並行する反科学技術といった思潮であるといってもいいだろう．また 1973 年にはオイルショックがおき，1977 年に提出された第 6 号科学技術答申では，「エネルギー」「安全，生活環境」などの項目が頻出している．

　これと並行した動きは欧州でも生じた．これがきっかけとなり，市民参加型の科学コミュニケーションが発達していくことになるのだが，これについては，大きな論点なので，後述する（3.3.3 項参照）．

3.2.4　1980 年代の人間や社会のための科学技術

　このような時期をへて，1980 年代に入る．『日本の科学技術政策史』は，1980 年代前半に日本の科学技術政策が直面した課題を「新たな価値を求めて」

という題目の下にまとめている[15]．日本の科学技術が 1970 年代を通じて民生品生産技術，省エネなどの応用技術の分野では世界のトップクラスに到達したことから，これまでのキャッチアップ型から国際トレンドを作り出す型へと政策転換を考えたとされる．また，1984 年に出された第 11 号科学技術答申「新たな情勢変化に対応し，長期的展望にたった科学技術振興の総合的基本方策について」は，「人間と社会との調和」といった語が登場する．「科学技術」という語は，上述の第 1 号答申（1960 年）では「進歩」という語とともに共出現する頻度が高いのに対し，第 11 号答申では，「人間」「社会」という語とともに共出現する頻度が高くなる[16]．このことは，この四半世紀の科学技術をめぐる時代背景の変化を反映していると考えられる．科学技術の進歩が第一義的に考えられていた時代から，人間や社会のための科学技術という形に認識が変わってくるのである．

『科学技術白書』でも，1980 年版の第 1 部第 2 章第 3 節に，「科学技術推進にあたっての国民の理解と協力」という項があり，「国民が科学技術活動の果たす役割りと限界，利便性，影響について客観的な認識を持ち，科学技術を推進する側も国民にわかりやすい形で解説し，あるいは効用と影響の評価の上にたち，国民の十分な理解と協力を得るよう努力していくことが必要である」と書かれている[17]．1982 年版の『科学技術白書』でも「国民の理解と協力を得るための施策の充実」が扱われており，研究開発リスクの増大といった言葉もみられる[18]．反公害，反原発から反科学技術といった思潮まで生み出されてしまった 1970 年代の科学と社会との関係を修復するかのように，科学技術に対する国民の理解と協力といったことが語られるのである．

科学雑誌がたくさん創刊されたのもこの時期である（第三次科学雑誌ブーム）．1981 年に科学雑誌『ニュートン』『ポピュラーサイエンス日本版』が，1982 年には『クォーク』などが創刊される．当時，ニュー・サイエンス，ハイテクなどが話題になっていたことも，科学雑誌創刊ブームの背景にあったといわれている[19]．

3.2.5　1990 年代の「若者の科学技術離れ」への危惧：科学コミュニケーション政策の展開へ

　ようやく科学技術が社会や人間を考慮しはじめたこの時期以降，若者の科学技術離れへの危惧が少しずつ現れるようになる．第一に，1988 年に理工系学生の製造業離れがマスコミでとりあげられた．製造業就職率が 53.3％と前年度の 58.4％を 5 ポイントも低下し，その後も似たような水準に留まったことが報道される．その結果，「理工系学生の製造業離れ」が社会問題化しはじめる．第二に，並行して，受験生の理工系学部志願者比率が，工学系では 1988 年に，理学系もふくめた理工系全体では 1989 年に，競争倍率（入学者数／のべ志願者数）が全体平均を下回った．第三に，同じ頃に，若い男性の科学技術に対する関心が，1980 年代を通じて急速に低下している事実が，総理府の調査によって明らかになる．こうした理工系学生の製造業離れ，理工系学部の不人気，若年層の関心の低下という 3 点セットによって，1994 年に『平成 5 年版科学技術白書』で「若者の科学技術離れ」の懸念が表明され[20]，日本で科学コミュニケーションがクローズアップされるようになり，資金的裏付けをともなった具体的政策に結びつく大きな契機となったのである．

　『平成 5 年版科学技術白書』には，「科学者，技術者に触れる機会の増大」「科学技術に目が向けられるようにする工夫」「科学技術を身近な問題として語り合える雰囲気の醸成」などが唱われていた．1995 年になると，科学技術基本法が制定され，第 5 条第 19 章で「国は，青少年をはじめ広く国民があらゆる機会を通じて科学技術に対する理解と関心を深めることができるよう，学校教育及び社会教育における科学技術に関する学習の振興並びに科学技術に関する啓発及び知識の普及に必要な施策を講ずるものとする」と，科学コミュニケーションの振興が法的にも支援されるようになった．かくして，戦後すぐの朝永の提言は，およそ半世紀後になって，国家の施策として現実化されるようになったのである．その結果，表 3.1 のような事業が展開されている．これらの施策を英米と比較した際の特徴については後述する（3.3.2 項参照）．

表 3.1　日本の科学コミュニケーション振興施策

学校教育

・スーパー・サイエンス・ハイスクール（JST/ 文部科学省）　2002 年-　14 億円

＃サイエンス・パートナーシップ・プログラム：研究者と学校教育の連携（文部科学省）　1996 年-　8 億 4600 万円

・IT 活用型科学技術・理科教育基盤整備（先進的デジタルコンテンツ）（JST）　2001 年-　6 億 3500 万円

・理科大好きモデル地域事業（JST/ 文部科学省）　2005 年-　3 億 1800 万円

・青少年のための科学の祭典（文部科学省）　1992 年-　1 億 8400 万円

・ロボット学習支援事業（JST）　1 億 7600 万円

・目指せスペシャリスト（文部科学省）　2003 年-　1 億 3300 万円

＃理科大好きボランティア・コーディネーター支援（JST）　1 億 2800 万円

・サイエンス・キャンプ（文部科学省）　1996 年-　9200 万円

・子ども科学技術白書（文部科学省）　1999 年-　5000 万円

・国際科学技術コンテスト支援（JST）　2004 年-

アウトリーチ促進制度

＃研究者情報発信活動推進モデル事業（JST 運営交付金）　2005 年度　2 億円

＃サイエンス・デリバリープログラム：優れた業績を有する研究者を学校に派遣（JSPS）　2005 年-　3000 万円

＃科学技術振興調整費　重点解決型研究プログラム：毎年度直接経費の約 3％をアウトリーチ活動に充当（文部科学省）　2004 年-

＃サイエンス・ダイアログプログラム：外国人特別研究員をスーパー・サイエンス・ハイスクールに派遣（JSPS）　2004 年-

成年向け

・サイエンスチャンネル（JST）　1 億 8200 万円　2000 年-

万人向け

・国立科学博物館　40 億 3400 万円

　・各地域博物館への巡回展および環境プログラム開発事業

　＃科学系博物館職員等研修

　＃国立科学博物館パートナーシップ　2005 年度-

・日本科学未来館（JST）　29 億 7800 万円

　・各地域への展示物巡回・先駆的科学技術展示開発事業　2 億 5300 万円

　＃科学館職員研修　300 万円

　＃科学技術スペシャリスト

・地域科学館連携支援事業（JST）　2 億 3200 万円

・科学技術振興調整費　新興分野人材養成プログラムにおける科学技術コミュニケーター養成（JST/ 文部科学省）　2005 年-

・研究 PR ディレクター（仮称）（JST）

＊）　＃印は人材育成をふくむ施業である.

3.3 日本の科学コミュニケーションの特質

3.3.1 伝統の不在：科学コミュニケーター不足

近代自然科学は 16-17 世紀に欧州で誕生した．単なる一学説の枠をおおいに越えて，世界観・自然観レベルの変革をもたらした地動説・太陽中心説がコペルニクス（Copernicus）によって提唱されたのは 1543 年のことであり（『天球の回転について』），それまで異質であるとされてきた天上界と月下界を統一的な法則によってニュートン（Newton）が解明してみせたのは 1687 年である（『自然哲学の数学的原理』）．

18 世紀には，これらの結果が形式的に整備され，あるいはさらに自然科学が進んでいくが，欧州で科学コミュニケーションが盛んになるのは 18 世紀初頭からである．つまり，欧州で科学コミュニケーションは近代科学の創始からほとんど時をおかずはじまっている．たとえば，一般市民向け科学講座のはじまりはオックスフォードのキール（Keill）によるものであった．1700-10 年の間のいずれかの時期にはじまったと推定されている．キールのノウハウを引き継いだデザギュリエ（Desagulier）は，有料で講座を開いたことが知られている．

こうした市民向け一般講座の主たる講師として，アムステルダムで 1718-29 年に開講していたファーレンハイト（Fahrenheit），スウェーデンで 1727 年に開講したトゥリーヴァルド（Triewald），パリで 1736 年から開講したノレ（Nollett），ロンドンで 1740 年頃開講し，1749-54 年には各地（ニューカスル・デュレイン・ヨーク・リーズ・ダブリン・ボルドー・トゥールーズ・モンペリエ・リヨン）を巡回し，1754 年から再びロンドンで講座を開いたダメンブレイ（Demainbray），1741-55 年にかけて，英国各地で開講したマーチン（Martin），やはり英国で 1748 年から巡回をはじめたファーガソン（Furgason），1801-02 年のガーネット（Garnett）たちの名が知られている．英国では，不況により，1740 年頃から有料科学講座は廃れ，フランスでは 1789 年の革命により途絶えたといわれている．

英国では 1799 年に，科学普及および研究のための新しい機関である王立研究所が設立され，1802 年から成人向け公開講座である金曜講座が，1827 年か

表 3.2 英米日の人口・研究者数・科学技術系ジャーナリスト組織会員数の比較（2005 年時点）

国	人口	研究者数	科学技術系ジャーナリスト組織会員数	養成専門コース数
英国	約 6000 万人	約 16 万人	約 900 名	28
米国	約 3 億 390 万人	約 126 万人	約 2500 名	45
日本	約 1 億 2830 万人	約 68 万人	約 380 名	0

らは少年少女クリスマス講演がはじまる（第 1 章参照）．ここではファラデー（Faraday）・チンダル（Tyndall）・デュワー（Dewar）たちが講師として活躍した．さらに 1831 年には英国科学振興協会が，1848 年には米国科学振興協会が設立された[21]．こうして 19 世紀前半に科学コミュニケーションはさらに梃入れされるようになったのである．

　対して日本が西洋近代科学を本格的に摂取しはじめるのは明治維新以降，つまり 1870 年前後以降である．ほぼ同時に，一般書や一般雑誌・科学雑誌における科学記事，講演会といった形で科学啓蒙がはじまったことはすでに 3.2.1 項でみてきた．また，日本科学技術振興財団が発足したのは 1960 年であった．つまり，欧米では 300 年近い科学コミュニケーションの蓄積があるのに対し，日本では 130 年ほどしかない．こうした蓄積の差は陰に陽に影響を与えているが，科学コミュニケーションに携わる人材の多寡に端的に現れている．

　科学コミュニケーションに携わる人材といってもさまざまであり，統計的に把握が難しいが，ここでは比較的とらえやすい科学ジャーナリストを例に比較してみよう．2005 年を対象に英米日で人口・研究者数・科学技術系ジャーナリスト組織会員数・養成専門コース数をまとめたのが表 3.2 である[22]．

　単純計算すると，平均して，英国では 1 人の科学技術系ジャーナリストが，178 人の研究者と 6 万 6500 人の一般市民をカバーしているのに対し，米国では 504 人の研究者と 12 万人の一般市民，日本では 1790 人の研究者と 33 万7000 人の一般市民をカバーしていることになる．科学技術系ジャーナリストの層が厚い英国に比べると，日本の科学技術系ジャーナリストの負担は対研究者で 10 倍，対一般市民で 5 倍ほどになっている．米国と比較してさえ，それぞれ 3.5 倍，2.8 倍になる．英米と比べた場合，科学コミュニケーターはおおいに不足している[23]．

とりわけ 2005 年時点で専門養成コースが 0 というのは非常に問題であった。2005 年から 5 年の時限付きだが、科学技術振興調整費により、科学コミュニケーターの養成が図られたのは時宜を得た施策であった。現在、この科学技術振興調整費によって、北海道大学・早稲田大学・東京大学で科学コミュニケーターが養成されている[24]。また、お茶の水女子大学・東京工業大学・総合研究大学院大学・富山大学などでも科学コミュニケーター養成コース（科目）が独自に実施あるいは検討されるようになったのは、科学コミュニケーターの圧倒的不足を考えれば朗報であろう[25]。なお、科学系の博物館でも科学コミュニケーター養成に精力が注がれはじめている[26]。

3.3.2　政策の特徴

前項でみてきたように、日本では科学コミュニケーションの歴史の浅さに由来する蓄積の不足は否定しがたい。しかし、英国で科学週間が設定されたのは 1994 年であるのに対し、早くも 1960 年に科学週間なる試みがなされていたように、科学コミュニケーションの必要性は政策の場面では高度経済成長期に認識されていたことがうかがえる。

各国における科学コミュニケーション振興策は、それぞれが科学コミュニケーションのどのような側面に問題をみいだすかによって、力点の置き方が異なる。英国で近年の科学コミュニケーション振興策の出発点となったのは 1985 年のボドマー・レポートであり、大きな転換点になったのは 1990 年代のウシ海綿状脳症問題であった[27]。3.2.2 項でも多少ふれたように、米国では 1957 年のスプートニク・ショックが大きなきっかけとなり、1985 年に開始された「プロジェクト 2061」が米国の科学コミュニケーション振興策の大きな指針となった[28]。日本では、3.2.5 項で述べたように、①理工系学生の製造業離れ、②受験生の理工系学部志願者比率低下、③ 1980 年代を通じて若い男性の科学技術に対する関心が急速に低下したこと、という 3 点セットによる「若者の科学技術離れ」の懸念が 1994 年に表明されたことが大きな契機となった。

英国のボドマー・レポートでは、科学コミュニケーションにおける「公衆」を、①個人的幸福を求める私的個人、②民主主義社会の一員としての市民、③科学的な内容をふくむ仕事に携わる人々、④中堅管理職や労働組合専従者、⑤

産業や政府などでの意思決定に責任をもつ人々，の五つに大きく分類し，それぞれの対象別に振興策を提言していた．

　その結果，たとえば上記の②に対しては，「サイエンス展望」などの議論の場が市民に提供され，のべ 3200 人が参加しているし，また，⑤の産業や政府などでの意思決定に責任をもつ人々に対しては，ロイヤル・ソサエティによって「国会議員と科学者の交流計画」が立案され，2001-06 年の間に 200 人以上の国会議員と科学者が同計画に参加している．

　米国では，「プロジェクト 2061」は『すべてのアメリカ人のための科学（*Science for All Americans*)』という具体像に結実した．これは生徒たちに対し，高校卒業時に知っておくべき科学技術リテラシーを具体的に示してみせるとともに，一般成人にとってもそれが科学技術リテラシーの標準であることを宣言する体のものである．急速に進展する科学あるいは技術によって科学技術リテラシーも当然変化するだろう．学校卒業後，多くの一般成人は科学技術の知識に接する機会もなく，ともすれば科学技術リテラシーの刷新された部分を更新できずに終わってしまう．『すべてのアメリカ人のための科学』を更新し続けることによって，ある時点での科学技術リテラシーの基準をつねに明確にしておき，それを生徒のみならず成人をふくめた，まさに「すべての米国人」に提示し続けるというのが米国の科学コミュニケーション振興策の有力な一翼となっている．たとえば，米国航空宇宙局では，アウトリーチ活動として，高等教育向けに 300 以上，初等・中等教育向けに 1600 以上のイベントを主催するとともに，科学館向けイベントを 3000 以上，一般向けイベントを 1100 以上開催している．そして，科学者・技術者・研究支援者 1000 名以上がこうした催しに参加している．また，米国科学振興協会は，科学技術政策フォーラムを実施し，博士号を有する科学者・技術者が連邦政府や連邦議会ではたらく機会を 1971 年以降提供してきたが，これまでの参加者は 2000 名に達するほどである．

　これに対し，日本は科学コミュニケーションが政策課題に浮上した主たるきっかけが若者の科学技術離れだったことが個々の施策にも大きな刻印を残している．表 3.1 からもわかるとおり，日本の科学コミュニケーション振興策は種類・資金のいずれもが若年層を対象にしたものに集中している．しかし，日本の科学コミュニケーション改善にとっては，若年層とともに成人層を対象にす

ることも非常に重要であろう. たとえば, 成人の科学技術リテラシーおよび科
学に対する関心を測る国際調査が, 14 の先進国を対象に 2001 年に実施された
が, 日本は 13 位であった[29]. 調査法自体の問題もあり, この調査結果から日
本の成人層の科学技術リテラシーは非常に低いと帰結するのはいささか単純だ
ろう. しかし成人層の科学技術リテラシー向上は, 科学技術が関与する社会問
題を議論するにあたり, 大きな課題である. この点において日本の施策は必ず
しも十分ではない. 英米が一般市民や政策担当者を対象にした科学コミュニケー
ションを推進しているのに対し, 日本ではこうした試みは盛んではない. 科
学コミュニケーターの絶対数不足とともに, 対象の偏りについても今後検討し
ていく必要があるだろう.

3.3.3　日本の市民運動の変遷と科学コミュニケーション

　3.2.3 項で, 日本の 1970 年代の主な科学コミュニケーションとは, 住民の
「反公害」運動, 反原発運動, といった活動であり, それと並行する反科学技
術といった思潮であったということを述べた. それではこの時代に芽生えた日
本の市民運動が, その後, 日本の科学コミュニケーションにどのような影響を
与えたのか, その変遷について考えてみよう.

　反公害運動のほうは, 宇井純による公開講座をまとめた『公害原論』, 水俣
病の痛みを扱った『苦界浄土』(石牟礼道子), 『水俣病』(原田正純) などにみ
られるように[30], 高度経済成長期に企業の成長だけを第一に考え, 地域住民
や公害被害者への視点を欠いた行為を繰り返した企業に対し, 被害者の立場に
立って批判を行うものが多い. 1970 年代には, 公害を訴えることは, 高度経
済成長に対して反対を唱えることであった. ただし, 地道な市民による調査活
動も存在した. 三島・沼津・清水地域では, 石油コンビナート建設に対し, 地
元の高校の物理の教諭が参加し, 鯉のぼりによる風向き調査, 海流調査が行わ
れ, また川崎地区では, 「川崎から公害をなくす会」が, セメント, 製鉄, 石
油の企業に対し, 地元の高校の化学の教諭が参加し, カプセルを用いた SO_2,
NO_2 測定を行った. 千葉地区では, 「千葉市から公害をなくす会」が, 製鉄所
の汚染に対し, 県立千葉高校の教諭が参加し, 測定局を住民が管理する試みが
行われた[31].

反原発のほうは，1972 年に熊野市が原発計画を拒否，1973 年には伊方原発の安全審査に対する異議申し立て，東海第二発電所の設置許可の取り消しを求める動きなど行政訴訟が相次ぎ，この頃から原子力発電所の立地をめぐって反対運動が活発化する．1974 年には地元の反対のために実施が遅れていた原子力船「むつ」の出力上昇試験を開始したところ，その直後に放射線漏れが発生し，反対運動が活発化するという事態もおきた．この当時の反原発の動きは，単に原発の事故などの安全性に対する不安というだけでなく，当時関心が高まっていた環境問題と結びつく形で展開した．同時に，諸外国における反対運動や，1974 年のインドの核実験を契機とする核拡散に関する国際的議論，1979 年のスリーマイル島事故に対する世界的議論などに影響を受けるという国際的な面もあった．反公害，反原発，科学技術批判[32]の活動や思潮の拡大は，互いに関連しつつ，また世界的な大きなうねりだったともいえる[33]．

　このような事態に直面するなかで，科学技術コミュニケーションの新たな活動として，テクノロジーアセスメント（Technology Assessment: TA）やパブリックアクセプタンス（Public Acceptance: PA）が登場する．TA は先端的な科学技術の社会や環境に対する影響を，技術開発に先立って事前評価する試みであり，米国議会が 1972 年に技術評価局 OTA（Office of Technology Assessment）を設置して推進した[34]．日本でも，1971 年から TA の試行がなされており，第 5 号科学技術答申（1971 年），『昭和 47 年版科学技術白書』[35]でも TA についてふれられている．日本での TA 活動そのものは 1970 年代を通じて継続されたが，明確に政策展開に結びつくことはなかった．社会の関心が資源エネルギー問題，地域開発にともなう環境問題へと移るにしたがって，先端技術開発についての TA への関心は薄れたが，一方で環境アセスメントのほうは日本で広く展開された．このように日本では TA は本格的な発展をすることはなかったが，欧州では TA が活発化し，1983 年以降議会 TA 機関が続々設置され，民間の TA 機関も発展した[36]．その活発な活動のなかで，さまざまな技術予測の手法，市民参加の手法，コミュニケーションの手法などが開発され，市民参加型合意形成手法なども開発された[37]．このように欧州で開発された市民参加手法であるコンセンサス会議が 1990 年代末から日本に輸入され，実施される．

PA，日本語で「技術の社会的受容」とよばれる活動は，米国の原子力発電所の立地問題のなかで登場した．もともとは住民と行政の双方向的なコミュニケーションに着目した政策的な概念である．1976年頃から日本の政策現場でも知られるようになった．『原子力年報1976年版』には，「国民あるいは原子力施設立地地域住民のなかには，原子力開発利用をめぐって，原子力の安全性，環境保全，地域開発などについて，国民との意思疎通を十分に行い，これを原子力行政に反映させるべきであるとの意見が高まっており，最近では住民参加についても要望されている」といった記述があり，当初は米国におけるPAの議論と同様に，国民参加の視点，コミュニケーションの双方向性が盛り込まれていた．ちなみに日本では1973年から公聴会が実施されている．しかし同時に，「新しく複雑な科学技術が社会に導入され，定着するまでには，概して社会の一部にある種の違和感がかもしだされるという事実からみて」という表現から，技術の導入を前提とし，技術の導入を当然のこととするPA観が内在していたことも読み取れる[38]．そのため，PAを原発立地推進の手段，説得の手段であるとするイメージが，政府や原発立地推進側，反対側の間に広まった．PAは，技術の導入を目標として，そのための説得，教化のための活動として展開する例がほとんどである．その背後には，「対象となっている技術を，科学的かつ正確に理解すれば，新技術の導入にひとびとは賛成する」という暗黙の前提（「欠如モデル」）があり[39]，これに基づいて不足する知識を提供するコミュニケーション活動（情報提供，資料館，見学施設の開設，教育用資料の開発と配布，など）が大規模に展開されるのである．

　さて，1970年代には，原子力に対する反発運動と環境問題に関する運動とは結びついていたことを上で述べた．しかし，1990年代に入って，環境問題（反公害運動）[40]のほうは，別の側面を呈することになる．1970年代，環境問題を考えることは，すなわち，成長する企業や国を敵に回すことであった．この時代の反公害運動，および環境運動は，このように反企業，反国家，そして反体制を唱えるものであった．ところが，1990年代に入ると，「地球にやさしい」というフレーズが企業のなかに取り込まれ，「環境にやさしい」ことは，企業イメージに貢献し，経済的にもメリットがあることが主張されるようになる．炭鉱における採鉱・処理の効率化や，環境問題への政府からの補助の増加，

環境浄化技術に企業が精を出し，特許をとることになる．こうして，1970年代には，「環境問題を考えること＝企業と対立すること」であったのが，1990年代には，「環境問題を考えること＝企業とともに協力して行うこと」という側面もでてくる．こうなると，反企業反体制を掲げただけの市民運動は環境問題に対して以前ほどの力をもたなくなってしまうのである[41]．一方で，反原発の流れのほうは，1996年のもんじゅ事故の影響で，原子力政策円卓会議の設置，政府審議会への批判的立場の学識経験者の参加，審議会報告書案に対するパブリックコメント制度の導入といった市民参加への流れを作ることになった[42]．

　日本における意思決定への市民参加の方式は，1998年までは，国民投票，住民投票，公聴会，円卓会議，パブリックコメントという形に限られていた．1998年以降，コンセンサス会議[43]，シナリオワークショップ[44]など，欧州の市民参加型TAが開発した市民参加の様式が日本においても試行されるようになる．このような市民参加のしくみのなかでは，科学技術の推進側，反対側，地域住民，各利害関係者の双方向的科学コミュニケーションは不可欠である．上記欧州のTA活動の展開が開発した市民参加形式の多様性の大きさに比べれば，その選択の幅は狭いが，しかし，円卓会議，パブリックコメントの導入，審議会参加者の多様性の保証は，日本的文脈のなかでは双方向的科学コミュニケーションをなんとかして考慮しようとした努力の現れと考えることもできるだろう[45]．

　欧州では，①反公害，反原発，科学技術批判からTAへ，②TAへの市民参加手法へ，③市民運動の担い手がTA機関の担い手へ，④市民運動論が科学コミュニケーション論へ，というようになんらかの形でつながっている．これに対し，反公害，反原発，科学技術批判の市民運動と市民参加手法やそこでの科学コミュニケーションとの間にやや不連続性がみられる点が，日本における科学コミュニケーションの特色の一つとなっている．

　これは，日本の市民運動論や科学批判のなかで，体制反体制図式で考える1970年代の様式と，公共空間モデルで考える現代の様式の間で整合性がとれていないこととも対応する．これに関連して，吉岡は，日本の市民科学者高木仁三郎の記述のなかに「反権力闘争モデル」と「公共利益モデル」とが無批判

に共存することを指摘している[46]．また，政府審議会への批判的立場の学識
経験者の参加は，カウンター・テクノクラートとして健全な役割を果たせる
か[47]，この場合学識経験者は御用学者かそれとも市民運動家の審議会参加と
してとらえるべきか，といった議論とも関係する．日本には，コミットメント
論や，「関与（engagement）しながら，しかしけっして同化されない批判精
神」[48]についての議論が不足しているとも考えられる．

　さらに，欧州では，市民運動論と社会構成主義と「科学と民主主義」の三者
の議論が連動している[49]のに対し，日本では，市民運動論は環境社会学，社
会構成主義は科学論とジェンダー論，という形で別々の文脈で語られる傾向が
ある．1970年代の日本の科学論が「体制派科学対オータナティヴとしての市
民（反体制）科学」という対立軸をとりながら，ときとして本質主義のまま，
科学の権威を保ったまま，人民のために使う，といういい方をしがちであり，
社会構成主義の健全な評価とつながっていないことは，このことに起因するの
だろう[50]．市民運動論と社会構成主義と「科学と民主主義」との連動とは，
社会構成主義を用いて専門家の知識，現場知，双方のデータの背景やデータ取
得のプロセスなどを脱構築し，それぞれのデータを公開し，意思決定の場を民
主的に開くこと，である．

　これらが，日本の現場におけるさまざまな論争の数々と，「科学コミュニケ
ーション」概念とが比較的離れたものとして語られてしまう状況を作り出し，
ひいては，英国で観察される科学コミュニケーションや市民参加
（public-engagement）といったときの痛みと将来にむけての真剣な議論に対し，
日本の「科学コミュニケーション」の痛みの感覚の欠如という意味での「生ぬ
るさ」につながっていると考えられる[51]．

註

1)　朝永振一郎，「科学の高度化とジャーナリズムの協力」，『文理科大学新聞』，1948年12
　　月5日号．『朝永振一郎著作集4　科学と人間』，みすず書房，pp. 205-207, 1982所収．
2)　科学コミュニケーションにおいて「何を」伝えるべきかについてはこれまでいろいろ議

論されてきた.このあたりについては,第4章の科学技術リテラシーに関する節(4.3節)を参照.朝永の提案は,今日の科学技術リテラシーに関する論点のいくつかを先取りしている.

3) 本節の記述は日本科学史学会編,『日本科学技術史大系 教育』(第8-10巻),第一法規出版,1964に基づく.

4) 『子供の科学』と『科学』は今日まで続いている.『科学朝日』は1996年に『サイアス』と誌名変更した後,2000年に休刊している.

5) 科学技術庁創立十周年記念行事実行準備委員会編,『科学技術庁十年史』,科学技術庁創立十年記念行事協賛会発行,1966.

6) 小林信一,「日本におけるサイエンス・コミュニケーションの展開」,NPO法人「くらしとバイオプラザ21」,『平成18年経済産業省委託事業,平成18年環境対応技術開発等(バイオ事業化に伴う生命倫理問題等に関する研究(バイオテクノロジーの産業化に伴う諸問題についての国民理解促進に関する研究の実施))に関する委託事業報告書』,pp. 154-174,2007.

7) 科学技術庁編,『昭和33年版科学技術白書』,大蔵省印刷局,1958.文部科学省,「昭和33年版科学技術白書」,<http://www.mext.go.jp/b_menu/hakusho/html/hpaa195801/index.html>[2008, July 22].

8) 1984年に休刊した.

9) 中山茂,『科学技術の戦後史』,岩波新書,1995.

10) Fujigaki, Y. and Nagata, A., Concept evolution in science and technology policy: The process of change in relationship among university, industry and government, *Science and Public Policy*, **26** (6), 387-395, 1998.

11) 文部科学省,「科学技術週間」,<http://stw.mext.go.jp/>[2008, July 22].

12) 財団法人日本科学技術振興財団については,財団法人日本科学技術振興財団/科学技術館,「財団について」,<http://www2.jsf.or.jp/00_info/gaiyou.html>[2008, July 22]などを参照.科学技術館については,科学技術館,「科学技術館概要」,<http://www.jsf.or.jp/outline/>[2008, July 22]などを参照.また,このとき開局された科学啓発のためのテレビ局が「東京12チャンネル」である.同局は1973年,教育専用局から一般放送局となり,1981年には「テレビ東京」に社名が変更された.科学啓発のためのテレビ局としては9年続いたのみであった.「東京12チャンネル」に関しては,テレビ東京,「40年の歴史——テレビ東京の歩みと懐かしの番組」,<http://www.tv-tokyo.co.jp/contents/ir/jpn/company/history2.html>[2008, July 22]などを参照.

13) 科学技術政策研究所編・科学技術庁科学技術政策研究所監修,『日本の科学技術政策史』,未踏科学技術協会,1990.

14) 1960年の『科学技術に関する世論調査』，1962年の『青少年の科学技術に関する世論調査』，1963年の『科学技術に関する世論調査』，1964年の『母親の科学知識などに関する世論調査』など．

15) 科学技術政策研究所，前掲書13).

16) Fujigaki and Nagata, 前掲論文10).

17) 科学技術庁編，『昭和55年版科学技術白書』，大蔵省印刷局，p. 151, 1980. 文部科学省，「昭和55年版科学技術白書」，<http://www.mext.go.jp/b_menu/hakusho/html/hpaa198001/index.html> [2008, July 22].

18) 科学技術庁編，『昭和57年版科学技術白書』，大蔵省印刷局，1983. 文部科学省，「昭和57年版科学技術白書」，<http://www.mext.go.jp/b_menu/hakusho/html/hpaa198201/index.html> [2008, July 22].

19) 小林，前掲論文6).

20) 科学技術庁編，『平成5年版科学技術白書』，大蔵省印刷局，1994. 文部科学省，「平成5年版科学技術白書」，<http://www.mext.go.jp/b_menu/hakusho/html/hpaa199301/index.html> [2008, July 22].

21) 英国科学振興協会については第1章参照．

22) 科学技術政策研究所，「科学技術コミュニケーション拡大への取り組みについて」，Discussion Paper Vol. 39, 科学技術政策研究所，2005. ただし，人口データについては筆者らが補った．

23) ただし，科学コミュニケーターの数が少ないからといって，科学コミュニケーション活動が少ないわけではない．日本の特徴は活発な少数の科学コミュニケーターが獅子奮迅の活躍をしているが，それによってさらに科学コミュニケーターになる人々が増えるわけでもなければ，科学者を多く巻き込むでもなく，参加する一般市民もリピーターが多いというように，科学コミュニケーション活動がそれなりの量なされているが，孤立して広がりをみせない点にある．この問題点を「コトー問題」と名付け，筆者らの認識を明晰にしてくれた瀬川士朗早稲田大学大学院政治経済学術院教授に感謝する．

24) それぞれ，早稲田大学「MAJESTy 科学技術ジャーナリスト養成プログラム」<http://www.waseda-majesty.jp/index.html> [2008, July 22], 北海道大学「北海道大学科学技術養成ユニット」<http://costep.hucc.hokudai.ac.jp/> [2008, July 22], 東京大学「科学技術インタープリター養成プログラム」<http://park.itc.u-tokyo.ac.jp/STITP/> [2008, July 22] を参照．

25) 東京工業大学「科学技術コミュニケーション論」<http://www.ryu.titech.ac.jp/~pjst/> [2008, July 22], お茶の水女子大学大学院「科学コミュニケーション能力養成プログラム」<http://www.cf.ocha.ac.jp/SEC/GP/> [2008, July 22], 総合研究大学院大学「科学コミ

ュニケーターワークショップ」<http://science-communicator.kek.jp/>［2008, July 22］,
富山大学「科学技術社会コミュニケーション研究室」<http://scicom.edu.u-toyama.ac.jp/>
［2008, July 22］などを参照. この註ではとうてい網羅できないが, 幸い, NPO 法人サイ
エンス・コミュニケーション「科学コミュニケーション～科学を伝える人たち」<http://
scicom.jp/science-communication/index.html>［2008, July 22］により広範な情報がまと
められている.

26) 国立科学博物館については, 国立科学博物館「サイエンスコミュニケーター養成実践
講座」<http://www.kahaku.go.jp/education/partnership/02.html>［2008, July 22］を,
日本科学未来館については, 日本科学未来館「科学技術コミュニケーター研修プログラ
ム」<http://www.miraikan.jst.go.jp/j/miraikan/training.html>［2008, July 22］を参照.

27) 本項の英国に関しては第 1 章も参照.

28) 「プロジェクト 2061」については 11.4.2 項参照.

29) 11.4.1 項参照.

30) 石牟礼道子, 『苦界浄土――わが水俣病』, 講談社, 1969. 宇井純, 『公害原論』, 亜紀
書房, 1971. 原田正純, 『水俣病』, 岩波新書, 1972.

31) 重松真由美, 「大気汚染地域における住民による調査学習活動の分析」, 『科学技術社会
論学会 2007 年予稿集』, pp. 233-234, 2007.

32) 科学技術批判の思潮を支える日本の科学論の著作としては, 柴谷篤弘, 『あなたにとっ
て科学とは何か――市民のための科学批判』, みすず書房, 1977; 広重徹, 『近代科学再
考』, 朝日新聞社, 1979; 中岡哲郎, 『科学文明の曲がり角』, 朝日新聞社, 1979; 中村禎
里, 『科学者その方法と世界』, 朝日新聞社, 1979; 中岡哲郎, 『もののみえてくる過程
――私の生きてきた時代と科学』, 朝日新聞社, 1980; 里深文彦, 『等身大の科学――80
年代科学技術への構想』, 日本ブリタニカ, 1980 などがある. 中山茂, 『市民のための科
学論』, 社会評論社, 1984 では, 国家や企業などの体制に使われる科学ではなく, 市民の
ためのサービスを行う科学, という概念が提唱される.

33) 小林, 前掲論文 6).

34) TA については第 2 章も参照.

35) 科学技術庁編, 『昭和 47 年版科学技術白書』, 大蔵省印刷局, 1972. 文部科学省, 「昭
和 47 年版科学技術白書」, <http://www.mext.go.jp/b_menu/hakusho/html/hpaa197201/
index.html>［2008, July 22］.

36) とくに西ドイツ（当時）では, 連邦政府, 州政府が委託研究を活発に実施したことも
あり, 民間の TA 機関が続々と設置され, 今日では 300 余りの機関が何らかの形で TA
に関わっている. 科学技術庁創立十周年記念行事実行準備委員会編, 前掲書 5) 参照.

37) 第 12 章も参照.

38) 小林，前掲論文 6).

39) 欠如モデルについては，第 2，5，6 章を参照.

40) 反公害問題は，この頃，自然保護や地球環境問題と結びつき，環境問題として語られるようになる.

41) 実際，筆者たちの学生時代（1978-84 年），環境問題に身を投入することは，企業を敵に回すという悲壮感をもった活動であったにもかかわらず，現在の学生にその話をすると，その悲壮感を理解してもらえないことが多い．当時の時代の雰囲気を理解してもらうだけでも数十分の解説を要する.

42) 吉岡斉，「科学技術における市民セクターの台頭」，中山茂・吉岡斉編，『科学革命の現在史』，学陽書房，pp. 198-217，2002.

43) 日本におけるコンセンサス会議では，1998 年に「遺伝子治療をめぐる市民の会議」（「科学技術への市民参加」研究会主催），1999 年に「高度情報社会——とくにインターネットを考える市民の会議」（「科学技術への市民参加」研究会主催），2000 年には「遺伝子組換え農作物を考えるコンセンサス会議」（社団法人農林水産先端技術産業振興センター主催）が開かれている．日本におけるコンセンサス会議については，小林傳司，『誰が科学技術を考えるのか』，名古屋大学出版会，2003 を参照.

44) 若松征男他，『科学技術政策形成過程を開くために——「開かれた科学技術政策形成支援システムの開発」プロジェクト研究成果報告書』，2004 を参照.

45) 1990 年代はまた，市民の権利意識が変化していった時代でもある．情報公開法の動きと並行して，一般審議会の原則公開を求める 1995 年 9 月 25 日の閣議決定は，重要な政策決定プロセスの「公開性」と「透明性」を求める流れを表している．医療の分野におけるインフォームドコンセント概念の普及，科学技術の成果の評価におけるアカウンタビリティ概念の普及，などは，市民に「説明する」ということの重要さが社会として認識されていくことなしにはなしえない．また，1998 年 3 月に成立した特定非営利活動促進法により NPO が法人格を得たことは，非営利での社会貢献活動を行う市民団体の活動が社会的に認められたこととも考えられる.

46) 吉岡，前掲論文 42).

47) ラングドン・ウィナー，吉岡斉・若松征男訳，『鯨と原子炉——技術の限界を求めて』，紀伊國屋書店，2000 に吉岡が寄せた「訳者あとがき」，とくに p. 289.

48) 藤垣裕子，「現場科学の可能性」，小林傳司編，『公共のための科学技術』，玉川大学出版部，pp. 204-221，2002.

49) Beck, U., *Riskogesellschaft, Auf dem Weg in eine andere Moderne*, Suhrkamp, 1986. 邦訳：東廉・伊藤美登里訳，『危険社会——新しい近代への道』，法政大学出版局，1998. Feenberg, A., *Questioning Technology*, Routledge, 1999. 邦訳：直江清隆訳，『技術への

問い』，岩波書店，1994.

50）　藤垣裕子，「固い科学観再考」，『思想』，2005 年 5 月号，pp. 27-47.

51）　これらについては第 12 章で再度検討する.

II　理論

第4章　科学コミュニケーション[1)]

廣野喜幸

　科学コミュニケーションでは，科学や技術に関する情報がやりとりされる．
このとき，ただコミュニケーションがなされればよいわけではない．いいコミ
ュニケーションがなされなければならない．そして，いいコミュニケーション
はただちに成立するわけではなく，目的を明確にし，適した方法を工夫し，注
意点をわきまえ，結果を評価し，これらのフィードバックを繰り返すことによ
って，はじめて達成される．本章では，目的・方法・注意点などについて，円
滑なコミュニケーションや異文化コミュニケーション，科学技術リテラシーな
どの観点から示唆を得，各自の科学コミュニケーション・リテラシーを高める
ためにはどのようにしたらよいかを論じる．

4.1　適切なコミュニケーションにむけて

　前章までで確認したように，現在，主として先進諸国で科学コミュニケーシ
ョンの振興策がいろいろ講じられている．およそ，ある種の施策が講じられる
場合，何らかの問題の克服が企てられている場合が多い．科学コミュニケーシ
ョンもその例に漏れず，科学技術関連情報に関し，コミュニケーションの不全
があり，そのため，何らかの不都合が生じているという認識に基づいて，さま
ざまな科学コミュニケーション活動が行われている．その際，気をつけなけれ
ばならないことが何点かあるが，その一つは狙いに応じた適切なコミュニケー
ションを行うことである．

何か問題が生じた時に，「コミュニケーションの問題だ」と言うことがある．しかし，コミュニケーションを繰り返せば問題が解決するかというとそうとも限らない．

　ひと口にコミュニケーションの問題といっても，コミュニケーションの量と質の問題なのか，コミュニケーションのしかたの問題なのか，頻度の問題なのか，慎重に見極める必要がある．コミュニケーションの量と質が適切ではないのに，頻度を多くしてもコミュニケーションの問題は解決されないし，コミュニケーションの頻度の過多が問題なのに，コミュニケーションのしかたを改善しようと努めても，コミュニケーションの問題は解決できない[2]．

　昨今，科学コミュニケーションの振興策とともに科学コミュニケーターの活動の場は増加しつつある．確かにまだ十分とはいえないかもしれない．しかし，科学コミュニケーションの総量不足による機能不全は改善されつつある．そこで現在，科学コミュニケーションの個々の場面における質的改善が大きな課題として浮かび上がってきた．

　科学コミュニケーションの個々の場面は，サイエンスカフェやテレビの科学番組，一般向けの科学技術の啓蒙書，新聞の科学欄など，さまざまある．それぞれ個々のメディア・チャンネル・場面は長所短所をあわせもつ．たとえば，サイエンスショーはおおむね科学技術のもつ楽しさを伝えることにその強みを発揮するが，科学技術に関する高度な知識や法則を伝えることはなかなかむずかしい（できないわけではないが，時間の確保その他を考えると大きな制約がある）．科学技術系博物館における解説展示活動は，科学の楽しさとともに，比較的少量の科学知識などを広く伝えることに適しているだろう．サイエンスカフェでは，さらに科学者当人の人柄や研究の生々しい現場情報を伝えることもできる．一般向けの科学技術の啓蒙書は，もとより科学の楽しさも伝えうるだろうが，その本領は高度な知識を系統的に論じられる点にあるだろう（ちなみに，受け取る側の負担は，この順に大きくなっていく）．

　このように，一口に科学コミュニケーション活動といっても，性格はさまざまに異なる．科学の楽しさを伝えるのに適した場で，高度な科学知識や法則を

伝えようとしても，効果は薄い．科学コミュニケーションの不全を改善すると
いっても，その方法にただ一つの特効薬・万能薬があるわけではなく，場合や
場面に応じたさまざまな工夫が必要となる．

　つまり，科学コミュニケーターに要求されるのは，ある一つの方法を覚え，
いつもそれを機械的に適用するといった活動ではない．科学コミュニケーター
には柔軟で高い応用力が求められる．スポーツであれ何であれ，高い技能を発
揮するためには，基礎の徹底的な習熟と現場での高い応用力が必要であるが，
科学コミュニケーションもその点に変わりはない．「コミュニケーションの不
全はなぜ生じているのか」「科学技術に関するコミュニケーションが成功する，
あるいは失敗する機構とはどのようなものか」「どこをどのように変更すれば
改善に至るのか」，さらにはそもそも「何のためのコミュニケーションなの
か」といった，科学コミュニケーションの質的向上に関する洞察を心得ている
ことが基礎であり，堅固な基礎という土台に基づいた活動が活発にならないか
ぎり，科学コミュニケーション総体の大幅な改善は望めない．科学コミュニケ
ーションなる活動の本態に関する洞察が求められるゆえんである．

　およそ，効果的な科学コミュニケーション活動をするためには，現在の科学
コミュニケーションにおける不都合とはそもそも何なのかといった根本的な疑
問に対する各自の答えを土台として，科学コミュニケーションに関する系統的
知識を自家薬籠中のものにしておくとよい．

　だが，科学コミュニケーションの系統的知識を与えてくれるはずの科学コミ
ュニケーション学はいまだ確立されていない．第11章にもあるように，科学
コミュニケーションに関する学術的探求がなされはじめてから現在まで40年
ほどしか経っていない．したがって，現在の科学コミュニケーターは，それぞ
れの活動に取り組むとともに，科学コミュニケーション学の確立に参加するこ
とも重要である．また，確立されていなくとも，その時点時点での科学コミュ
ニケーション学の成果を最大限吸収しておくことが望まれる．

　もとより，科学コミュニケーション学が確立されていない現在，本章にでき
るのはせいぜいその第一歩を示唆することにすぎない．それゆえ，科学コミュ
ニケーター各自が効果的な科学コミュニケーションとはいかなるものかを問い
続けるためのヒント集，踏み台となることが本章の目標となる．見ず知らずの

大海原に漕ぎ出すのに，徒手空拳，あるいは試行錯誤の連続で第一歩を踏み出すことも考えられはしようが，やはり無謀であり，危険である．たとえおおまかなものでも地図や見取り図があるに越したことはない．

そこで本章では，これまで蓄積されてきたコミュニケーション学／論一般の知見を確認したうえで，異文化コミュニケーションなどと比較し，科学コミュニケーションの特徴をいささかなりとも明瞭にし，こうした作業から示唆される効果的な科学コミュニケーションについて理解を深めていくことにしたい．

4.2 円滑なコミュニケーション

今，「コミュニケーション学／論一般の知見を理解したうえで」と述べたが，これにはただちに注釈が必要となる．というのも，橋元が指摘しているように，「「コミュニケーション学」あるいは「コミュニケーション論」という独立した学問領域はまだ十分確立されているとは言え」ないからである．科学コミュニケーション学／論が存在しないだけでなく，コミュニケーション学一般すら確立していない．橋元はさらに続けて次のようにいう．「様々な学問領域で，「コミュニケーション」に関連して研究されている事柄から，人間の認知活動や社会行動を説明するのに有意義な知見を集積したもの，というのが「コミュニケーション学」の実態です……」[3] だが，確立していないとはいえ，コミュニケーション学／論の領域でコミュニケーション一般に対する原理的考察がなされていないわけではない．まずは，そうした考察を参照することにしよう．

一般的にいって，コミュニケーションの目的とは何だろうか．あるいは，そもそもコミュニケーションとはいかなる営みなのであろうか．実はコミュニケーションとは何かについて，唯一の合意など成立しない．ダンス（Dance）とラーソン（Larson）によれば，コミュニケーションの定義は126にものぼるという[4]．こうした多様な定義を詮索しはじめると，かえって迷路に迷い込むおそれが多分にある．ここではコミュニケーションの原義を確認すれば十分であろう．

コミュニケーションは英語の communication のカタカナ書きであり，その語源は「共有」を意味するラテン語の communicare や communis である．で

は何を共有するのかというと，知識や認識をである．ではどうやって認識するのかといえば，言語であれジェスチャーであれ何らかの情報を伝達することによってであろう．『ジーニアス英和辞典』で communication に与えられている訳語のうち，太字で強調されているのが，「伝える［伝わる］こと」「伝達」であるのは，このような経緯によるのだろう．したがって，コミュニケーションの中核的なイメージは情報の伝達（さらには交換）であり，（さしあたっての）目的は知識・認識の共有ということになるだろう．日常の会話や異文化コミュニケーションにおいては，知識や認識の共有が当初の目的であり，さらに進んで，意思の疎通が達成されることが次の目的といえるだろう[5]．

　では，意思疎通を円滑に行うためには，コミュニケーションにどのような注意が必要であろうか．哲学者のグライス（Grice）は，円滑な会話が成り立つ基礎理論・一般理論の構築につとめた．グライスによれば，円滑な会話が成り立つためには，会話というコミュニケーションに参加している各人が次のようなルールにしたがっていなければならない[6]．

　　　協働ルール（cooperative principle）：会話を行っている当事者どうしが互いに認め合っている会話の方向づけに沿うようなしかたで，互いに文を発せよ．

　確かに，たとえば政治家の記者会見にみられるように，本音では会話などしたくなく，一方が相手の問いをはぐらかすことばかりに終始していれば，円滑な会話となりようがない．したがって，協働ルールの要請はしごくもっともな指摘だろう．あるいは，一見しただけでは，あまりに当たり前すぎる指摘にみえるかもしれない．しかし，グライスの寄与は，協働ルールの具体的内容を，量・質・関係・様相の4カテゴリーに関するルール（基準・格率）として析出した点にある．

〔量のルール〕　　あなたの発話による貢献が，相手に必要とされるだけの情報を与えるものでなければならない．必要以上の過度な情報量にもならないこと．

〔質のルール〕　　あなたの与える情報は，真なるものでなければならない．
　　　　　　　　　十分な証拠のないことはいわないこと．
〔関係のルール〕　あなたの貢献は，会話の主題に関係のあるものでなければ
　　　　　　　　　ならない．
〔様相のルール〕　あなたの貢献は，相手によってただちに把握しうる，明瞭
　　　　　　　　　なものでなければならない（つまり，短く，順序立っていて，
　　　　　　　　　両義性を残さないようにする必要がある）．

　これらのルールは典型的な自然科学の法則とは異なり，すべての会話が必然的にしたがわなければならない，あるいはしたがっているはずの規則ではない．この点は注意を要する．逸脱や例外はいくらでもみられる．正確にいえば，一見したところ，逸脱や例外にみえる応答に対しても，これらのルールが援用されることによって円滑さが保たれるのである．
　次の会話例を考えてみよう．

例1）　Aさん「これから映画をみにいかないか．」
　　　　Bさん「いいわよ．」
　　　　Aさん「みたい映画はある？」

例2）　Aさん「これから映画をみにいかないか．」
　　　　Bさん「いやよ．」
　　　　Aさん「なんで？」

例3）　Aさん「これから映画をみにいかないか．」
　　　　Bさん「あさって試験があるのよ．」
　　　　Aさん「試験のことなんか訊いてないよ！」

例4）　Aさん「これから映画をみにいかないか．」
　　　　Bさん「あさって試験があるのよ．」
　　　　Aさん「じゃあ，いつなら都合がいい？」

例5)　A さん「これから映画をみにいかないか.」
　　　　B さん「あさって試験があるのよ.」
　　　　A さん「だらだらしなければ大丈夫じゃない?」

　例1)　および例2)は,円滑な会話であり,問題ない.しかし,例3)で A
さんがふざけてではなくまじめに「試験のことなんか訊いてないよ!」と応じ
ているとしたら,この会話は円滑さを欠くコミュニケーションに向かいはじめ
ている.これらの過程を"スロー・モーション"でみてみるとこうなるだろう.
　B さんはまじめに答えようとしているので,協働ルールに則っているようだ
と A さんは判断する.しかし,B さんの答えを字義通りに受け取ると関係の
ルールに反している.とはいえ,協働ルールに則っている以上,関係のルール
にもしたがっているに違いない.「あさって試験があるのよ」という答えは,
「映画にいこう」という誘いに関係があると想定できる.そこで"試験がある
→ 試験勉強が必要 → B さんはまだ十分試験勉強していないので勉強時間を確
保したいと考えているのだろう → 映画にいかず試験勉強をすべきだと B さん
は思っているのだろう → しかし端的にいかないと断ってこないのは,今3時
間くらい潰してもあさっての試験までに勉強する時間は確保できる可能性が高
いので映画にいってもいいかもしれないと迷っているところなのだろう"と判
断する.
　その後,"じゃ,今はしっかり試験勉強をしてもらって,後顧の憂いがなく
なったときにデートした方が楽しいな"と A さんが判断すれば,「じゃあ,い
つなら都合がいい?」と答えるだろうし(例4),"だらだらしない限り,今3
時間くらい潰しても休息を入れたほうがかえって試験勉強もはかどるはずだ"
と類推すれば,「だらだらしなければ大丈夫じゃない?」といった答えになる
だろう(例5).
　このように協働ルールを暗黙のうちに活用し,人はコミュニケーションを円
滑に続けていくのである.こうしたルールの存在をそもそもわきまえないか,
あるいは知っていても適用に失敗した場合,コミュニケーションの円滑さは損
なわれてしまう.
　グライスが明らかにしたこれらのルールは円滑な会話に関するものであった

が，おそらく科学コミュニケーションのあり方についてもいろいろ示唆してくれる．たとえば，アンケート調査をみるかぎり，一般市民に自らの研究を伝えたいと思っている日本人研究者は多い（そうした時間があれば研究していたいというのが本音かもしれないが）．にもかかわらず，科学技術について知りたいという一般市民は少ない．つまり，研究者と一般市民の間で，科学コミュニケーションの協働ルールはうまく作動していないように思われる[7]．

　「会話の方向付け」も共通認識に達しているかどうか，疑わしい場合が多い．一般市民は科学者が伝えたい事柄の方向付けを把握できない．科学者は一般市民が知りたいこと，どのような伝え方をすれば伝わるのかが分からない．科学コミュニケーションにおいて，一般市民の科学技術リテラシーの向上だけでなく，科学技術者の「社会リテラシー」「市民リテラシー」の向上が唱導されるゆえんである．

　量のルールについては次のようになるだろう．おそらく，個々の科学コミュニケーションの場面では，発信する側の情報量が不足する場合が圧倒的に多い．新聞の科学欄の記事量では，すでに相応の科学技術リテラシーをもっている者しか，十分な理解をなしえないだろう．おそらく，ある主題について相応の科学技術リテラシーを得ようとすれば，新書1-3冊程度の量を読みこなす必要が生じるかもしれない．自らの生活をもつ一般市民にとって，新書1-3冊を読みこなすのは相応のコストがかかる作業となる．

　質のルールのカテゴリーはさらに二つの場合に分けたほうが考えやすい．定説となっているような科学知識を伝える場面と，いまだ定説なき主題に関する場面である．後者は科学コミュニケーションにおいておおいに問題となる．同一の主題に対して，個々の発信者＝科学技術者は自らの発信内容を真だとみなしているのだが，そうした者が複数いて主張が異なっている場合，受信者側はどれを真だとみなしてよいか混乱する．これが社会的・倫理的問題をはらむ場合，利害関心を異にする関係者（アクター）が複雑に絡み合い，状況はさらに錯綜する．

　関係のルールについては，科学技術者側と一般市民の間に存在するすれちがいを指摘することができるだろう．科学技術者は，科学知識と，せいぜいそれが一般市民にどのような福音をもたらすか，そしてそれゆえ，そうした研究を

一般市民がなぜ支援しなければならないかを，科学コミュニケーションに関係のある主題とみなすことが多い．しかし，一般市民にとって，科学コミュニケーションに関係のある主題は，福音とともに危険性であり，科学知識の信頼性である（これについては 4.4 節でさらに検討する）．

　様相のルールについて問題となるのは，科学技術用語の厳密さであり，またそれゆえ生じる日常用語における語感からの乖離であろう．これは科学技術者の集団内では明瞭さを増加するのに役立っているのに対し，科学技術者集団が一般市民に発信する際には明瞭さを低減させる効果をもつ両義的で厄介な問題である（5.2 節も参照）．

　このようにみてくると，少なくとも現在のシステムでは，円滑な科学コミュニケーションの成立がいかに難しいかがほのみえてくる．どうやら，科学コミュニケーションは本来的にコミュニケーションが難しい領域のようなのではある（そしてそれだけに取り組み甲斐のあるテーマだといえるだろう）．

　効果的な科学コミュニケーションを実践するためには，こうした難しさを乗り越えなければならないだろう．科学コミュニケーターは，参加者のニーズやモチベーション，情報の量（頻度），質，提示の順序などをチェック項目として監視を怠らず，それらをつねに適切なものへと方向付けていく努力が要求される．

4.3　科学技術リテラシー

　科学コミュニケーションにおいて，参加者のニーズやモチベーション，情報の量（頻度），質，提示の順序などの適切さの具体的あり方は，目的・目標に応じて異なってくる．科学という営みの人間くささを伝えるという目的のためには個々の科学者のエピソードは必須といえようが，科学法則を伝える際には必ずしも必要ない．一般市民が遺伝子組換え食品の社会的意義（遺伝子組換え作物以外に食糧危機を乗り越える方法は本当に考えられないのかなど）を知りたいと思っているときに，いくら遺伝子組換えの手法やその安全性を伝えても，円滑なコミュニケーションたりえない．ニーズや量，質，提示の順序などの適切さを決めるには，その前にまず目的・目標が（少なくともある程度）明確に

なっているとよい.

　コミュニケーションとは，情報伝達という手段によって，共通認識をもち，ひいては意思を疎通させることが目的だとされていることを前節で述べた．では，科学コミュニケーションにおいても，科学技術関連情報の伝達・交換によって，知識や認識を共有し，意思の疎通をはかることが目標となるのだろうか．第1-3章からわかるように，歴史的経緯からするとそうではなかった．科学コミュニケーションでは，情報の伝達・交換によって，知識や認識を共有したうえで，まず素人あるいは一般市民の科学技術リテラシーを向上させることが目標とされ，次いで科学者の社会リテラシー・市民リテラシーをも改善することが目的とされてきた[8]．もとより，クローン人間を作成してよいか，原子力発電を今後も続けるべきかといった科学技術に深く関与する倫理問題の解決を模索するようなタイプのコミュニケーションでは，意思の疎通は欠かせない．しかし，意思の疎通は科学コミュニケーションにおいては主たる目的の一つにすぎない．

　では，科学技術リテラシーあるいは社会リテラシー・市民リテラシーとは何なのだろうか．科学技術リテラシーなる言葉は英語の scientific literacy に由来する．scientific literacy なる用語をはじめて用いたのはハード（Hurd）の「科学リテラシー——アメリカの学校にとっての意義」だといわれている[9]．このように科学リテラシーなる言葉はまず米国で学校教育を念頭に作られたのであり，そのときの内容は自然および自然法則に関する知識などに主たる力点があった．1958年の米国の学校教育といえば，科学教育の「現代化」運動の真っ最中であった（第11章参照）．1957年はいわゆるスプートニク・ショックがおこった時期である．ソ連のスプートニク打ち上げによって，自国の科学が遅れていることを痛感した米国が科学教育に力を注入し，改革運動をはじめたのである．

　その後，原子力問題や公害・環境破壊に促される形で，1970年代を通じて科学批判運動が展開される．科学技術は人類の福祉に役立つだけではなく，危険をももたらしかねない存在であるという認識が広く浸透するようになった．そして，科学技術リテラシーの内容も，自然に関する知識や法則だけではなく，科学や技術という営みがどのようなものであるか（実験とはいかなる作業か，

あるいはどのような意味をもつのかなど）とともに，科学や技術が社会にとって
もつ意味や役割などにも広がっていったのである[10].

これ以降，科学技術リテラシーはいろいろに定義されてきた．そのなかで新
しい視点を明確にしたのは次の米国科学振興協会の規定であった[11].

> 科学技術リテラシーを有する人とは，科学・数学・技術は相互に依存す
> る企てであること，それらには強みとともに限界も存在することに気づい
> ていて，鍵となる科学概念や原理を理解しており，自然界に親しみ，自然
> の多様性とともに自然の統一性を認識し，科学知識や科学的な考え方を
> 個々人あるいは社会の目的のために使いこなせる人のことをいう[12].

この定義は，科学技術リテラシーの役割（個々人あるいは社会の目的のため
に使いこなす）を明確に指摘した点に特徴がある．このような特徴付けによる
と，科学技術リテラシーを十分にもつ者はまた，単に知識をもつだけでなく，
クローン人間を生み出してもよいか，あるいは遺伝子組換え食品を推進すべき
かどうかといった，社会問題となっているような科学技術の問題について，善
し悪しを適切な論拠とともに判断できるようになっているはずなのである（な
お，第5章および第6章にも異なる観点からこの定義の含意については述べられて
いるので，参照されたい）.

さらに，科学技術リテラシーを十分にもつ者は，身のまわりの世界について
も自然に関する知識などを十分活用できなければならない．たとえば，自分が
高血糖症（いわゆる糖尿病）になったときに，高血糖症とはどのような病気な
のかが把握でき，よりよい対処法を行えるようになっているはずなのである．
あるいは，もし遺伝子組換え食品が推進される社会となったときに，ではあな
たはどうするか（食べるのか食べないのか）と問われたとして，各自の対処法
を適切に判断できなければならない（社会一般に遺伝子組換え食品が許容される
べきか否かと，自分が実際食べるか否かは，さしあたっては別問題となる）.

逆にいえば，こうした問題に質の高い適切な判断ができることこそが，高い
科学技術リテラシーをもっていることを意味するのである．

小川によれば，これからの科学技術リテラシーを考えるうえで重要なのは，

一般市民が科学技術に主体的に参加していくことであり，その際問題となるのは，単なる知識ではなく，意思決定する力，行動する力である[13]．小川は，科学技術に関し意思決定する力・行動する力を，コンピテンス（competence：高い成果をあげる人にみられる行動特性・能力）ととらえ，リテラシー概念とともにコンピテンス概念を併用していくことに今後の生産的な方向をみいだしている．われわれも小川の議論に基づき，こうした側面を科学技術コンピテンスとよぶことにしよう．米国科学振興協会のこの視点は，科学技術コンピテンスを明確に指摘した点で画期となるものであった．

　こうした経緯の末に，バーンズ（Burns）らは科学技術リテラシーの内容を，①科学的知識の中身，②研究や調査の方法論，③「社会のなかの一事業」としての科学の性格の3点にまとめ，また，科学技術コンピテンス（バーンズらがこの用語をもちいているわけではない）について，次のように特徴付ける[14]．

　　　科学技術リテラシーは，彼らのまわりの世界に興味をもち，理解するのを助ける．また，科学に関する言動に参加するのを助け，科学的事柄に関して他人が発する主張を批判的にみたり疑問をもったりすることを助け，質問を同定することができ，証拠に基づいた結論を探求したり描いたりすることができることを助け，環境問題や健康問題に関して，十分な情報に基づいた意思決定をすることができることを助ける．

　現在のところ，バーンズらのこの定義がもっとも包括的であり，これ以降は新しい要素は加わっていないように思われる．これ以降の定義は，どこに力点をおくかに違いがあるとみなせるだろう．

　したがって，バーンズらの定義をわれわれの言葉で言い直すならば，おおよそ現在のところ，①基礎的な科学概念・理論，②科学という活動・プロセス，③科学と社会の関係について伝え，理解を促し，（A）個人的な問題に対し，それを使いこなせること，（B）社会的な問題に対し，それを使い判断を下せること，インフォームド・ディベートができること，が科学技術リテラシーの内容なのである[15]．

　科学コミュニケーションにおいて，伝えるべき（理解されるべき）重要な項

目として，黒田は，①科学の明暗両面性，②科学の進歩によって，白黒をはっきり判断できないグレー・ゾーンが増大していること，③確率，④科学者には説明責任があること，⑤科学のおもしろさ，⑥自然の素晴らしさ，不思議さ，偉大さ，恐ろしさ，⑦実験の性質，⑧科学的思考，⑨科学による判断基準がすべてではないこと，⑩先端科学技術研究の成果，⑪先端科学技術研究の成果の社会的意味，⑫科学に関心をもつきっかけなどをあげる[16]．また，ミラー（Miller）は，①科学研究とは何か，②実験の性質，③確率，④エセ科学の見分け方などを伝えるべきこととして指摘する[17]．

　以上をまとめると表 4.1 のように整理できるだろう．

　科学技術リテラシーの向上を実現していくにあたり，2 通りの構想がありうる．一つは，表 4.1 の具体的内容を次々と決め，そのなかで人々がもつべき最小限（ミニマムな科学技術リテラシー）を策定し，社会の構成員全員に対し，その最小限の所有をはかる方向性である．米国はこの方向で進み，『すべてのアメリカ人のための科学（*Science for All Americans*)』[18] および『すべてのアメリカ人のための技術（*Technology for All Americans*)』が著わされたし，日本でも『すべての日本人のための科学』を目標とするプロジェクトが一段落したところである[19]．

　こうした方向性に対しては，ミニマムな科学技術リテラシーについて本当の合意ができるのか，できたとして実現可能かという批判がある．科学教育において指導内容の策定がいつも紛糾するように，科学技術リテラシーの具体的内容については，個々人の思いが錯綜して，合意できない可能性も高い．また，『すべてのアメリカ人のための科学』や『すべての日本人のための科学』を実見すればわかるだろうが，その分量の膨大さを前にしたとき，ここに書かれていることすべてをわきまえなければならないとしたら，たいへんすぎるという印象をもつ人も多いだろう．

　たとえば，表 4.1 で，従来の基礎的な科学概念・理論のみを指す場合を「狭義の科学技術リテラシー」，科学という活動・プロセスや科学と社会の関係までふくませる場合を，「広義の科学技術リテラシー」，広義の科学技術リテラシーと科学技術コンピテンスを併せたものを「最広義の科学技術リテラシー」とでもよぶことにした場合，科学技術者であっても，広義の科学技術リテラシー

表 4.1　科学技術リテラシー（最広義）

科学技術リテラシーの内容（広義の科学技術リテラシー）
- (1) 基礎的な科学概念・理論（狭義の科学技術リテラシー）
  - ・確率
  - ・先端科学技術研究の成果
- (2) 科学という活動・プロセス
  - ・科学研究とは何か
  - ・エセ科学の見分け方
  - ・科学のおもしろさ
  - ・自然の素晴らしさ，不思議さ，偉大さ，恐ろしさ
  - ・実験の性質
  - ・科学的思考
- (3) 科学と社会の関係
  - ・科学の明暗両面性
  - ・科学の進歩によって，白黒をはっきり判断できないグレー・ゾーンが増大していること
  - ・科学者には説明責任があること
  - ・科学による判断基準がすべてではないこと
  - ・先端科学技術研究の成果の社会的意味
  - ・科学に関心をもつきっかけ

科学技術コンピテンス
- (A) 科学技術に積極的・主体的に参加し，個人的な問題に対し，それを使いこなせること
- (B) 科学技術に積極的・主体的に参加し，社会的な問題に対し，それを使い判断を下せること，インフォームド・ディベートができること

は必ずしも十分ではないことがわかる．科学技術者が十分にもっている科学技術リテラシーは，当該分野の狭義の科学技術リテラシーのみなのである．

　科学コミュニケーションがうまくいったといえる証拠が，参与者が十分な科学技術リテラシーをもつことだとすれば，それは一般市民が狭義の科学技術リテラシーをもつようになった状況にとどまらず，一般市民とともに科学技術者も広義の科学技術リテラシーを，ひいては最広義の科学技術リテラシーをもつようになった場合であろう．

　こうした目標を掲げること自体は必ずしも悪くないだろう．しかし，理念あ

るいは理想として掲げることと実現可能性を混同するとかえって目標の実現が妨げられはしないだろうか．小川は，最小限の同様・同質な科学技術リテラシーをもつ均質な社会という『すべてのアメリカ人のための科学』型の構想に対し，多様なリテラシーをもつ非均質な市民からなる社会を想定したうえで，適切な質と量のリテラシーを適切なタイミングで提供する社会的インフラストラクチャーの構築と，個々の市民の高い科学技術コンピテンスからなる構想を示唆した[20]．

　個々の科学コミュニケーターは現在自分が従事している活動に追われがちかもしれないが，こうした全般的状況についても意識的であるとよいだろう．

　これまで，科学者はつねに発信者であり，一般市民・素人はつねに受信者とみなされてきたが（これは欠如モデルといわれ，次章以降で詳述される），そうではなく，科学コミュニケーションもコミュニケーションである以上はそもそも双方向的なはずであり，したがって，一般市民・素人が発信者となり，科学者が受信者であるようなメッセージがあるはずだといわれるようになった．このようなメッセージに関連して「科学における社会リテラシー」「科学における市民リテラシー」などといったことがいわれるのだが，その内容は一体何だろうか．これについて，平田は次のようにいう．

　　　科学者として自分たちの研究がどのような社会的役割を果たし，また社会的影響を及ぼしているかを考えなければならないし，社会的視点から見直すことも必要だ．自分たちの研究が社会的に無意味であれば，再検討する必要があるかもしれない．こういう認識もすべて科学における社会リテラシーに含まれている[21]．

　平田がここで「科学における社会リテラシー」として想定しているのは，表4.1中の「(3) 科学と社会の関係」のように思われる．だとすると，「科学における社会リテラシー」は広義の，したがって最広義の科学技術リテラシーにふくまれる．これまで，双方向性を強調するための表現として，「科学コミュニケーションの目的は，一般市民の科学技術リテラシーを向上させるとともに，科学者の社会リテラシー・市民リテラシーを改善することである」といったい

い方をしたが，最広義の科学技術リテラシーについてさえ明確にしておけば，
「科学コミュニケーションの目的は，一般市民であれ，科学者であれ，最広義
の科学技術リテラシーを向上させることである」と言い換えることもできるよ
うに思われる．しかし，これまでに想定されてきた「科学における社会リテラ
シー」「科学における市民リテラシー」は，表4.1に示したイメージ以外の内
容をもたないものなのだろうか．

　これについて答えるためには，迂遠なようでも，われわれは科学コミュニケ
ーションを異文化コミュニケーションの観点から検討しておくとよいだろう．

4.4　異文化コミュニケーションとしての科学コミュニケーション

　協働ルールが成立していないため，科学コミュニケーションの機能不全が生
じ，深甚な害が生まれつつあることを世間に広く訴え，論争をまきおこしたの
はスノー（Snow）であった．

> 文学的知識人を一方の極として，他方の極には科学者，しかもその代表
> 的な人物として物理学者がいる．そしてこの二つの間をお互いの無理解，
> ときには（若い人たちの間では）敵意と嫌悪の溝が隔てている．だが，も
> っとも大きいことは，お互いに理解しようとしないことだ[22]．

　これは，もともとは1959年の講演における英国での発言に基づく．もとよ
りスノーの念頭にあったのは英国なのだろうが，彼はこれを西洋全般にあては
まる傾向だと考えていた．また，テーマは，文系と理系の知識人間のコミュニ
ケーション不全であり，専門家と素人である一般市民間のコミュニケーション
を問題にする今日の科学コミュニケーション論の視点とは様相をいささか異に
している．とはいえ，科学コミュニケーション論を異文化摩擦としてとらえる
議論のはじまりとして，言及されることが多い．

　今述べたようにスノーの視点は今日とは異なるので，彼の議論が現在の問題
にただちに適用可能なわけではない．だが，その後，異文化コミュニケーショ
ンの観点から科学コミュニケーションを検討する作業は，教育現場を主たる対

象にして，文化人類学者たちによって発展させられてきた．

　コミュニケーションの機能不全が深甚な悪影響をもたらすのは異文化コミュニケーションにおいてであろう．異文化コミュニケーションは往々にして民族間・国家間のコミュニケーションに重なり合う．意思疎通のうえでの不和でさえ戦争などの厄災につながるのだが，それが誤解による戦争だったりしたら目も当てられない．

　われわれ日本人は基本的にイヌを食用にしていない．こうしたわれわれがもしイヌを供することがもてなしである文化圏に滞在したときにはおおいにとまどうだろう．異文化に接したときの対応には四つほどの区分がある．最初は何も問題なく，「順調」に対応できたときである．次は，問題は生じたにせよ何とかなった場合であり，「調整」的といわれる．第三は，「危険」であり，これはストレスなどで実害が生じ，ほとんどメリットが得られなかったケースである．最後は「不可能」であり，このときには全面的なコミュニケーションの機能不全が生じてしまう．円滑な異文化コミュニケーションの目的は，順調に，もしくは調整の段階でコミュニケーションを成立させることにある．

　以上のような観点からすると，科学コミュニケーションが失敗に終わる主要な原因は，まず，それを異文化コミュニケーションととらえ損なう点にある．異文化コミュニケーションの視点から科学コミュニケーションを検討したエイキンヘッド（Aikenhead）は何よりもまず，互いが違う文化に属していることの自覚，およびいつ文化を越境したかの自覚が必要だという[23]．

　では次に，コミュニケーションが危険もしくは不可能の段階に至ったり，誤解を生み出しやすい場合は，どのようなときだろうか．ホール（Hall）は，コミュニケーションの観点から，諸文化を低コンテクスト文化と高コンテクスト文化に区分した．低コンテクスト文化と高コンテクスト文化の概念は諸文化のすべてをどちらかに分類するといった類のものではなく，相対的な区分であり，文化Aよりは文化Bはより高コンテクスト的であるといった判定の仕方になる．

　たとえば，婚姻生活が長い夫婦や職場でも息のあったコンビは，「おい，あれ」といっただけで相手が何のことをいっているのかが了解できたりする．これこれしかじかの状況で相手の念頭にあるのはこのことであろうという推測が高い確率で的中するために，こうしたコミュニケーションが可能になる．しか

```
高コンテクスト的
↑        日本
         アラブ
         ギリシャ
         スペイン
         イタリア
         英国
         フランス
         米国
         スカンジナビア
↓        ドイツ・スイス（ドイツ語圏）
低コンテクスト的
```

図4.1 高コンテクスト的・低コンテクスト的

し，長年行動をともにしていなければ，状況によるそうした推測など望むべく
もなく，そのような相手に「あれ」といってもコミュニケーションは成立しな
い．お互いに暗黙の了解が成り立ち，言語などでコミュニケーションをする量
が少ない場合を高コンテクスト的といい，暗黙の前提が少なく，言語などによ
るコミュニケーション量が多い場合が低コンテクスト的とよばれる．いい換え
ると，高コンテクスト文化では文化の構成員間にすでに共有されている情報が
多く，そのため伝達される情報量が少ない．それに比べ，低コンテクスト文化
では共有情報が少なく，伝達される情報量が多くなる．

　ホールは日本を高コンテクスト文化の典型に，ドイツやスイスなどのドイツ
語圏を低コンテクスト文化の典型と考え，図4.1のように序列をつけた．また，
国家を構成する民族が少ないほど高コンテクスト，多民族国家ほど低コンテク
ストになる傾向があるとした．

　概して，高コンテクスト文化から発信される（無自覚な）情報のほうが，低
コンテクスト文化から発信される情報よりも誤解を生みやすい．そして，高コ
ンテクスト文化どうしのコミュニケーションはもっとも誤解を生じやすく，低
コンテクスト文化間のコミュニケーションのほうが誤解は生じにくく，高コン
テクスト文化と低コンテクスト文化の間のコミュニケーションが中間的になる．
したがって，異文化コミュニケーションにおいては，自らが所属する文化の傾

向を把握し，もし自文化が高コンテクスト的であるならば，自文化内では省略されがちな前提的情報をも言語化するように努めなければならないし，そのためには自文化の暗黙の前提を暗黙ではなく意識にのぼるようにしておかなければならない．

　科学者が発信する情報はまずまちがいなく高コンテクスト的であろう[24]．一般市民からの情報がどのようなものかについてにわかには断定できないが，科学コミュニケーションは，高コンテクスト文化どうしのコミュニケーションだと了解しておくくらいでちょうどよい[25]．

　では，科学コミュニケーションにおける暗黙の前提とは具体的には何であろうか．エイキンヘッドによると，それは発想の違いであり，また自然観・世界観・科学観・価値観・規範・信念・期待・慣習などである[26]．たとえば，今日，科学技術は潤沢な資金を投じ，実験装置をしつらえ，新たな科学的事実を明らかにする．つまり，多くの資金・人的資源を投入して，自然という対象の制御可能性を高めたうえで，科学知識や科学理論を構築するのであり，そこでは日常の自然観に比べ，自然は制御可能であるとする自然観が幅をきかせている．しかし，一般市民の日常感覚では地震であれ雨であれ身近な自然においては，偶然と不確実性が大きな位置を占め，自然は基本的に制御不可能であるとする自然観が主流となる．科学者が制御可能な自然という前提で情報を発信したとき（たとえば「地震予知は可能である」），一般市民は科学者のいうことが理解できないのではなく，さしあたり情報の内容は理解できたとしても，異なる自然観を受け入れられないがゆえに，"科学者のいうことがわからない"という反応を示すのである．

　航行術や暦をつくるうえで，科学的には誤りである地球中心モデルのほうが，科学的には正しい太陽を中心とする太陽系モデルよりも効率的な場合もある．また，熱エネルギーの科学的知識の有無は，家庭内のエネルギー問題に対し，まったく影響をもたないことも指摘されている[27]．日常生活では，科学知識はいったん解体され，日常生活に適用しやすいように再構築されたうえで，利用されることが知られている．この際，必ずしも正しくはないかもしれないが，日常生活においてはそのように理解しておくほうが都合がよいので，その都合よさを捨ててまで自然観や認識の仕方を置き換えはしない．「真空中では質量

の大小にかかわらず同じ高さから落としたものは同時に落ちるのだが，空気中では抵抗があり，それを考慮すると，空気中では重い物のほうが早く落ちる」とする認識は正しいだろうが，日常生活は常時空気中で行われるのだから，「重い物は早く落ちる」という認識でいれば十分である．正しい認識を保持する動機があまりないのだ．

　是非はさておき，このように，現に一般市民のなかには科学技術者のそれとは異なる自然観をもっている人たちがいること，またそうした自然観をもっていることにはそれ相応の理由があるのであり，簡単に置き換わるものでもないことは心にとめておく必要がある．

　およそ言葉は意味をもつが，意味は大きく明示的意味と暗示的意味に分かれる．明示的意味は辞書に載っているような定義である．たとえば，「転石苔を生ぜず（A rolling stone gathers no moss）」ということわざは，明示的意味は「転がりつづける石には苔が生長している余裕がない」である．米国では「活発に活動を続けている人は，いつまでも新鮮さを保っている」として賞賛の対象に使われ，英国では「一カ所に落ち着かない者は大成しない」ことを含意し，非難の意味合いで使われる．したがって，「転石苔を生ぜず」の暗示的意味は米国と英国では逆方向を示すほど異なる．非難の暗示的意味合いとして発せられたこのことわざが賞賛として受け止められれば，コミュニケーションの失敗につながりやすい．

　科学技術情報にも明示的意味と暗示的意味があり，暗示的意味については人によって大きく分かれる．ある人にとってクローン技術は神の領域を侵す許し難い技術かもしれないが，宗教に縛られない他の人にとっては福音かもしれない．一般市民の発想において何か物事が理解できたと感じるのは明示的意味と暗示的意味に得心がいったときであり，明示的意味だけではわかった気になれず，そのような状態のときにはよくわからないという反応を示す．こうした際に円滑なコミュニケーションを達成するには暗示的意味にまで言及しなければならないのだが，こうした視点がない科学情報の発信側は往々にして明示的意味をただ繰り返すだけに終始し，コミュニケーションの不全が生じてしまうのである．

　日常生活の文化と科学文化において，科学文化が正しく，日常生活の文化は

科学文化によって乗り越えられるべきだとするとコミュニケーションはうまくいかない．日常生活の文化における「市民科学」（「野生の思考」「野生の科学」）と科学文化を（少なくともさしあたっては）同レベルにおく多元的科学という視座が要求される．科学コミュニケーションとは，科学技術情報を伝達すること以上のものであり，「以上」の部分には文化について自覚的に対応することがふくまれるとされるのは，このような理由による．

　以上，科学コミュニケーションを異文化コミュニケーションとみるアプローチから，「科学における社会リテラシー」「科学における市民リテラシー」は，表 4.1 に示したイメージ以外の内容をもち，おそらくそれは科学者と一般市民の発想の差であり，具体的には自然観・世界観・科学観・価値観・規範・信念・期待・慣習などの違いであろうことを確認してきた．

　だが，「科学における社会リテラシー」「科学における市民リテラシー」は，上記に尽きないように思われる．次にこの点を検討することにしよう．

4.5　科学コミュニケーション・リテラシー

　日常生活では，科学知識はいったん解体され，適用しやすいように作りなおされたうえで利用されること，そして，再構築された自然認識は正しくはない場合もある点を先に指摘した．だが，日常生活における自然認識あるいは知識・直観のほうが，科学的にも正しかった例があることを歴史は教えてくれる．

　水俣病において，脳性麻痺症状を示す赤ちゃんが多発したとき，多くの母親は自分たちの有機水銀が赤ちゃんに移ったせいだと直観したが，当初医学者たちはこの直観を必ずしも支持しなかった．母と子の血液型は必ずしも同じではないことからもわかるように，母体の血液と胎児の血液とは直接混合していない．酸素・栄養分・老廃物などの物質交換は血漿を介して行われている．この構造は胎盤膜（placental barrier）とよばれる．マクロライド系の抗生物質などは胎盤膜によって阻止され，母体から胎児に移行することはない．総じて有害物質は母体にとどまる傾向があるため，有機水銀も同様であろうと予測したのである．しかし，素人である母親たちの直観は間違ってはいなかったことがその後医学的にも証明された．

表4.2 科学技術者に必要な市民リテラシー・社会リテラシー

市民リテラシー・社会リテラシーの内容
　(1) 科学技術者と市民との発想の差
　　　・自然観・世界観・科学観・価値観・規範・信念・期待・慣習などの違い
　(2) ローカルノレッジ
　(3) 科学という活動・プロセス
　　　・科学研究とは何か
　　　・エセ科学の見分け方
　　　・科学のおもしろさ
　　　・自然の素晴らしさ，不思議さ，偉大さ，恐ろしさ
　　　・実験の性質
　　　・科学的思考
　(4) 科学と社会の関係
　　　・科学の明暗両面性
　　　・科学の進歩によって，白黒をはっきり判断できないグレー・ゾーンが増大して
　　　　いること
　　　・科学者には説明責任があること
　　　・科学による判断基準がすべてではないこと
　　　・先端科学技術研究の成果の社会的意味
　　　・科学に関心をもつきっかけ

市民コンピテンスあるいは社会コンピテンス
　ただし，具体的内容は不明

　チェルノブイリの原発事故の際，北イングランドのセラフィールドの羊農家
では自分たちの地域がどのくらい汚染されているかに関心が高かった．自らの
健康も問題だが，汚染されていれば商売の羊が売れなくなるからである．科学
者たちはすぐに高セシウム濃度は解消されると予測したが，羊農家ではそれま
での経験から汚染は続くのではないかと推測した．結果的に，羊農家のほうが
予測に成功したのである[28].

　このように今日の自然科学は原理的な場面では非常に効果的だが，日常生活
に漏れなく適用できる状態には至っておらず，その間隙に関しては，ときに一
般市民のほうが的確な自然の知識をもっていることがある．こうした知識はロ
ーカルノレッジ（local knowledge）とよばれる．ローカルノレッジがあること，
およびその具体的な内容を心得ておくことも，おそらく社会リテラシーの一部

表 4.3　科学コミュニケーション・リテラシー

(1) 基礎的な科学概念・理論（狭義の科学技術リテラシー）
　　・確率
　　・先端科学技術研究の成果
(2) 科学技術者と市民との発想の差
　　・自然観・世界観・科学観・価値観・規範・信念・期待・慣習などの違い
(3) ローカルノレッジ
(4) 科学という活動・プロセス
　　・科学研究とは何か
　　・エセ科学の見分け方
　　・科学のおもしろさ
　　・自然の素晴らしさ，不思議さ，偉大さ，恐ろしさ
　　・実験の性質
　　・科学的思考
(5) 科学と社会の関係
　　・科学の明暗両面性
　　・科学の進歩によって，白黒をはっきり判断できないグレー・ゾーンが増大して
　　　いること
　　・科学者には説明責任があること
　　・科学による判断基準がすべてではないこと
　　・先端科学技術研究の成果の社会的意味
　　・科学に関心をもつきっかけ
(6) コミュニケーション理論の素養とスキル

科学コミュニケーション・コンピテンス

であろう.

　これまでの議論からすると，市民リテラシー・社会リテラシーの内容はおお
むね表 4.2 のようになるだろう．おそらく，最広義の科学技術リテラシー（表
4.1）の（2）および（3）は，科学技術者に必要な市民リテラシー・社会リテ
ラシーでもあるのだろう．また，一般市民にとっての科学技術コンピテンスに
対応して，科学技術者の市民コンピテンスあるいは社会コンピテンスといった
ものも想定できるが，その具体的な内容については現時点ではよくはわかって
いない.

　これまでの議論をまとめると，科学技術リテラシーおよび市民リテラシー・
社会リテラシーといういい方に準じ，科学コミュニケーターが知っておきたい

素養を科学コミュニケーション・リテラシーとよぶとすれば，それは表4.1および表4.2の両者を総合したうえで，効果的なコミュニケーションの具体的スキルや理論を加えたものになるように思われる（表4.3）.

　そのうえで，実践の場では次のような作業が必要になってくる.

　小川が科学技術リテラシーのミニマム・エッセンシャル・モデルに疑義を呈したように，表4.3のすべてを科学コミュニケーターが自家薬籠中のものにすることがよいかどうかははなはだ議論の余地が残されている．小川は科学技術リテラシーのミニマム・エッセンシャルはそもそも定義できないし，定義を試みようとすると，かえって科学コミュニケーションを阻害しかねないのではないかと述べたが，科学コミュニケーション・リテラシーについても同じであろう．本章で表4.3を提示したのは，個々の科学コミュニケーターが自分の活動に対し自覚的になり，自らの活動を位置づけるための手がかりとして活用してくれることを期待してのことであって，科学コミュニケーション・リテラシーのミニマム・エッセンシャルを確定するためではない点は注意されたい．小川は各科学コミュニケーターの活動を支えるためのインフラストラクチャー作りという構想を示したが，表4.3もそのための準備作業の一環なのである.

註

1)　本章の一部は，廣野喜幸，「科学史・科学哲学の問題としての科学コミュニケーション」，『科学史・科学哲学』，2007 によっている.

2)　末田清子・福田浩子，『コミュニケーション学——その展望と視点』，松柏社，p. 19, 2003.

3)　橋元良明，『コミュニケーション学への招待』，大修館書店，p. iv, 1997.

4)　Dance, F. E. X. and Larson, C. E., *Speech Communication: Concepts and behavior*, NY: Holt, Rinehart & Winston, 1972.

5)　なお，知識・認識の共有や意思の疎通が，ただちに価値観を同じくすることや，ある問題の解決策に同意すること，合意することを意味するのではない点は注意が必要である．意思の疎通とはあくまで互いに相手の意図を的確に了解しあうことであり，そのうえで同意しないことは十分ありうる.

6) 原語が principle なので原理と訳されることが多いが，本章ではルールという表現を使用する．なお，グライスが協働ルールを文章で明確にしたのは 1975 年である．Grice, P., *Studies in the Way of Words*, Harvard University Press, 1989. 邦訳：清塚邦彦訳，『論理と会話』，勁草書房， 1998（邦訳は，言語哲学に関する部分のみの訳である）．

7) 内閣府，「科学技術と社会に関する世論調査」によれば，「あなたは，機会があれば，科学者や技術者の話を聞いてみたいと思うか」という質問に対し，「聞いてみたいと思う」と答えた者は，55.9%（1995 年 2 月）→ 57.0%（1998 年 10 月）→ 50.7%（2004 年 2 月），「聞いてみたいと思わない」と回答した者は，42.7%（1995 年 2 月）→ 40.7%（1998 年 10 月）→ 47.2%（2004 年 2 月）と推移している．「我が国の研究活動の実態に関する調査（平成 15 年度）」によると，研究者のアウトリーチ活動については，「行いたい」20.5%，「どちらかと言えば行いたい」35.3% であり，肯定的な考えをもつ者が 55.8% いたのに対し，「どちらかと言えば行いたくない」6.7%，「行いたくない」1.5%，「行う必要を感じない」2.9% で，否定派は 11.1% と少数であった．なお，「いずれとも言えない」31.9%，「無回答」1.3% であった．

8) 本章では，引用などは当人の表記にしたがったが，同様の意味をもちながらニュアンスを異にする科学リテラシー（science literacy）・科学的リテラシー（scientific literacy）・技術リテラシー（technology literacy）・技術的リテラシー（technological literacy）・科学技術リテラシー・サイエンスリテラシーなどを厳密に使い分けることはせず，基本的に科学技術リテラシーという表記に統一した．科学技術リテラシーは，日本の科学技術政策の場面で現れる表記である．このあたりの経緯については，小川正賢，「これからの科学技術リテラシー」，小林信一・小林傳司・藤垣裕子，『社会技術概論』，放送大学教育振興会，pp. 96-106, 2007 も参照．

9) Hurd, P. D., Science literacy: Its meaning for American schools, *Educational Leadership*, **16**（1），13-16, 1958.

10) Scientific literacy を，「サイエンティフィック・リテラシー」という表記のもとで，日本に最初に紹介したのは次である．中山茂，「サイエンティフィック・リテラシーとは何か？」，『朝日ジャーナル』，**25**（31），77, 1983. この論考で中山は「サイエンティフィック・リテラシー」を「科学通」と仮訳している．なお，桑原は，一般的なリテラシーとの関連のもとで，科学技術リテラシーを論じている．桑原雅子，「民衆の科学技術理解をめぐって――サイエンティフィック・リテラシー再考」，『桃山学院大学教育研究紀要』，**9**, 1-17, 2000. 科学技術リテラシーについては，松井美紀，「日本における科学リテラシーに関する研究動向」，『情報の科学と技術』，**52**（11），562-568, 2002 や田中久徳，「科学技術リテラシーの向上をめぐって――公共政策の社会的合意形成の観点から」，『レファレンス』，**56**（3），57-83, 2006 が参考になる．

11) コミュニケーションの定義の詮索が必ずしも生産的ではないように，科学技術リテラシーの定義もよりよき科学コミュニケーションをさぐるのに役立てばよく，統一的定義の合意にこだわりすぎると，かえって紛糾する．小川，前掲論文8) は，「科学技術リテラシーを科学リテラシーと技術リテラシーに分解した後にそれらを統合して科学技術リテラシーを考えるような手法が，必要が叫ばれている科学技術リテラシーの本質を見失わせてしまう可能性を孕む」(99 頁) という重要な指摘をしている．本章の議論も，眼目は科学技術リテラシーの定義それ自体ではなく，科学技術リテラシーとは何かを導きの糸として，よりよき科学コミュニケーションを探ることにある点は留意されたい．

12) こうした定義は，たとえば米国科学振興協会，日本理数教育比較学会訳，『プロジェクト 2061　すべてのアメリカ人のための科学』，文部科学省科学技術・学術政策局基盤政策課，p. 11, 2005（American Association for the Advancement of Science, *Science for All Americans: A Project 2061 Report on Literacy Goals in Science, Mathematics, and Technology*, 1989）などにみることができる．

13) 小川，前掲論文8)，p. 101.

14) Burns, T. W., O'Connor, D. J., and Stocklmayer, S. M., Science communication: A contemporary definition, *PUS*, **12**, 183-202, 2003.

15) 臨床医療の場面では近年患者の自己決定権が尊重されるようになった．それまでは専門的知識がない患者の意向を必ずしも確認することなく，医師が患者のための最善の治療を選択するシステムがとられてきたのだが，そうしたシステムの問題点が種々指摘されたため，患者に治療方針について説明し，同意をとることが医療倫理の標準となったのである．こうした方式は「説明されたうえでの同意（インフォームド・コンセント）」といわれる．この方式は，医学知識がない素人である一般市民でも説明すれば一定の理解は可能であるという了解がともなっている．社会問題となる科学技術問題についても同様であり，適宜的確な説明がなされれば，一般市民も合理的で妥当な判断が下せるといわれている．適宜適切な知識を伝えられたうえで，専門家である科学技術者と対等に議論することが「説明されたうえでの議論（インフォームド・ディベート）」である．これは，コンセンサス会議などで実践されている．詳しくは，小林傳司，『誰が科学技術について考えるのか――コンセンサス会議という実験』，名古屋大学出版会，2004 などを参照．

16) 黒田玲子，「社会のなかの科学，科学にとっての社会」，河合隼雄・佐藤文隆共同編集，『現代日本文化論 13　日本人の科学』，岩波書店，pp. 221-252, 1996.

17) Miller, J. D., Public understanding of, and attitudes towards, scientific research: what we know and what we need to know, *PUS*, **13**, 273-294, 2004.

18) 米国科学振興協会，前掲書12).

19) 「21 世紀の科学技術リテラシー像――豊かに生きるための智プロジェクト」のウェブ

ページを参照（http://www.science-for-all.jp/）.

20）小川，前掲論文 8).

21）平田光司,「科学における社会リテラシーとは」,『科学における社会リテラシー 1』,
総合研究大学院大学, pp. 3-4, 2003.

22）Snow, C. P., *The Two Cultures*, Cambridge University Press, 1964. 邦訳：松井巻之
助訳,『二つの文化と科学革命』, みすず書房, p. 10, 1967.

23）エイキンヘッド，グレン,「異文化理解としてのサイエンス・コミュニケーション」,
ストックルマイヤー他編, 佐々木勝浩他訳,『サイエンス・コミュニケーション──科学
を伝える人の理論と実践』, 丸善プラネット, 2003.

24）だとすると，日本語で科学コミュニケーションを行うことは，高コンテクスト言語で
高コンテクスト文化を伝えるという二重の困難がともなう作業を行うことになる．日本語
の特性と科学コミュニケーションについては，杉山滋郎,「科学コミュニケーション」,
『思想』, 2005 年 5 月号, 68-84 も参照.

25）実は科学技術内部もさまざまな下位文化に分かれており，下位文化間で異文化摩擦が
生じることがある．藤垣裕子,『専門知と公共性──科学技術社会論の構築へ向けて』, 東
京大学出版会, p. 34, 2003 参照.

26）エイキンヘッド，前掲論文 23).

27）Layton, D., Jenkins E., Macgill, S., and Davey, A., *Inarticulate Science?*, Driffiled, East
Yorkshire, UK: Studies in Education, 1993. Pheran, P., Davidson A. and Cao H., Students'
multiple worlds: Negotiating the boundaries of family, peer, and school cultures,
Anthropology and Education Quarterly, **22**, 224-250, 1991.

28）Wynne, B., Misunderstood Misunderstanding: Social identities and public uptake of
science, in Irwin, A. and Wynne, B., *Misunderstanding Science*, Cambridge University
Press, pp. 19-46, 1996.

第5章　PUS 論

藤垣裕子

　本章では，PUS 論（科学の公衆理解論）の全体像を示すために，まず専門誌 *PUS* の傾向を概観する．続いて，受け取ることのモデル，伝えることのモデル，科学とは何かについてのモデルの三つに分け，それぞれについて解説する．これら三つのモデルを念頭におきながら，PUS 論を構成する概念の関係，第6章以降に登場する概念の概観を行う．

5.1　PUS 論の概観

　PUS 論とは，科学の公衆埋解（public understanding of science）論のことを指す．1992 年に創刊された雑誌 *Public Understanding of Science*（以下 *PUS*誌）は，科学ジャーナリズム，科学教育，世論調査の社会学，科学史の諸分野および，自然科学や公衆衛生学などの分野の専門家による，PUS 論の共通のプラットフォームとして発展した．2007 年現在，第 16 巻まで刊行され，のべ 300 本以上の原著論文が紹介されており，PUS 論について多くの理論化が試みられている．これらの理論化は，1992 年から 2007 年までの 16 年間の欧州および英国におけるさまざまな論争の積み重ねのなかから生まれてきている．注意してほしいのは，この論争が専門家，行政と一般市民との間の市民参加型の「論争」であって，日本で考えているような政府主導の静的な「理解増進」ではない点である．たとえば，1996 年に英国でおきた BSE 危機を題材とした論文では，BSE への行政の対応をめぐって，市民が「行政機関に期待したもの」

と,「実際に行政が実施したこと」との間のずれ（civic-dislocation）が指摘され,そのうえで市民の理解や市民の信頼とは何か,についての論が展開されている[1]. *PUS*誌では,市民と専門家の間の論争（controversy）は,非常に前むきにとらえられている. 論争を通して理解が進み,科学コミュニケーションが可能になるというとらえ方である. これらをふまえたうえで,PUS論の理論化について考えてみよう.

　PUS論のなかには,「理解とは何か」「リテラシーとは何か」といったさまざまな概念の定義の問題がふくまれる. たとえば,*PUS*誌のなかに多く登場する米国の研究者ミラー（Miller）の論文によると,「理解する」というのは広い意味をもち,ある概念が何を意味するのかについての基本的なアイディア（どのようにその概念が機能するか）から,その概念に関する分野の専門家がその分野における文脈をすべて理解したうえでの専門的理解まで,幅広くとらえることができる,と定義している[2]. とくに「科学理解」の内容として,①科学研究への理解,②実験の性質への理解,③確率への理解,④エセ科学への理解,の四つを挙げている. また,科学コミュニケーションに関連する概念を整理した欧州の研究者バーンズ（Burns）,オコナー（Oconnor）そしてストックルマイヤー（Stocklmayer）の論文によると,理解するとは,「ある知識,行為,プロセスについての意味や含意を,広く一般に是認されている原理に基づいて了解しつつあること」としている[3]. このバーンズらの理解の定義は,「公衆（public）とは」「参加者とは」「結果および応答とは」「科学とは」「気づいているとは」といった言葉の定義[4]に続いて6番めにでてきており,上に記したように,市民と専門家の間の論争の実践をとおして,「理解」という言葉も定義されていることがうかがえる. バーンズらの論文は,この「理解」の定義のあと,「コミュニケーション」「公衆の科学への気づき」「科学の公衆理解（PUS）」「科学リテラシー」「科学の文化」の定義が続く[5]. ちなみに「科学の公衆理解」とは,①科学的知識の中身を理解すること,②研究や調査の方法論を理解すること,③科学を「社会のなかの一事業」として理解すること,の三つのレベルがあることが指摘されている. 知識の中身,方法論,社会的側面への理解,と三つの側面から考えることはたいへん示唆に富んでいる. われわれにはともすると,①の知識の側面のみとらえてPUSを語る傾向があるためで

ある.

さて，このように幅広く概念の定義の議論が必要となる PUS 論であるが，少なくとも，以下の3種類のモデルに分けて考えていく必要があると考えられる．1つめは，科学を「受け取ることのモデル」である．ここで受け取る「こと」であり，受け取る「側」ではないことに注意してほしい．受け取り側としてしまうと，つねに科学コミュニケーションにおいて情報を受け取るのは「市民」の側であり，専門家ではない，というような役割の固定がおきてしまう傾向が生じる．そうではなく，本書で扱う科学コミュニケーションは双方向性をふくんでおり，専門家の側も情報を「受け取る側」になりうる．市民も専門家もどちらも，情報を受け取る側になりうるのである．そのとき，情報を受け取るとはどういうことか，ということについて考える必要がある．この受け取ることのモデルのなかには，「欠如モデル」とは何か，リテラシーとは何か，理解とは何かといった問いが入る．二つめの論点は，受け取ることのモデルと対応して，「伝えることのモデル」である．そもそも科学コミュニケーションにおいて，伝えるとはどういうことなのか．これについては第7章で詳述する．そして最後に，「科学とは何かについてのモデル」が必要である．上のミラーの定義では，科学研究，実験の性質，確率およびエセ科学への理解の4種類について科学とは何かについての理解ができる必要があることが主張されている．また，とくに科学的知見がつねに作動中であり，新しい知見はつねに書き換えられる，という科学の特性に対する理解も必要となろう．

本章の目的は，これらの三つのモデルを念頭におきながら，PUS 論の概観を行うことである．そのことをとおして，PUS 論を構成する概念の関係，第6章以降にでてくる各概念間の関係について概説を行う．

5.2 受け取ることのモデル

科学コミュニケーションにおいて，科学（に関連する）情報を受け取る，とはどういうことだろうか．情報科学においては，情報を受け取ることの本質的な意味は，受け手の側の情報量が変化することである．科学コミュニケーションにおいては，よく「理解する」という言葉で表される．ミラーの上記論文に

おいても，理解の定義が全面にでている．そもそも情報を受け取って，そのことが「わかる」というのは何を意味するのだろうか．

「わかる」という言葉を『広辞苑　第六版』でひくと，「事の筋道がはっきりする」「了解される」「合点がゆく」「理解できる」「明らかになる」「判明する」とある．また，「納得」をひくと，「承知すること」「なるほどと認めること」「了解」とある．それぞれ英語で表現すれば，わかるのほうは，"make it reasonable" "come to an understanding" "make sense" "understandable" "become clear" "verified / justified" であり，納得のほうは，"agree" "recognize as truth" である．このように，わかるという言葉は多様性をもつ．また，最近の認知科学の成果でも，「わかる」ということに多面性があることが示されてきている．文章理解における起承転結の理解，主張から結論に至る構造の理解，時間の流れにしたがって変わるものと不変項との違いの理解など，さまざまな分野のさまざまなレベルの理解が存在する．また，子どもの理解は専門家の理解とは異なるが，理論としての一貫性，存在論的区別（生物と無生物の違いの区別），現実の現象の記述可能性があれば，子どもなりの理論で「わかる」ということが成立していると考える．このように，わかるということは，それぞれの年齢で，脳内のそれまでの知識との関連性がつくこと，である．つまり，新しく入ってきた情報が，これまでの知識の蓄積のなかでの立ち位置を確保できてようやくわかることになるわけである．これらの「わかる」の意味論をベースとした「受け取ること」のモデルは，受け取った情報をそれまでの知識構造のなかで位置づけること，となる．

さて，ここで PUS 論のなかの「欠如モデル」について概観しておこう．このモデルでは，専門家が科学的知識をもつ側とされ，それに対し，一般市民は科学的知識をもたざる側，つまり科学的知識が欠如している側とされる．そして，科学的知識をもつ専門家の側から，知識の欠如している市民へ，情報が一方的に伝えられるとする[6]．そして，原子力発電の安全性や遺伝子組換え食品の安全性などの問題において，科学者や行政など専門家による科学的評価を一般の人々が受容できないのは，一般の人々に知識がなく，無知であるせいだとする．この欠如モデルにおいては，受け取ることのモデルは，知識の欠如した市民が情報を受け取ることによって，<u>からっぽな状態から，知識の増えた状態</u>

へと移行することだけを指す．この欠如モデルに対しては，いくつもの批判が
なされている．たとえば，一般の人々は知識がない（からっぽな状態）のでは
なく，科学の社会的側面など，科学的知識とは異なる文脈における知識をもっ
ている，あるいは，専門家とは異なる判断基準をもっている，などの批判であ
る．欠如モデルへの批判を受けた新たなモデルとしては，「文脈モデル」（素人
は素人の文脈における関心，理解をもつ）「lay-expertise（素人の専門性）モデ
ル」（一般の人々は専門家とは異なるローカルノレッジをもつため，知識の流れは
一方向ではなく双方向である），「市民参加モデル」（市民はローカルノレッジをも
とに専門家が気づかない知識を提供し，意思決定に役立てる）などが提唱されて
いる．これも上述のように，市民と専門家の間の論争の実践をとおして，開発
されたモデル群である．これらについては，第6章で詳述する．

　それに対し，「リテラシー論」は，情報を受け取る側のもつべき知識の範囲
をどこに設定するかが議論される．一般にリテラシーとは読み書き能力，識字
率のことを指す．科学技術リテラシーとは，科学や技術を使ううえでの基本的
な能力，科学・数学・技術に関係した知識・技術・物の見方という意味で使わ
れ，物事を論理的に考える能力もふくまれている．このリテラシーに期待する
ものの内容は，ベースとなるモデルを何にとるかによって異なってくる．たと
えば，上記の欠如モデルをベースにすると，リテラシーに期待されるものは，
一般市民がからっぽな状態から，どのくらいの状態まで知識をもっていればよ
しとするか，という議論になる．この考え方では，すべての人がもつべきリテ
ラシー量の尺度が一様に定まり，そのなかのどれだけの量かという点のみが問
題となる．それに対し，必要なリテラシー量の尺度は一様ではなく，分野や必
要とされる経験や判断の度合いによって，リテラシーの内容や方向性も異なる，
とする考え方も存在する．すでに紹介したバーンズ，オコナーそしてストック
ルマイヤーの論文は，科学リテラシーについて次のように言及する．

　　　科学リテラシーは，すべての市民にとって優先度の高い事柄である．科
　　学リテラシーは，彼らのまわりの世界に興味をもち，理解するのを助ける．
　　また，科学に関する言動に参加するのを助け，科学的事柄に関して他人が
　　発する主張を批判的にみたり疑問をもったりすることを助け，質問を同定

することができ，証拠に基づいた結論を探求したり描いたりすることができることを助け，環境問題や健康問題に関して，十分な情報に基づいた意思決定をすることができることを助ける．

　このように，欧州の文脈では，科学リテラシーはただ単に知識があるだけではなく，意思決定の主体としての市民として十分活動でき，合理的知識を得て，合理的判断ができるという実践を支えるものと定義される．
　さらに，情報を受け取るうえで重要となるのが，「フレーミング（framing）」の概念である．フレーミングとは，問題を切り取る視点，知識を組織化するあり方，問題の語り方，状況の定義のことを指す[7]．科学と社会の接点において論争中の課題においては，利害関係者によって，そもそも問題の語り方，状況の定義の仕方が異なることが観察され，そのフレーミングの違いによって論争が解決されないことがある．情報を伝える側のフレーミングが，受け取る側のフレーミングと異なって解釈されることも十分ありうる．したがって，フレーミングは，受け取ることのモデルにおいても，伝えることのモデルにおいても，重要な概念となる[8]．

5.3　伝えることのモデル

　情報を伝えるとはどういうことか．科学教育，科学ジャーナリズムで蓄積されてきた知見は，情報をよりわかりやすく伝えることについての経験的知見であるが，伝えることのモデルについて言及されているものは非常に少ない（第7章参照）．伝えることのモデルを考えるうえで一つの手がかりとなるのは，伝える側の情報のフレーミングである．伝える側がどのように問題を切り取るのか，知識を組織化するのか，問題を語るのか，状況を定義するのかによって，同じ事柄でも伝えられる内容は異なってくるだろう．伝えることのモデルは，伝える側のフレーミングの議論が不可欠となる（第9章参照）．
　さて，本節では伝えることのモデルを，専門用語のネットワークと日常用語のネットワークとの関係で詳細に考えてみる．議論を進めるために，専門用語を日常用語でわかりやすく書き換えるプロセスをプロセスX，逆に，日常用語

を専門用語でいい換えるプロセスをプロセス Y として話を進めよう．専門家が一般の人々に「伝えること」は，プロセス X を必要とする．また，日常用語から専門用語になるときのプロセス Y において何がおこっているのかについての理解は，専門的概念を「伝えること」を考えるうえで，参考となるだろう．

　プロセス X では，まず，ある種の情報量は確実に減る．たとえば物質名，化学式，専門用語で表現された概念などは日常用語で置き換えられる．専門家のコミュニケーションにとって必要不可欠な物質名が，わかりにくいという理由で，物質 A と記述される，あるいは専門家のなかではほぼ自明なある概念が，わかりにくいという理由で別の用語に置き換えられる，などである．このことは同時に，専門用語のネットワークによって保たれていた「概念の精度」が落ちることを意味する．さらに，日常用語でわかりやすく表現するために，比喩，対比などが用いられ，日常の文脈が追加される[9]．

　翻って，その概念の精度を支える，専門家集団内での概念の精緻化プロセスを考えてみよう．プロセス Y である．概念の精緻化プロセスにおいては，一意に意味が定まるように，日常用語における多義性が排除される．さらに，日常生活の文脈において存在する社会的な過程を排除して，専門家集団における「理想条件」を暗黙の前提とした精緻化が行われる．このことについてもっと詳しく考えてみよう．

　科学的事実の主張とはつねに，科学者共同体のなかで同意されたある理想的成立条件に「状況依存」する．「科学的事実は，科学者集団内部の方法論的真偽テストにのっとった，つまり専門誌の査読規準に合致する，理想的条件，前提条件のもとで成立する」という性質を知識の「状況依存性」とよぶ[10]．科学者のもつ科学的根拠とは，「こういう条件，前提条件では，このデータが取れ，この法則が成立する」というものである．しかし現場では，「こういう前提条件」という理想系が成立しない場合がある．専門誌共同体のなかで蓄積された科学的事実を社会的場面に応用するためには，その科学的知見が妥当とされた状況に立ち戻って条件を見直す必要がある．このように考えると，プロセス Y（専門家集団内での概念の精緻化プロセス）においては，理想条件下のデータの取得のなかで，日常の文脈で存在する社会的過程の排除，ということがおきて

いることが推察される.

　上で示したプロセスXとYは，実は対をなしている．Xにおいて「わかりやすく」することは専門用語空間における精度を失わせる．しかしYにおいても概念の精緻化を行うことは，社会的プロセスを排除し，閉じた理想世界での概念の定式化と変数選択とそれによる理論の構築を行うことを意味する.

　このことを語彙ネットワークのなかの変数選択の問題として再度とらえ直してみよう．定量化のプロセスには，現象を測ることのできる数値へ可操作化（operationalization）する，というプロセスが入る．そこで，どのような測定項目を採用し，各測定項目をどのように測定するのか，何をもってある指標を近似するのか，が決められる．これらを決めることを「変数結節」とよぼう[11]．つまり，時々刻々変化して連続して動く値のうち，どの値を当該目標にとっての代表値としての変数に「結節」させるか，ということの表出である．あるいは連続するできごとのなかから，どれを変数として取り出すか，といってもよい．専門家共同体の理想系における変数結節は，現場系あるいは日常生活の課題の固有性を記述できないことがある．理想系における変数結節では，普遍的に成立する値に注目する．そこでは，理想系において大事な変数を取り出そうとするあまり，現場系において大事な変数を取り落としてしまう傾向がある．変数結節において，現場固有の社会的な過程をできるだけ排除して，より（理想系にとって）純粋に成立するものだけを取り出そうとする傾向である[12]．

　このように考えると，専門用語の語彙ネットワークのなかでのある概念の結節（変数結節）は，日常用語の語彙ネットワークのなかの変数結節とは異なる形で行われていることが推察できる．以上のようなことを考慮すると，専門家集団における概念の構築，変数選択プロセス（プロセスY）とは，社会的な過程をできるだけ排除して，より純粋に成立するものだけを取り出そうとする傾向と考えることができる.

　だとすると，専門家にとって「伝えること」のモデルは，専門用語ネットワークのなかの大事な概念を，できるだけ誤解の少ないように日常用語のネットワークのなかで置き換えることになろう[13]．社会的な過程をできるだけ排除して，より純粋に成立するものだけを取り出そうとした専門用語ネットワークに，再び社会的過程，日常的文脈を追加することになる．一般の人々が日常生

活において生じている疑問をぶつけるときは，日常用語のネットワークでのある事柄が，専門家の専門用語ネットワークとうまく対応づけられたときにはじめて，一般の人々と専門家との間によいコミュニケーションが生じることになる[14]．

　以上のことをまとめると，「受け取ること」のモデルとは，受け取った情報をそれまでの知識構造のなかで位置づけること，自分の語彙ネットワークのなかで新しい情報の立ち位置をみつけることであるのに対し，「伝えること」のモデルは，ある用語ネットワークから，別の用語ネットワークのなかへ，なるべく誤解が少なくなるように写像（置き換え）を考えることであるといえるだろう[15], [16]．

5.4　科学とは何かについてのモデル

　科学研究にはつねに未知の部分がふくまれ，科学者の日々の努力と試行錯誤によってその未知の部分が解明されていく．また，現在正しいと考えられている知見も，のちに発見される事実によって塗り替えられることも多々ある．このように，科学の知見は日々更新され，最先端の知見というのはつねに書き換えの途中である，という性質をもつ．このような性質を「作動中の科学」という[17]．「科学とは何か」についてのモデルのうち，この「科学とは作動中である（science in the making）」というモデルは，以下のようにさまざまな論点をもたらす．

　まず，「科学とは作動中である」というモデルをとったときと，科学が「確立されたもの（established）」（したがって書き換えられることはない）と考える場合とでは，伝え方が異なること，および新しく知識が作られつつある分野に対する公衆の態度も異なるであろうことが指摘されている[18]．また，公衆が科学を理解するうえで，この作られつつある科学（science in the making）という概念が大事であること，科学リテラシーには，「科学がどのように現実に動いているか知ること（knowing how science really works）」が必要であることが指摘されている[19]．

　次に，専門家が「作動中の科学」をどのように言語化するかという問題があ

る．専門家にとって，ほんとうに最先端のことは，今，まさに作りつつある知識，のことである．今まさに作りつつあることを人に伝えるのは，至難の業であろう．今まさに新しい治療法を開発しようとしている遺伝子治療の専門家が，ほんとうの最先端のことを語れるだろうか．コンセンサス会議（市民会議）で専門家が市民パネルにむけてわかりやすく語ったこと，これは「すでにわかっている．ある程度確定している．あまり覆される心配の少ない」知識（事後の知識）のほうがメインであったことと思われる．今，まさに研究途上の，試行錯誤中の事柄は，実は公衆にむけて発信するのが難しいところなのである．そのため，おそらく他人に「伝えやすい」というのは，今，まさに試行錯誤中のものなのではなく，ある程度「事後の知識」となり，証拠がふみ固まり，他の事柄との連関が記述しやすい状態になった知識であることが考えられる．

　第三に，「科学とは作動中である」というモデルが十分に流通しないことによって，現実の科学と，一般の人々のもつ科学へのイメージにギャップが生じることが予測される．専門家が今，まさに論文を作り出している「作動中の知識」（論文生産作動が行われている時点での知識）と，すでに証拠の固まりつつある「事後の知識」（すでに構造を形成しつつある知識）とは区別する必要がある．しかし，この区別がうまく伝わっていないため，科学のイメージと現実の科学との間にギャップが生じてしまう．

　現実に流通している科学のイメージの多くは，この事後の知識，つまり厳密でつねに正しい客観性をもった知識，というものである．たとえば，「科学はつねに正しい」（書き換わるということが考慮されていない）「いつでも確実で厳密な答えを用意してくれる」「確実で厳密な科学的知見に基づいて意思決定しないといけない」「確実で厳密な科学的知見がでるまで，環境汚染や健康影響の原因の特定はできない」といった種類の科学のイメージである．しかし，現実の科学的知見は時々刻々更新され，つねに新しいものにとってかわる．したがって，「科学的知見は書き換わる」「いますぐ答えのでないものもある」「根拠となる科学的知見がまだ得られていないこともある」「根拠となる科学的知見がでるまで待っていられないこともある」という記述のほうが現実の科学に近いだろう．一般の人々のもつ，「すべての科学的知識は事後の知識＝厳密でつねに正しい客観性をもった知識」という固いイメージに注意して，「科学は

書き換えられつつある」ということを伝えていかないと，上記のような固い科学のイメージと現実の科学との間にギャップが生じてしまうのである．

　さてここで，日本の現状について考えてみよう．日本には，「科学がいつも厳密な答えをもつ」というイメージ，つまり科学が事後の知識であるイメージが強いと考えられる．それは，*Nature* 誌上による日本批判[20] にも表現されている．日本では「科学的証拠がないというのは，何の対応策もとらないことの口実として使われている」という指摘である．これは，「科学がいつも厳密な答えをもつ」「確実で厳密な科学的知見がでるまで，環境汚染や健康影響の原因の特定はできない」というイメージが強いことを示唆している．日本において，このような科学のイメージが強いのは，日本の理科教育の影響も皆無ではないだろう[21]．理科教育において，「作動中の科学」「作られつつある科学」は教えられているだろうか．また，上に指摘したように，伝え方（報道の仕方）の影響もあるだろう．科学教育，報道，その他多くの要因によって，事後の知識（証拠がふみ固まった知識）のイメージが流通している．事後の知識のイメージが先行し，「確実で厳密な科学的知見がでるまで，環境汚染や健康影響の原因の特定はできない」という社会通念があったからこそ，上記 *Nature* 誌の批判にもあるように，水俣病や薬害エイズ事件の患者救済が遅れたと考えられる．このように科学に対するイメージ，科学の公衆理解の問題は，知識の普及の問題にとどまらず，社会問題に対する行政あるいは社会の対応といったものにも影響を及ぼすことが示唆される．

5.5　科学に対するイメージの形成と市民像

　それでは科学に対するイメージは，どのように形成されるのだろう．科学に対するイメージを形成するベースになるものの一つとして科学者像があるが，これについてはいくつかの研究が報告されている．公衆の科学者に対するイメージの形成に，映画の及ぼす影響について，1945-70 年の英国で作成された科学映画に登場する科学者像について分析して示した論文，第二次世界大戦後の英国の映画を題材とした科学者像と芸術家像の比較の論文，ホラーや SF で扱われる英国の映画の科学者像の論文[22] などである[23]．西洋文学および映画の

なかで典型的な科学者はどのように描かれているか，中世の錬金術師から今日までを分析し，七つの科学者像を報告しているものもある．七つの像とは，①邪悪な錬金術師，②英雄，あるいは社会の救世主としての気高い科学者，③おろかな科学者，④非人間的な研究者，⑤冒険者としての科学者，⑥発狂して危険な科学者，⑦自分の研究がもたらした影響を抑止できない無力な科学者，である[24]．さらに，科学者がどのように理想化されたイメージをもたれるようになったのか，古代ギリシャから現代まで歴史的にさかのぼり，「知の根源を神聖視し，科学的知識をもった人間を神聖視し，科学者共同体を神聖視」する傾向について報告している論文もある[25]．

　また科学者像のみならず，「市民像」についても検討が加えられている．たとえば，1994 年にインドで流行した疫病についての調査では，市民像と現実の市民の行動とのギャップが紹介されている[26]．この疫病自体は 1 カ月程度で収まったが，行政機関や科学コミュニティの機能不全が市民の科学情報に影響し，科学情報の流通経路に多大な影響を及ぼした．インタビュー調査の結果，「迷信にとりつかれており」「非科学的」「非衛生的」といった市民像は間違っており，情報や公共施設へのアクセスが絶たれたことによる行動であることが示唆された．市民の疫病への関心が高まり，いろいろな情報を得ようと行動するにもかかわらず，彼らの求めている合理的な情報が得られない．そのため市民は「説明」を求めて，民間信仰的なものに傾倒する傾向がある，という分析がされている．また，リスク論との関係でいうと，一般の人々のとらえるリスクをフォーカスグループディスカッションでとらえ，市民像をとらえ直す報告もなされている[27]．

　さらに，科学者と市民が出会う「場面」についての分析もある．ノボトニー（Nowotny）は，科学が公衆に出会う五つの空間を分類し，①科学的知識を創造する空間，②科学がエスノサイエンスに出会う空間，③専門家と素人の知識が出会う空間，④市場，⑤公的対話の混成空間としている[28]．ブッキ（Bucchi）は，科学者が公衆に立ち向かう 2 大場面は，「重大局面」および「科学的な境界に関すること」であるとし，科学者のふだんの研究と，ぎりぎりの状態における（公衆に立ち向かうときの）仕事とは区別する必要性を説いている[29]．

　このように映像，報道，教育をとおして科学へのイメージが形成され，市民

像というものも形成されていく．「受け取ることのモデル」と「伝えることの
モデル」の間に齟齬があることによって，あるいは「科学とは何かについての
モデル」がうまく共有されないことによって，科学に対するイメージと研究の
実態との間にギャップが生じてしまう．PUS論は，それらのギャップを直視し，
さらにギャップができる原因を分析し，記述することをとおして，よりよいコ
ミュニケーションを作り上げることに生かすことをめざしている．

註

1) Jasanoff, S., Civilization and madness: the great BSE scare of 1996, *PUS*, **6**, 221-232, 1997.

2) Miller, J. D., Public understanding of, and attitudes towards, scientific research: what we know and what we need to know, *PUS*, **13**, 273-294, 2004.

3) Burns, T. W. *et al.*, Science communication: A contemporary definition, *PUS*, **12**, 183-202, 2003.

4) 参考のために彼らの各定義を紹介しておく．「公衆（public）」とは，社会の構成員すべてを指す．「参加者」とは，科学コミュニケーションに直接的あるいは間接的に巻き込まれている公衆の構成員を指す．「結果」とは，ある行動の結果として定義され，「応答」とは，ある刺激によって導き出された行動，感情，運動，変化などとして定義される．科学コミュニケーションによる結果および応答を科学的に計測することは難しいことが指摘されている．科学コミュニケーションの場面では，「科学」とはピュアサイエンス，数学，統計学，工学，技術，医学および関連領域を指す．「気づいていること（awareness）」とは，何かに対して意識をもっていて，無視してはいない状態を指す．それに対し，「理解」とは単なる気づきではなく，「ある知識，行為，プロセスについての意味や含意を，広く一般に是認されている原理に基づいて了解しつつあること」となる．

5) 「コミュニケーション」とは，意味を産出し，意味について交渉する実践，あるいは特定の社会的文化的政治的条件下で行われる実践のことを指す．「科学に対する公衆の意識（public awareness of science）」とは，一連のスキルや行動的意図によって証拠づけられた科学（や技術）に対するポジティブな態度の集合と定義される．「科学の文化」とは，科学を評価，促進し，科学リテラシーを普及させることを追求する，統合された社会的価値システムを指す．

6) Ziman, J., Public understanding of science, *Science, Technology & Human Values*, **16**, 99-105, 1991.

7) Goffman, E., *Frame Analysis: An essay on the organization of experience*, Harvard University Press, 1974.

8) フレーミングは，「「同じ」問題に対する正しい答え方に関する不一致は，そもそも何が正しい問題の立て方（フレーミング）なのかに関するより深い不一致を反映している」（Jasanoff, S., Is science socially constructed: And can it still inform public policy?, *Science and Engineering Ethics*, **2** (3), 263-276, 1996)，「同じ問題に対する異なる答えは，実は同じ問題に対する問い方の違いによって生じる」といったことに気づかせてくれる概念である．

9) 村上陽一郎, 『科学と日常性の文脈』, 海鳴社, 1979.

10) 原文は，次のようなものである．"Scientific claims are never absolutely true but are always contingent on such factors as the experimental or interpretative conventions that have been agreed to within relevant communities of scientists." Jasanoff, S., What judge should know about the sociology of science, *Jurimetrics Journal*, **32**, Spring, 345-359, 1992.

11) 藤垣裕子, 『専門知と公共性――科学技術社会論の構築へ向けて』, 東京大学出版会, 2003.

12) これと関連して，ラトゥールは，「純化（purification）」という概念を用いて次の主張をしている．自然科学の対象は，もともとさまざまなものの混合（hybrid）であるにもかかわらず，その混合化の過程，人為的コントロールの過程を標準化させることによって，個人的な恣意性を減らすことを通じて「自然的な対象とする」という「純化」が行われる，というものである．これは，自然科学における変数結節を「純化」とよんでいるに等しい．Latour, B., *We Have Never Been Modern*, Cambridge: Harverd University Press, 1993.

13) サイエンスライティングというのは，専門用語のネットワークから，日常用語空間への置き換えをどのように行っていることになるのだろう．また，専門用語ネットワークと日常用語ネットワークのどちらによりそう形で書かれるのだろうか．これらは興味深い問いである．

14) ローカルノレッジ論では，現地の人のもつ知識を記述するとき，少なくとも以下の二つの立場がありうる．一つは，十分な距離をとり，対象をブラックボックス化することにより，記述者独自の鋭利な記述を可能にするやり方（手法A）である．もう一つは，現場の人々がうすうす感じてはいるがいまだ言語化するに至っていないローカルノレッジを，内部の状況に即した形で言語化するやり方（手法B）である．現場の人々にとっては，研究者が非本質的として捨象したものが，本質的である可能性もある．この現場の人々にと

って本質的なものを，その対象者に寄り添う形で探すのが手法Bである．この場合，言語化対象と記述言語の間に連続性があり，対象はブラックボックス化できず，十分な距離がとりづらいゆえに鋭利な記述にならない傾向がある．サイエンスライターははたして手法Aに特化しているのか，手法Bも用いるのか，これらも興味深い問いである．

15) 専門用語のネットワークから，日常用語空間への置き換えを考えたとき，違うのは，専門用語だけなのだろうか，それとも構成される論理も違うのか．日常用語のネットワークの体系化のされ方は，専門用語の体系化の仕方とどこがどのように異なるのだろう．これはなかなか難しい問題である．

16) 5.2節で「わかる」とは何かを考えたが，「わかりやすい」というのは，「わかること」の世界と「書くこと」の世界をつなぐことになる．ここでわかることとは，自分のこれまでの知識ネットワークのなかでの位置づけであり，書くこととは，専門用語の世界と日常用語の世界の間の写像である．

17) Latour, B., *Science in Action: How to follow scientists and engineers through society*, Open University Press, Milton Keynes, 1987.

18) Field, E. and Powell, P., Public understanding of science versus public understanding of research, *PUS*, **10**, 421-426, 2001.

19) Miller, S., Public understanding of science at the crossroad, *PUS*, **10**, 115-120, 2001.

20) *Nature*, **413**, 27, September, p. 33, 2001.

21) たとえば，日本の高校の理科の各教科書と英国の理科の教科書（21st Century Science: GCSE Science Higher）とを比較すると，英国の教科書では，科学の妥当性がいかに生まれるか，最新の科学的知見がつねに作られつつあること，リスクの概念などが説明されている箇所があるが，日本の教科書ではこのような記述は非常に少ない傾向がみられる．また，たとえば原子力について学ぶ際，英国の教科書では，「エネルギーのパタン」「身のまわりの放射線と健康」「原子内の変化」「原子力」「放射性廃棄物」「エネルギーの未来」の順で記述され，「生きていくために必要な知識」として教えられているのに対し，日本の教科書では，理科総合Aでエネルギーと資源について学び，物理IIでは「原子核の構成」「同位体」「原子量」「原子核の崩壊と放射線」「放射線の検出」と続き，日常生活との関係というよりは「積み上げ式の知識」として教えられている傾向があることが示唆される．藤澤裕佳，『2008年STS学会年次研究大会予稿集』を参照．

22) 順に，Jones, R. A., The Boffine: A Stereotype of scientists in post-war British film (1945-1970), *PUS*, **6**, 31-48, 1997; Jones, R. A., The scientist as artist: a study of the man in the white suit and some related British film comedies of the postwar period (1945-1970), *PUS*, **7**, 135-147, 1998; Jones, R. A., "Why can't you scientists leave things alone?" Science questioned in British films of the post-war period (1945-1970), *PUS*, **10**,

365-382, 2001.

23) ちなみに，*PUS* 誌の Vol. 12, No. 3 では映像の特集が組まれている．

24) Haynes, R., From alchemy to artificial intelligence: Stereotypes of the scientist in western literature, *PUS*, **12**, 243-253, 2003.

25) Petkova, K. and Boyadjieva, P., The image of the scientist and its functions, *PUS*, **3**, 215-224, 1994.

26) Raza, G., Dutt, B., and Singh, S., Kaleidoscoping public understanding of science on hygiene, health and plague: A survey in the aftermath of a plague epidemic in India, *PUS*, **6**, 247-267, 1997.

27) Hornig, S., Reading risk: Public response to print media accounts of technological risk, *PUS*, **2**, 95-109, 1993.

28) Nowotny, H., Socially distributed knowledge: Five spaces for science to meet the public, *PUS*, **2**, 307-319, 1993.

29) Bucchi, M., When scientists turn to the public: Alternative routes in science communication, *PUS*, **5**, 375-394, 1996.

第6章　受け取ることのモデル

藤垣裕子

第5章でみたように,「受け取ること」のモデルは,受け取った情報をそれまでの知識構造のなかで位置づけること,自分の語彙ネットワークのなかで新しい情報の立ち位置をみつけることである.本章では,「欠如モデル」とその批判について詳細に検討を行い,欠如モデル,文脈モデル,素人の専門性モデル,市民参加モデルの四つのモデルの概観をとおして,情報を受け取ることとはどういうことかについて考えてみよう.

6.1　モデルの変遷

公衆の科学に対する懐疑的態度,論争の対象となっている問題(原子力発電の安全性や遺伝子組換え食品の安全性など)に対して人々が懐疑的態度を示すのは,一般の人々に理解や知識がないせいである.このような仮定を「欠如モデル」とよぶ.このモデルは,個人がある意思決定をするときに何か特別な情報が必要な状況を理解するうえでは有効である[1].しかし,この欠如モデルに対しては,いくつもの批判がなされ,別のモデルが複数提唱されている.たとえば,「文脈モデル」では,「欠如モデル」によって描写される単純な情報だけでなく,特殊な状況に有効な情報,科学技術が利用される社会的制度的状況についての情報などの「文脈に依存した」情報の大切さが説かれる.さらに,それらの文脈に依存した知識が,個人や小さな集団のレベルを超えて,集団としての「素人の専門性(lay-expertise)モデル」に一般化される.この lay-expertise

モデルでは，科学的知識は一枚岩ではなく，地元の知識（ローカルノレッジ）が重要であることが説かれる．また，科学の公衆理解（Public Understanding of Science: PUS）における民主的なモデルの構築のためには，「市民参加モデル」が必要となり，これについても多くの論文が紹介されている．これらのモデルは，科学ジャーナリズム，科学博物館論，市民活動，科学のアウトリーチプロジェクトなど，さまざまな場面で必要となる．これらのモデルを詳細にみていこう．

6.2　欠如モデル

　欠如モデルとは，1986 年に英国で出されたボドマー・レポート（1.2 節参照）を受けて，いくつかの具体的調査が行われたのち，これらのレポートや調査が依拠している「暗黙の仮定」を形容するモデルとして，1991 年に書かれた複数の論文のなかで登場した[2]．これらの調査が依拠している暗黙の仮定とは具体的にどのようなものなのであろうか．典型的な *Nature* 誌上の調査報告をみてみよう．これは，英国において 1988 年に，全米科学財団（National Science Foundation: NSF）と協力して国際比較研究を行った調査をもとに行われている．18 歳以上の英国人 2009 人，米国人 2041 人をランダムに抽出し，インタビューを行った．その結果，単純な確率概念に関する問いでは，英国人の 66％，米国人の 62％が明確な理解を示し，「地球が太陽のまわりをまわっている」という知識を英国人の 34％，米国人の 46％が有しており，「抗生物質はウィルスには効かない」という知識は英国人 28％，米国人 25％が有しており，「原子力発電所は酸性雨の原因ではない」という知識を有している英国人は 34％にとどまった，というものである[3]．

　このような質問を使ったインタビューでは，公衆は「deficient（欠けている，不十分な）」であり，科学の側は「sufficient（十分な，足りている）」ということが暗黙の前提として使われている．科学の側には正答誤答が一意に定まる正しい知識があるのに対し，その正しい知識をもっている人は○％にすぎない，逆にいえば，100 − ○％の人にはそのような知識が「欠如している」かの印象を，このような報告は与えるのである．そして，関連する事実に関する適切な

理解がないために，人々は非合理的な恐れを抱くと考える．知識や理解があれば，非合理的な恐れを抱かなくなるから，公衆に「理解増進（public information campaign）」をすすめよう，ということになる[4]．これが，多くの同様の調査にみられる「欠如モデル」の前提である．

物理学者ザイマン（Ziman）らは，これらの調査について，三つの側面，①人々は科学について何をいっているのか，②人々は科学をどのように使うのか，③科学的知識はどのように提供され，どのように受け取られるのか，に基づいて分析した．その結果，「単純な欠如モデル（人々の無知や科学リテラシーの欠如という単純な理由のみで状況を理解しようとすること）では，さまざまな研究結果を説明する十分な分析枠組みを提供できない」と述べている．たとえば，日常の問いに対して，フォーマルな科学的知識は，そのままの形では答えることができないとしている[5]．そのうえで，非整合性（教えられる知識の形式と日常で使える形との間に乖離があること），不十分性（現場の合理性を支えるためにはフォーマルな科学知では不十分であること），非信頼性（信頼性は，ある特別な文脈にのっとった興味に基づいて発生するということ），非一貫性（フォーマルな科学的知識を複雑な日常の文脈に応用するとき，フォーマルな知識が消滅するため，ある種の一貫性を保つのが困難であること）を指摘している．このようにザイマンは，単純な欠如モデルを離れてこそ，人々の科学理解を豊かに説明できるとしている．

また，ウィン（Wynne）は，ザイマンと同様の調査を分析した論文のなかで，次のような指摘を行っている．科学の公衆理解と一言でいうが，ある文脈における「科学とは何か」「科学的知識とは何か」の問いについて，科学者の間でも明確なコンセンサスがあるわけではない．たとえば理学部の先生と工学部の先生と文学部の先生と薬学部の先生とでは，「科学とは何か」の問いへの答え方は異なる[6]．同時に，異なる状況におかれた異なる人々の間でも「科学」というものは異なる意味をもつ．そのため，単純な欠如モデルを離れてこそ，人々の特別な状況における理解と科学との間の豊かで多様性に富んだ相互作用の可能性を開くことができる．

つまり，欠如モデルが正答誤答が一意に定まる正しい知識のない状態（からっぽな状態）を仮定し，そのような正答誤答が一意に定まるリテラシー量の尺

度が一様に定まると仮定しているのに対し，そのような一様な欠如ではなく，さまざまな状況下におけるバラエティに富んだ知識を分析対象とせよ，と主張しているのである．実際，具体例として，ウィンは，血中コレステロール値の高い遺伝子を継いだ人々への調査，有害物質を扱う工場のそばに住む二つの村落共同体への調査などを挙げている．たとえば，一般に調査で使われる質問項目では，動物性／植物性脂肪の違いの知識の有無だけが問われるのに対し，家族性高コレステロール症の人々は，その二つの差だけではなく，飽和脂肪，一価不飽和脂肪，多価不飽和脂肪の差の知識も有している．ところが，標準化された質問や分析方法では，このような一般の人々のなかにある特殊な知識状況を測ることができない．標準化されたクイズから排除されてしまうものをきちんと考慮せず，○％の人には知識がない，と結論づけていいのだろうか，と問題提起する．

　以上のように，もともと欠如モデルは，政府や科学者が「科学の公衆理解」を測定するために実施したレポートや調査に存在している「暗黙の前提」を説明するためにでてきた概念である．欠如モデルは，受け取ることのモデルとして，①科学とは，正答誤答が一意に定まる正しい知識からできており，公衆はそれらを受け取る，②公衆はそれらの知識が「deficient（欠けている，不十分な）」のに対し，科学の側は「sufficient（十分な，足りている）」である[7]，③その欠けている状態を測定することができる，というモデルであることが示唆される．

　さて，ザイマンやウィンらが欠如モデルとして批判したような「公衆の知識を測る調査」は，その後も多く行われている．1988 年に英米共同で行われた調査をもとに欧州のより広い範囲も対象とした国際比較調査が，ミラー（Miller）らによって 1998 年に報告されている．これは，全米で 20 年にわたる国内調査の枠組みを応用して，米国，英国，デンマーク，オランダ，イタリア，フランス，ドイツ，スペイン，ベルギー，アイルランド，ギリシャ，ポルトガルの各国の調査に基づいて，科学の語彙のスコアおよび科学リテラシーレベルのスコアが表としてまとめられている．日本においても，科学技術政策研究所が 2001 年に実施した「科学技術に関する意識調査」があり，やはりミラーらの先行研究をもとにした質問項目によって，科学リテラシーが計測されている．

これら「公衆の知識を測る調査」は，リテラシー調査といわれる．第5章で
も指摘したように，科学リテラシーをどう定義するかは，基礎となるモデルと
して欠如モデルをとるか，そうでないモデルをとるかによって決まってくる．
欠如モデルをベースにすると，リテラシーに期待されるものは，一般市民がか
らっぽな状態から，どのくらいの状態まで知識をもっていればよしとするか，
という議論になり，すべての人がもつべきリテラシー量の尺度が一様に定まり，
測定可能な量となる．この種の調査の多くが，受け取ることのモデルとして上
記の3点の仮定を内包していること，そして同時にこのような標準化された調
査で測れない側面のあることは注意を要するだろう．欠如モデルと異なるモデ
ルを用いた場合，リテラシーの定義も異なってくる．これについては本章の最
後で再び言及する．

　また，統計データを用いた欠如モデルの批判も行われている．スターガス
（Sturgis）とアラム（Allum）は，欠如モデルのなかの「科学知識が増える」→
「科学への態度がポジティブになる」という仮定を検証するために，1996年の
英国社会的態度調査（British Social Attitudes Survey）を用いて検討を行った．
その結果，上の仮定の → のところに，人々の政治的知識が影響を与えること
が示唆されたとしている．つまり，科学への態度は，科学的知識だけではなく，
人々の政治的知識も関係して決まるというものである．さらに，ブッキ
（Bucchi）は，バイオテクノロジーに関する意識調査をもとに，欠如モデルの
なかの「市民がたくさんの情報にふれる → 正確な科学的知識が増える → 遺
伝子組換え食品やバイオテクノロジーに対する態度が肯定的になる」という仮
定の検証を行った．イタリアにおける2000年および2001年におけるのべ
2039人に対する調査の結果，「たくさんの情報にふれていること」と「正確な
知識を所持していること」との間には相関がみられないことが示唆された．上
の仮定の二つの矢印のうち，1番めの矢印が否定されたのである[8]．また，「正
確な知識を所持していること」と「遺伝子組換え食品やバイオテクノロジーに
対する肯定的態度」との間にも相関がみられなかった．上の仮定の二つの矢印
のうち，2番めの矢印も否定されたことになる．これらのデータから，「市民
には正確な科学的知識がないから，新しい科学技術を受容できないのだ」とい
う考え方には再考が必要であることが示唆される．このように，統計データを

もとに，「知識が増えれば肯定的態度になる」というのは神話にすぎないのではないか，と欠如モデルを批判する論文は複数観察される.

6.3 文脈モデル

それでは，欠如モデルではなく，どのようなモデルが有効なのであろうか．上述したウィンはいくつかの例をもとに文脈に即した知識（knowledge in context）を主張する．たとえば，羊農夫は，放射性セシウムを羊から除去するには，高原地より谷の草地のほうがより早くできるということを理解できる．しかし，羊農家は，谷の草地でばかり放牧することが，将来の羊の繁殖サイクルにとってどんなにダメージになるかを知っている．後者は，原子力関係の科学者が知らないことである．科学的知見は価値があるが，「状況」は科学的知識以外のものを要求し，他の種類の判断が必要なのである．また，家族性高コレステロール症の人々は，自分たちの状況についての知識を有しており，それは科学的知識としてオーソライズされてはいないが，しかし医師がもっている知識以上に，特別な状況では正確である．このような「状況」（文脈）に即した（situation-specific, contextualized）知識を一般の人々は有しているのである，というのが文脈モデルである.

ウィンはさらに，文脈に注目したうえで，次の三つのレベルの科学の公衆理解を区別しなくてはならないと述べる．①知識の中身，②方法論，③知識が組織化される形式や制御，の三つである．この３分類は，他の論者にも多く活用されている（第５章参照）．公衆の一つめのレベルでの「科学の非理解（misunderstanding of science）」は，三つめのレベルでの公衆の「科学理解」でありうる．つまり，専門家からみて公衆がある知識の中身を所有していないということは，その公衆が制度化された科学の形態についてよく理解しているということ（専門家の教科書的知識をとくにもたないようにみえる公衆は，教科書的知識ではなく日常の文脈についての知識の組織化が大事であることを理解していること）になりうるのである.

さて，三つめのレベル，知識が組織化される形式や制御とは，科学が社会のなかにどのように制度的に埋め込まれているのか，科学を「社会のなかの一事

業」として理解することに相当する．これは，科学者のもつべき社会的リテラシーとも関係する（第13章参照）．スターガスとアラムは，文脈主義をとったとき，この三つめのレベルの文脈の重要性を考え，「政治に関する知識」がこの三つめのレベルの知識に関係するとした．そして，科学への態度は，科学的知識だけではなく，人々の政治的知識も関係して決まるということを統計的に示している[9]．さらに，イーリー（Yearley）は，専門家の知識に対して一般市民がもつ不満を体系的に理解するうえで，フントヴィッツ（Funtowicz）やラヴェッツ（Ravetz）らによるポスト・ノーマルサイエンスの概念モデルに加えて，ウィンらによる素人の知識の有用性を示す実証的モデルが有効であることを示している[10]．ここで実証的モデルとは，上述のように，さまざまな日常の意思決定の場で，教科書的知識ではなく文脈的知識が必要であることを示す実地の例のことを指す．

受け取ることのモデルとして文脈モデルをみると次のようになる．知識を受け取るとは，教科書的知識をそのまま受け取り，その種の知識の有無を問われる問いに正答できる知識を身につけることではなく，それらを日常の文脈のなかで位置づけ，自らのまわりの状況に役立つ形で蓄積することである．

6.4 素人の専門性（lay-expertise）モデル

文脈に依存した知識が，個人や小さな集団のレベルを超えて，集団としての「素人の知識」として組織化されることを強調すると，素人の専門性（lay-expertise）モデルになる．

Lay-expertise モデルは，さまざまな分野における報告がなされている．たとえば，カール（Kerr）らは，遺伝学の分野における「素人の専門性」を調査するために，新しい遺伝学について，素人による10組のフォーカスグループの議論をもとに分析した．フォーカスグループにおける討論を詳細に検討することにより，彼らは会話のなかで，遺伝学に関する技術的知識，方法論的知識，制度的知識，文化的知識を駆使していることが示唆された（この一つめ，二つめ，および三つめと四つめのものが，それぞれウィンの主張する知識の中身，方法論，知識が組織化される形式や制御，に相当すると考えられる）．一般の人々は，

日常会話のなかで，このような「専門家としての素人（lay people as expert）」を駆使して議論を行っているのである[11]．

さて，この lay-expertise モデルは，実は PUS 論固有というより，文化人類学や民俗学などの分野で「ローカルノレッジ（local knowledge）」とよばれるものとほぼ等しい．ローカルノレッジは，直訳すると「局所的知識」である．文化人類学者ギアツ（Geertz）によると，一般的な理論，普遍的な知識に対し，「局所的（ローカル）であることを避けることができず，手段に分割できず，現場の状況から分離することができない知識」のことを指す[12]．現地で経験してきた実感と整合性をもって主張される現場の勘[13] といってもよいだろう．土着の知（indigenous knowledge）といわれることもある．このように，ローカルノレッジは，一般的知識あるいは普遍的知識の対立語として成立している．どのような国，地域においても成立する一般的で普遍的な知識に対し，ある国，地域の文脈に特有な知識の形を指す．

ローカルノレッジは，文化人類学，人文地理学，国際関係論，ジェンダー論，そして科学技術社会論などの広い分野で利用されている．国際関係論においては，バイオパイラシーにその典型例をみることができる．ある発展途上国 X において，ある症状 Y に効く薬草 Z が存在し，その地域においては伝統的にその薬効が知られ，地域共同体で利用されてきた．そこに米国人がやってきて，その薬草の薬効成分を抽出し，精製して薬品として特許をとり，知的所有権を主張した．それに対し，現地の人には特許という制度がない．このような形で土着の知が略奪される構図にどう対処するか，という課題である．

欠如モデルは，一般市民の無知を強調した．しかし，現場の人々は，専門家とは異なる条件下でのローカルノレッジや変数結節をもっている．専門家の思いもよらない現場の知識が，意思決定のための根拠の提示に役立つということもありうる．また，現場の人々は，専門家とは異なる多数の判断基準を用いる．それは「知識がないゆえのゆがみ」なのではなく，科学者の妥当性境界とは別の，公共の妥当性境界を主張しているのである．となると，ローカルノレッジの専門家への伝達をふくめて，双方向的なコミュニケーションが必要となる．

ローカルノレッジというと，近代知へのアンチテーゼとしての発展途上国の知という図式がよく想像される．「土着の知」対「近代知」，「発展途上国の

知」対「先進国の知」という構図である．それに対し，lay-expertise モデルは，ローカルノレッジ論が，このような見慣れた構図だけでなく，一つの国のなかの専門家と一般市民の間のコミュニケーションにも応用可能であることを示したものといえるだろう．lay-expertise モデルは，科学コミュニケーション論に役立つ．欠如モデルの場合，専門家から素人への一方向のコミュニケーションが強調されるが，lay-expertise モデルでは，素人から専門家へのローカルノレッジの伝達の流れを作り，双方向のコミュニケーションが不可欠となる．

　われわれに必要なのは，欠如モデル礼賛（「迷信との戦い」にみられるような，普遍知の一方的優位性）でもなく，lay-expertise 礼賛（「ナイーブな市民参加」にみられるような現場知の一方的優位性）でもなく，双方の立場から距離をとって冷静にながめる姿勢である．この両者の間には，さまざまな立場がスペクトル状に分布する．大事な問いは，どちらの構図が正しいかの決裁ではなく，なぜある種の形をとる知識が権力をもつか，を追求することである[14]．なぜ普遍的知識は優位にたっているのか．どこでそしてなぜ，普遍的知識あるいは専門知はそのような権力をもつようになるのか．ある時代において，どのような知識生成が，信頼でき権威あるものとして許容されたのだろうか．受け取ることのモデルとは，このように知の政治性の問いを喚起するのである．

　さて，受け取ることのモデルとして lay-expertise モデルをみると次のようになる．知識を受け取るとは，それらを日常の文脈のなかで位置づけ，自らのまわりの状況に役立つ形で組織化することである．また，受け取る「側」は固定されず，専門家も素人も知識を受け取る側になりうる．

6.5　市民参加モデル

　前節で述べたように，lay-expertise モデルは，双方向の科学コミュニケーションの必要性を説明するうえで有効である．これに加えて，とくに科学技術と民主主義について考慮し，ただの対話から意思決定への参加，市民のエンパワメント[15]まで考慮したものが市民参加モデルである．

　現代社会において科学の研究成果および技術開発の成果は，社会およびその構成員を巻き込む形で進んでいる．たとえば医療や食糧品の開発は，社会の構

成員の一人一人の健康や安全と直接に直結している．核兵器や環境汚染，遺伝子組換え食品ほか，安全と安心に関わる科学・技術に関連した社会的政治的問題が発生したとき，未来を選択する権利は，民主主義社会においては市民一人一人にある．これが，「科学と民主主義」の議論である．科学技術と民主主義について考えたとき，科学的知識だけに頼っていてよいのだろうか．知識が形成途中で，科学者にもまだ答えがだせないような問題（遺伝子組換え食品の安全性や BSE の安全性など）に対し，その社会的合意形成をどのように民主的に行うかが問題となろう．そのとき，上記の lay-expertise（素人の専門性）の知もふくめて未来を選択する意思決定を市民参加型で考えるのが，市民参加モデルである．これは，市民をただの消費者としてとらえる[16]のではなく，意思決定の主体の一つとしてとらえる見方である．市民の考え方を政策決定に生かすことの必要性は，さまざまな形で指摘されている[17]．

　例を示そう．まず地方自治体における廃棄物管理への市民関与プログラムである[18]．英国ハンプシャーにおいて，トップダウンに基づく廃棄物管理は，これまでリスク管理における失敗に対する地元の不満を招いていたことから，市民参加型の CAF（Community Advisory Forum）をいくつか作ることを試みた．CAF には，地元の人々のなかから，異なる興味関心をもち（環境，ビジネス，教育など），かつ年齢，性別，民族を考慮した形で選ばれた．そのうえで，市民がフォーラムに呼ぶ専門家をどのように選ぶか，また異なる情報源から集まる異なる情報間で，どのように市民がバランスをとって判断するのかについて詳細な検討を行っている．これは，自治体の廃棄物処理における市民参加モデルと考えることができるだろう．

　また，直接的市民参加の一つのモデルとして，コンセンサス会議（consensus conference）がある．コンセンサス会議とは，科学技術に関する特定のテーマについて，そのテーマに関して専門家でなく一般の人々から公募された市民パネラが，公開の場でさまざまな専門家による説明を聞き，質疑応答をへて，市民パネラどうしで議論を行い，市民パネラの合意（コンセンサス）をとりまとめ，広くプレス発表を行うことである．コンセンサス会議の結果を，行政は今後の意思決定に利用することができる[19]．*PUS* 誌のなかでも，1999 年 3 月に開催されたデンマーク，カナダ，オーストラリアにおける食品バイオテクノロ

ジーに関するコンセンサス会議を比較分析した論文[20]，デンマークスタイルのコンセンサス会議のオーストリアにおける有効性を議論した論文[21]などが紹介されている．後者の論文には，これまで各国で開催された各国のコンセンサス会議の一覧表も公開されている[22]．また，ニュージーランドのコンセンサス会議では，結果を管理しようとする戦略がはたらき，結果として，問題提起の可能性が摘み取られてしまった失敗の例なども報告されている[23]．

　また，コンセンサス会議のような組織化された会議のほかに，市民の視点を加えることによって，公表される大気汚染情報の質の向上が期待されること[24]，工場からの化学物質排出への圧力となりうること[25]を指摘する論文もある．加えて，南部アフリカにおけるディベートを通した遺伝子組換え作物に関する状況理解の推進[26]，米国における陪審員における科学的技術的証拠の評価[27]など，さまざまな市民参加の機会についての検討が行われている．さらに，科学博物館や科学センターにおける市民参加型企画の検討も行われており，そこでは，「説教からエンパワメントへ」という形で，博物館展示が単なる説教になるのではなく，市民が主体的に意思決定に参加する際のエンパワメント（力づけ）に役立つことがめざされている[28]．

　これらに加えて，市民参加モデルのなかでも少々特徴的で興味深い例をいくつか紹介しよう．一つめは，PUSへの科学者の参加である．科学の公衆理解（PUS）活動への参加を会員の科学者に奨励している，英国の五つの研究会議の体制を概観しているものである[29]．PUS活動を全研究者の義務とするのではなく，奨励によってコミュニケーション技能を向上させることをめざしているものである．二つめは，PUPUS（Public Understanding of PUS）モデル（「科学の市民理解」に対する市民の理解）である．市民が科学をどう理解しているか，ということを，当の市民自身がどのように認識しているかの検討である．欠如モデルの影響力がPUPUSにも影響をおよぼし，科学の市民理解の実態と異なることが示されている[30]．

　最後に，受け取ることのモデルとして市民参加モデルをみると次のようになる．受け取るということは，ただ受動的に知識を受け取るのではなく，積極的にその受け取った情報をもとに判断し，意思決定に参加することである．したがって，情報を受け取ることは，次の行動を力づける（エンパワーする）こと

である．実は，この市民参加モデルにのっとった「受け取ることのモデル」は，第5章でも紹介した，バーンズ（Burns），オコナー（Oconnor）そしてストックルマイヤー（Stoklmayer）によるリテラシー論の定義ともつながってくる．「科学リテラシーとは，……科学に関する言動に参加するのを助け，科学的事柄に関して他人が発する主張を批判的にみたり疑問をもったりすることを助け，質問を同定することができ，証拠に基づいた結論を探求したり描いたりすることができることを助け，環境問題や健康問題に関して，十分な情報に基づいた意思決定をすることができることを助ける．」これは上記エンパワメントを意識したリテラシー論であり，市民参加モデルに依拠したリテラシー論と考えることができよう．

註

1) Lowenstein, B., Editorial, *PUS*, **12**, 357-358, 2003. 編者 Lowenstein による巻頭言．これまで，「欠如モデル」「文脈モデル」「lay-expertise モデル」「市民参加モデル」と，いろいろなモデルが提唱されてきたが，PUS 分野の雑誌としての目的は，一つのモデルを提唱するのではなく，これらのモデル（あるいは他のモデル）が，相互作用して，どのように科学・技術・社会の関係を形成しているかを解き明かすことにあると述べている．

2) 論文として形に残っているのが1991年であるが，英国の内部のワークショップのなかでは，1988年ごろから使われていたといわれる．たとえば，Wynne, B., Knowledge, Interests and Utility, Paper Presented at The Science Policy Support Group Workshop, 1988.

3) *Nature*, **340**, 11-14, 1989. この調査のなかで，第5章で言及した「作動中の科学」についての一般人の認識についての問いが設けられているのは興味深い．「今日あるすべての科学的理論は，100年後にもまだ受け入れられている」という言明に対して，賛成（つまり科学的理論はつねに正しいと考えている人）が24.0%，反対が55.3%，どちらでもない13.5%，わからない7.3%と答えている．同13ページ問 f 参照．

4) Sturgus, P. and Allum, N., Science in society: Re-evaluating the deficit model of public attitudes, *PUS*, **13**, 55-74, 2004.

5) Caillot と Nguyen-Xuan は，電気製品に関する理解と「形式化された電気に関する知識」との差をていねいに調べ，毎日の実体験から得る理解と，学校などで教えられるフォ

ーマルな知識との差を指摘している．Caillot, M. and Nguyen-Xuan, A., Adults' under-standing of electricity, *PUS*, **4**, 131-151, 1995.

6）　Galison, P. and Stump, D. J., *The Disunity of Science: Boundaries, contexts, and power*, Stanford University Press, 1996. Myers, G., Texts as knowledge claim: The social construction of two biology articles, *Social Studies of Science*, **15**(4), 593-630, 1985.

7）　Bensaude-Vincent は，市民の無知モデルの 20 世紀的起源について，科学者と公衆のコミュニケーション・ギャップについて概念的に分析し，多様な「公衆」概念を明らかにすることを通して論じている．19 世紀以降の科学者と公衆のギャップをたどると，19 世紀には，科学はすべての人が手にできるものだと認識されていた．科学者と公衆のギャップは，本質的ではなく偶発的なものであった．ところが，20 世紀に入ると，公衆は真実にはたどり着けない，「無知な公衆」という仮定のうえで，コミュニケーションが築かれるようになった，と指摘している．　Bensaude-Vincent, B., A genealogy of the increasing gap between Science and the Public, *PUS*, **10**, 99-113, 2001.

8）　米国での調査では，知識の暴露量が多いこと → 知識量が多いこと，のモデルは支持されている．Miller らは，大学での講義のほか，科学雑誌を読む，科学ニュースを読む，科学館へいく，などのインフォーマルな学習がリテラシーへの効果が大きいと報告している．Miller, J. D., Public understanding of, and attitudes toward, scientific research: What we know and what we need to know, *PUS*, **13**, 273-294, 2004.

9）　Sturgus and Allum, 前掲論文 4）.

10）　Yearley, S., Making systematic sense of public discontents with expert knowledge: Two analytical approaches and a case study, *PUS*, **9**, 105-122（専門家の知識に対する人々の不満を体系的に理解すること）．近年の科学論では専門家の知識に対する一般市民の不満を背景に素人の知識の有用性に焦点があてられてきており，各種事例研究もこうした枠組みを前提とした分析がなされてきた．ところが近年，Funtowicz や Ravetz（ポスト・ノーマルサイエンス），Wynne らがこうした問題系に対する概念的枠組みを提出しているので，英国シェフィールドの大気汚染監視システムに関するローカルな理解をもとにこれら二つの枠組みを評価している．

11）　Kerr, A. *et al.*, The new genetics and health: mobilizing lay expertise, *PUS*, **7**, 41-60, 1998.

12）　原文は，次のようなものである．"To an ethnographer, the shapes of knowledge are always ineluctably local, indivisible from their instruments and their encasements." Geertz, C., *Local Knowledge*, Basic Booss Inc., U.S.A., 1983.

13）　Irwin, A. and Wynne, B., *Misunderstanding Science*, Cambridge University Press, 1996.

14) 藤垣裕子，「ローカルナレッジと専門知」，『岩波講座哲学』，forthcoming.

15) 権限付与，力づけを意味する．

16) Michael, M., Between citizen and consumer: Multiplying the meanings of the "Public Understanding of Science", *PUS*, **7**, 313-327, 1998.

17) たとえば，Dietrich, H. and Schibeci, R., Beyond public perceptions of gene technology: Community participation in public policy in Australia, *PUS*, **12**, 381-401, 2003. 科学技術研究の評価に一般市民をふくめて審議するプロセス（Deliberative Inclusionary ProceSs: DIPS）が必要であることを主張．遺伝子操作技術に関して，オーストラリアでは，過去，数回にわたって，定量的な世論調査が実施されてきたが，定量的な調査方法では，多様な意見をもつ市民を，単に消費者としてひとくくりに扱うことになり，市民の考えを吸い上げることができない．このため，フォーカスグループ・インタビューを実施し，定性的な分析に取り組んだ．結果，被験者は，医療目的以外での遺伝子組換え技術の利用に懸念を示し，企業や政府の取り組みに不信感を有していることが示唆された．このため，オーストラリアでも，MCM（Multi-Criteria Mapping）や市民陪審，コンセンサス会議やフォーカスグループなどを実施し，市民の意見を政策形成に反映していくべきであるとしている．

18) Petts, J., The public-expert interface in local waste management decisions: Expertise, credibility and process, *PUS*, **6**, 359-381, 1997.

19) この方式の発祥の国デンマークでは，DBT（Danish Board of Technology）が 1987 年から 1999 年までに 18 回開催している．オランダは，1993 年（動物の遺伝子操作），英国は 1994 年（植物のバイオテクノロジー，1999 年には放射性廃棄物），ノルウェーは 1996 年（遺伝子操作食品）に開催した．他に，フランスが 1998 年（遺伝子操作作物），スイスが 1998 年（電力問題），1999 年（遺伝子操作技術）に開催している（2000 年には異種移植をテーマに第 3 回のコンセンサス会議を開催）．欧州以外では，ニュージーランド，米国，オーストラリア，韓国，カナダがコンセンサス会議方式を試みている．なお，日本では，研究者集団が実験的に 2 回開催している（第 1 回は遺伝子治療をテーマに 1998 年，第 2 回はインターネットをテーマに 1999 年）．そののち，社団法人農林水産先端技術産業振興センター主催で「遺伝子組換え農作物を考えるコンセンサス会議」が 2000 年に開催されている．日本では 1998 年 3 月の STS 国際会議の一環として STS 研究者のイニシアティヴで開かれた「遺伝子治療を考える市民の会議」を皮切りに，農水省・STAFF「遺伝子組換え農作物を考えるコンセンサス会議」などがある．この方式の利点としては，①市民パネルが「鍵となる質問」を作り，これに専門家パネルが答えるという方式をとるため，市民の側の問題意識やニーズが積極的に反映された幅広いフレーミングがなされ，②一つの問題に対しさまざまな専門家が回答するため，通常は隠れがちな専門

家間の細かい意見の相違や見落とされた問題点の可視化が行われやすく，その結果，③専
門家と市民，あるいは専門家どうし・市民どうしが学びあう相互学習がなされやすいなど
が挙げられる．小林傳司，『誰が科学技術について考えるのか——コンセンサス会議とい
う実験』，名古屋大学出版会，2003.

20) Einsiedel, E. F., Jelsφe, E., and Breck, T., Publics at the technology table: The
consensus conference in Denmark, Canada, and Australia, *PUS*, **10**, 83-98, 2001.

21) Seifert, F., Local steps in an international career: A Danish-style consensus
conference in Austria, *PUS*, **15**, 73-88, 2006. 封建的でビューロクラティックな政治社会
文化をもつオーストリアで，科学技術政策に民意を反映させるための方法として，デンマ
ークスタイルのコンセンサス会議の有効性を評価した論考．効率性や技術の普及と標準化
という観点からは遠回りになるが，制度的なものもふくめて国際的な広がりと同様の対話
の土壌をローカルに醸成するためにデンマークスタイルに一定の評価を与え取り組むべき
であるとしている．

22) Goven, J., Deploying the consensus conference in New Zealand: Democracy and
De-problematization, *PUS*, **12**, 423-440, 2003.

23) Goven, 前掲論文22), p. 77, 表2.

24) Bush, J., Moffatt, S., and Dunn, C. E., Keeping the public informed?, *Public Negotia-
tion of Air Quality Information*, **10**, 213-229, 2001. 1990年以降，英国では，公衆は大気
環境情報を知ることができる．論文では，イングランド北東部で，住民41人を対象に，
半構造的深層面接を行った．住民は，大気環境情報を受身的に理解するのではなく，①モ
ニタリングの質（風が吹いたらデータが変化するのでは），②信頼性，③提示の仕方の三
つの点で，批判的に判断していることが示され，公衆の参加が，科学情報を向上させるこ
とが期待されるとしている．

25) Goshorn, K., Social rationality, risk, and the right to know: Information leveraging
with the toxics release inventry, *PUS*, **5**, 297-320, 1996.

26) Mwale, P. N., Societal deliberation on genetically modified maize in Southern Africa:
The debateness and publicness of the Zambian national consultation on genetically
modified maize food aid in 2002, *PUS*, **15**, 89-102, 2006. 2001/2002の南部アフリカの飢饉
に際して提供された米国産の遺伝子組換え作物を巡るディベートをケースに，public
debateの概念について再考した論考．欠如モデル的な観点からはリテラシーの欠如がディ
ベートの正否と結びつけられるが，むしろディベートを通じてそうした状況を認識する
ことが強調される．というのは，public debateが専門的知識の理解よりも，民主化と関
連づけて分析されているからである．

27) Edmond, G. and Mercer, D., Scientific literacy and the jury: Reconsidering jury

'competence', *PUS*, **6**, 329-357, 1997.

28) Beetlestone, J. G. *et. al.*, The Science Center Movement: Context, practice, next challenge, *PUS*, **7**, 4-26, 1998 の p. 7 "From didactic to empowering" の項を参照.

29) Pearson, G., The participation of scientists in public understanding of science activities: The policy and practice of the U. K. Research Councils, *PUS*, **10**, 121-137, 2001.

30) Wright, N. and Nerlich, B., Use of the deficit model in a shared culture of argumentation: The case of foot and mouth science, *PUS*, **15**, 331-342, 2006.

第7章　伝えることのモデル

廣野喜幸

　科学コミュニケーションにおいて「伝えること」に関しては，単に科学の知識・概念・理論を（単体で）移動させることなのではなく，①ある用語ネットワークから別の用語ネットワークのなかへ，概念もしくは理論を置き換える（写像する）ことであり，また，②その置き換えをある理想的な形態（たとえば，誤解を皆無にする，あるいは極力小さくするなど）のもとで実施することがモデルとなる旨を指摘した（5.2節参照）．本章では，このモデルに肉付けを施し，実践に資する形で理解を深めていくことにしたい．

7.1　伝えることのモデルの不在

　科学コミュニケーションにおいて情報を適切に伝えるということが一体いかなる営みであるかについては，これまでさほど考究されないできた．つまり，基本的に，科学技術を適切に伝えることのモデルがないまま，有効な科学コミュニケーションを求めて試行錯誤が続けられてきたのである．

　科学コミュニケーション論のグランド・デザインに関しては，①すべからく「欠如モデル」に基づくべきだとする陣営と，②すべからく「文脈モデル」[1]に基づくべきだとする陣営と，③棲み分けるべきだとする陣営が競い合っているところだといえよう．たとえば，『科学の公衆理解（*Public Understanding of Science: PUS*）』誌（以下 *PUS* 誌）は創刊にあたり，科学コミュニケーション論の展望を示す論考の特集を組んだが，ここにそうした競い合いを端的にみて

とることができる．また，科学コミュニケーション論の基本文献は必ずといっていいほど，こうした対立を大きなテーマとしてとりあげている[2]．だが，「欠如モデル」も「文脈モデル」も，科学技術情報を適切に伝えることのモデル化に乏しいという点では同じである．

　歴史的に先行したのは欠如モデルに基づく科学コミュニケーション活動であった．1980年代以降，とくに英米などで，科学コミュニケーションがさかんに喧伝されるようになった（第1-3, 11章参照）．米国では，レーガン（Regan）政権下の1983年に，連邦政府報告書『危機に立つ国家（*A Nation at Risk*）』が公表され，学力低下の全般（とくに理科の学力に限らず）や公教育の荒廃に警鐘が鳴らされた．科学教育の分野ではこれを受けた形で，米国科学振興協会科学教育部門ディレクターのラザフォード（Rutherford）博士が「プロジェクト2061」を1985年に立ち上げた．1985年はハレー彗星が地球に近づいた年であり，2061年は次に接近する年である．この76年間で，米国の科学技術教育を世界一にすることがプロジェクト2061の目標とされた．英国も米国とほぼ同時期に自然科学教育に対する危機感が生じ，ロイヤル・ソサエティに，人類遺伝学の研究者であるボドマー（Bodmer）を長とする検討委員会が設けられ，1985年，報告書『一般市民の科学理解（*Public Understanding of Science: PUS*）』が提出された．そして，1987年に「科学理解増進委員会（Committee on Public Understanding of Science: COPUS）」が，ロイヤル・ソサエティ，王立研究所，英国科学振興協会の三者によって設置され，一般市民の科学理解増進運動の拠点となった（1.2節参照）．

　だが，こうした先駆的試みは，早くも1991年，欠如モデルなるレッテルのもと，大きな批判を受けた[3]．欠如モデルは，人間を器のようなものだとみなす．各人は器をもっており，ある者はそこに入っている「溶液」（科学知識）が多く，他の者は少ない．科学者の器は十分な量の溶液で満たされているが，多くの一般市民は不十分である．したがって，科学技術リテラシー確保の方策は，十分量になるまで一般市民の器に「溶液」を継ぎ足すことにある．そこで，科学技術リテラシー論の要諦は，十分な量を具体的に決めること，および，効率的な注入法の開発となる．そして，その背後には，科学知識にふれればふれるほど溶液量は多くなるし，十分な量の科学知識を有する者は，科学技術を肯

定的にとらえ，科学技術を支持するようになるといった想定が控えていた．

　しかし，その後の研究はこの想定に否定的であった．たとえば，エヴァンズ（Evans）とデュラント（Durant）[4] によると，正しい科学知識の量と科学技術に対する肯定的な態度の間には，相関関係がみられるものの，それほど強くはない．正確な科学知識が増えるほど，科学技術全般に対する支持は増す傾向にあるが，倫理的問題をはらむ分野については，逆に否定的になるという．また，ブッキ（Bucchi）とネレシニ（Neresini）が [5]，科学知識への接触時間と，自然に関する知識の正確さについて調査したところ，両者の間に相関はなく，また，正しい科学知識の量と科学技術に対する肯定的な態度の間にも相関はみられなかった．つまり，いくら溶液を注いでも，器には貯まらなかったのである．どうやら，人間を器とみなす発想には根本的に間違いがあるらしい．人は興味のあることについては，砂が水を吸収するごとく，知識を獲得する．逆に，興味のないことについては，いくら外部から強制的に知識を与えられても，その大部分ははじきかえされる．ここに，各人の興味などの文脈にしたがって，十分な科学技術リテラシー獲得の方策を変えなければならないとする文脈モデルの有効性が証されることになる（「はじめに」も参照）．

　これまでに述べた事柄から明らかなように，欠如モデルと文脈モデルの根本的対立は，「受け取ること」のモデルをどう措定するかをめぐる見解の相違に存するのであって，両者とも「伝えること」については（少なくとも顕わには）さほど突っ込んだ検討がなされてはいない．

　「伝えること」に関し充実した適切なモデルの不在が垣間みられるのは，欠如モデルと文脈モデルの対立においてだけではない．なるほど，科学技術に関する知見をどうすればわかりやすく伝えることができるかについては，これまで科学ジャーナリズムや科学教育の分野で大きな蓄積がある（「読書案内」参照）．だが，科学ジャーナリズムにおけるそれは多分に個人的・経験的なものであり，共通のプラットフォームとなる充実した適切なモデルが開発されてきたわけではない．また，科学教育では，いくつかのすぐれたモデルが形成されてきてはいるが，それらは学校教育というシステムに非常に密着したものであって，一般市民をも相手にした科学コミュニケーション一般に，必ずしもただちに適用できるものではなかった（第11章参照）．

適切なモデルが不在だと，たとえすぐれた科学コミュニケーションがなされたとしても，それをきわめて個人的な技芸に留めてしまう．モデルがないと模倣がとても困難になる．その人一代かぎりで絶えてしまい，他の者がすぐれた科学コミュニケーションを継承発展させることが至難になる．したがって，科学技術を「伝えること」に関し充実した適切なモデルを創建することはたいそう重要であり，それはまた，科学コミュニケーター・メディエーター・インタープリターにとって挑戦的な課題なのである[6]．

7.2 文脈依存性の含意

科学技術を「伝えること」の適切なモデルがいまだ十全な形では存在しないことを確認したところで，本節ではそれに向けてささやかな一歩を踏み出そう．ここでは最初の手がかりとして欠如モデル／文脈モデルに着目する．というのも，欠如モデルも文脈モデルも確かに「伝えること」のモデル化は乏しいのだが，両者の「受け取ること」のモデルの違いは，「伝えること」のモデルの差異を暗に含意しているようにも見受けられるからだ．そこで，それを明示的に展開することからはじめたい[7]．まず文脈モデルがもつ一般的な含意自体を6点にわたり，より明晰にしてゆく．

最初に再確認しておきたいのは，欠如モデルと文脈モデルの対立においては，「受け取ること」に比重が大きかったため，文脈ももっぱら受け取ることにおけるそれに焦点があわされてきた．だが，翻って考えてみれば，文脈は受け取る側だけではなく，伝えることにおいても重要な役割を果たしているはずである．つまり，文脈抜きの科学知識・理論が受け取る側の文脈のなかで位置づけられるのではなく，伝える側にも文脈が存在し，その文脈におけるある科学知識・理論が，文脈から切り離され，あるいはある程度その文脈とともに受け取る側に伝えられるのだ．

次に，ある科学知識・理論とその文脈は対概念であり，一つのシステムとして把握できることを指摘しておこう．文脈という用語は，ある科学知識・理論に焦点をあわせた際に，その背景を指す言葉であろう．こうした「ある科学知識・理論／その文脈」というとらえ方を，より明確に論じるために導入される

のが，用語ネットワーク・概念ネットワーク・理論ネットワーク，あるいは用語システム・概念システム・理論システム（＝用語系・概念系・理論系）なる"用語系"である（第6章参照）．用語システムのある構成要素に焦点をあわせたとき，その要素と密接な関わりをもつ他の要素およびそれらの挙動様式が，その要素の文脈を構成する．したがって，焦点のあて方によって，文脈の具体的内容は異なってくる．たとえば，ある科学知識・理論は，他の科学知識・理論にとってまた文脈となりうる．

　第三に明確にしておかなければならない事柄は文脈の複数性である．これは自然科学の単一性・複数性にかかわりをもつ．一方に，あらゆる科学は一枚岩であり，物理学であれ，生物学であれ，あるいは理学であれ工学であれ，基本的に同一の特質を有する同質な営みであるとする見解がある．この場合，科学といえば一つの科学（Science）を指す．他方，実験による再現が可能な物理学系の領域と，進化のような歴史性を対象にする生物学には，共通する重要な特性はなく，別の営みであるとみなしたほうがいいとする科学観がある[8]．この観点からすると，科学とは単一の営みではなく，存在するのは科学（Science）ではなく，諸科学（sciences）なのだということになろう．実験による再現可能性を重視する立場からすれば，進化論は科学の名に値しない（あるいはせいぜい二流科学にすぎない）とする議論は半世紀前はよく聞かれたものである．進化学ではある知見・理論を実験的に再現できずとも科学的に真だと認めるのに対し，実験によって検証できるもののみが「科学的に真実だ」という判断に値すると考える立場からすれば進化学は科学的に真である知見を打ち立てることができない．かくして，厳密な精密科学としての物理学と，歴史性に大きな重みがある進化学は，科学的真実の認定の仕方が大きく異なるのであり，そのかぎりで学的作業の営まれ方に著しい差異が存在する．したがって，科学的真理に対する文脈は両者で異なる．たとえば，進化という同じ用語が使われていても，分子の進化と恒星の進化と生物の進化では，それぞれ進化現象は異なる文脈におかれている可能性がある．進化といった際，用語ネットワークはいくつか存在するのであり，つまり文脈は複数存在するかもしれないのだ．この場合，文脈は一つだという予見をもつと思わぬ過ちをおかすおそれがある[9]．

　第四にいうべきは，文脈の多義性であろう．文脈の複数性において指摘した

のは，自然科学内部での話であった．だが，自然科学の用語系が担う（あるいは社会において必然的に担わざるをえない）文脈は自然科学内部で完結するとは限らない．たとえば，胚性幹細胞の研究において明らかにされる科学的事実は生物学内である種の文脈のもと（どの生物群においてどの分化段階まで全能性が保たれるかなど）に定位されるのだが，それは同時にクローン人間の可能性という社会問題・倫理問題においてもある文脈のもとで位置づけられる（神への冒瀆，ベンチャービジネスへの将来性など）．複数性と多義性の違いは排斥性にある．進化なる用語はおそらく生物学や惑星科学でそれぞれ固有の文脈のもとではじめてある意味が確定される．このとき，生物学の文脈で了解された進化が，同時に惑星科学における文脈の位置づけを満たすことはまずないであろう．この意味で，複数性の意味での文脈は互いに排他的であって，一つの文脈で了解されれば，それがさらに同時に他の文脈で理解されることはまずない．しかし，胚性幹細胞は生物学内で意味づけをもつと同時に，社会的・倫理的意味づけも有するのである．

　第五に再確認しておきたいのは，用語ネットワークの序列性である．これは古くからいわれてきた自然科学の体系性のいい換えである．今，船がなぜ沈まずに水に浮かぶのかを伝えたいとしよう．このとき，多くは浮力とか浮心という概念を使うことになるだろう．そして，浮力とか浮心という概念を使うためには，重力・重心・力のモーメントといった概念も使わなければならない．「船がなぜ浮かぶか」に関し，浮力・浮心・重力・重心・力のモーメントは用語ネットワークをなしている．このネットワークはさらに重さと質量の違い，質量とは何かといったことがらまで繋がってもいよう．用語ネットワークには，ある用語はある用語の前提となるといったように，序列性がある．専門的に学ぶ場合は，これらのネットワークを，より基礎となる概念から序列にしたがって積み重ねていくことになる．文脈なる用語を用いたとしても，あたかも単体の文脈があるかのように錯覚してはならない．文脈はある焦点となることがらと密接に関係するネットワークの一部を総体として名指したときのいい方なのであって，文脈は複数の要素からなるネットワークであり，要素間の関係には序列性があることを忘れるべきではなかろう．

　最後に，文脈は「暗黙知」的性格あるいは「技能」的性格をもつことを指摘

しておく[10]．科学者はある文脈にのっとって研究を遂行している．科学者は指導教員から指導を受け一人前の科学者になるのだが，その際，個別的な知識だけでなく文脈も伝授される．もちろん文脈自体が明示化・言語化され伝授される場合も多いが，知らず識らずのうちに学問伝統を身につけている場合も多い（それゆえ，自然科学の研究はなかなか独学では難しい）．知らず識らずのうちに伝えられる文脈は，自然科学の研究者本人も遂行はできるが言語化・明示化・自覚化できないことも多い．

　科学技術インタープリター養成プログラムの受講者はさまざまな学問領域から参集してくる．つまり，彼らはいろいろな学問伝統を負っている．さて，彼らが自分の研究を他の受講生に発表したとしよう．そのとき，彼らのほとんどすべてが，学会発表のように発表した場合，他の学問伝統を背負った人々にほとんど理解されないのに驚く．これはネットワークの複数性のためである．そして，なぜそのようなアプローチをするのかと問われたとき，それが実際有効なアプローチであり，遂行できるのにもかかわらず，多くはそのことを他の学問伝統を背景にした質問者に的確に答えることができない．これは文脈の暗黙知的性格のなせる技なのである．

　今，この経緯を『岩波小辞典　哲学』の項目「技術」を引用することでより明らかにしてみよう．

　　　〔技術とは〕（引用者）基本的には物質的生産技術を意味するが，それに準じて他の領域にも広く用いられ，政治・軍事・美術・音楽・文学などの技術ということもいわれる．普通に技術といわれるものには知識として伝達可能な客観的なものと個人の熟練によって到達されるものとがある．後者は勘とか骨とかいわれるものを含み，技能ないし技倆とよばれるもので，厳密な意味での技術は前者をいう．

　こうした整理にしたがうと，文脈とは「いまだ（狭義の）技術に至っていない技能」なのである．潜在的な文脈は技能的性格をもつのだが，それは本来的・本質的に技能なのではなく，技術化されうる技能なのだ．技能的性格のもつ文脈を技術化することこそ，よき科学コミュニケーターになるための課題の

一つなのである.

7.3 欠如モデルと文脈モデルの系統的相違

　文脈モデルの含意を取り出したところで,欠如モデルと文脈モデルの系統的相違にも目配りをしておくことにしよう.欠如モデルと文脈モデルは「受け取ること」についての見解が相違するだけではなく,いくつかの点で系統的に対立しているように思われるからである.

　まず,欠如モデルにとって科学知識なり概念なり理論は,個別的な切り出しが可能な存在であり,つねに伝達の単位となりうるものであった.対して,文脈モデルでは,伝達の単位は概念などとその位置づけを可能にする最小限の知識ネットワーク系であり,概念などが単体で伝達の単位になるのはネットワーク系が同型の場合のみとなる.

　また,欠如モデルでは,自然科学者や技術者(以下,科学者と略記)が科学知識を生成し,それを直接伝える,あるいは科学ジャーナリスト・コミュニケーター・メディエーター・インタープリターなどを通して間接的に伝えることが科学コミュニケーションであった.ここでは生産者はつねに科学者であり,市民はつねに消費者とみなされる.一方,文脈モデルでは,概念などとその位置づけを可能にする最小限の知識ネットワーク系が伝達されるのだが,このネットワーク系は潜在的な場合も多く,専門家といえども必ずしも自覚できているわけではなかった.したがって,自然科学の専門家がただちによき科学コミュニケーター・メディエーター・インタープリターになれるとは限らず,潜在的な文脈を明示化できる力量をともなう必要がある(自ずとできる場合は別にして,科学者がよき科学コミュニケーターなどになるためには,科学コミュニケーター養成コースでトレーニングを受ける必要がある.科学コミュニケーター養成コースの存在意義は奈辺にある).したがって,科学コミュニケーションにおける「知」の単位が概念などとその位置づけを可能にする最小限の知識ネットワーク系だとするならば,この知を明示化できるものが伝達される知の生産者となる.それゆえ,科学者がただちに知の生産者となるわけではない.潜在的な文脈を明示化できる者が伝達される知の生産者であり,それは科学者の場合もあ

れば，科学コミュニケーターの場合も（したがって市民の場合も）ありうる．ここでは科学コミュニケーター（や市民）は科学技術の知を伝達する，単なる「パイプ」という位置づけではなくなる（ただし，科学コミュニケーターなどがこのような伝達されるべき知の生産者となるためには，ただ文脈を明示化すればよいのではなく，概念などをきちんと把握できる力量が要求される）．

　科学者は科学内部の文脈に囚われ，文脈の多義性をとらえそこねることが多いようだ．科学コミュニケーターに活躍の余地が残されているゆえんである．とりわけ一部の科学者は自らの学問伝統の文脈を唯一正しいものとみなし，文脈の複数性・多義性を頭から否定することもままみられる．ある学問伝統内でこのタイプの研究者が主流を占めると，いわゆる「専門家支配」による「圧政」が生じがちである．かくして，社会問題や倫理問題をはらむ科学の知については，科学者よりも，科学コミュニケーターや市民のほうが社会問題や倫理問題の文脈を的確にとらえることができる可能性がおおいに存在するのである．

　これまでの議論から，「科学の伝え手とは誰か？」という問いには，さしあたり，次のような要件を満たす者という答えが導かれるだろう．

(D1)　科学コミュニケーションにおいて伝えるべきことを設定できる．

(D2)　文脈込みの科学の知を明示化できる．

(D3)　伝えるべきことをその文脈込みで特定し，切り出してくることができる．

(D4)　伝えるべきことをその文脈込みで，わかりやすい形に「変奏」することができる．

　では，「伝え手」がとるべき望ましい科学コミュニケーションのための方法論（「どのように」伝えるか）は，いかなるモデルでとらえることができるだろうか．欠如モデルからは，およそ次のような二つの方策が導きだされるはずである．「虚ろな器」に十分量まで「溶液」を満たすためには，まず①注ぐ機会を増やさなければならず，次に②１回の注入で注ぎ損なう量を減らす必要がある．つまり，①受け手が科学の知見に接する機会をできるだけ多くするとともに，②わかりやすい表現や伝える順序などを工夫し，すぐに忘れずに記憶に定

着させやすい形を模索することとなる．この要件を満たすべく，具体的に「同じ事柄を比喩を変えるなどして 3 回以上繰り返す」などといったアドバイスがなされ，それらが実践知・ノウハウとして蓄積されてきた．おそらく受け手がもつ文脈はそれぞれにとって違うのだろう．ある比喩はある文脈で受け止める受け手にしっくりこなかったとしても，違う比喩ならその文脈にうまく位置づけられる可能性がある．比喩の種類が多様であればあるほど，それをうまく受け止めてくれる受け手は多くなるはずだ．したがって，欠如モデルが教えてくれるこのような実践知はとても有用である．

　文脈モデルは他の方策も示唆してくれるように思われる．文脈モデルを敷衍すると，よき科学コミュニケーションは次のようなプロセスを辿るのではないだろうか．

- （C1）　科学コミュニケーションにおいて伝えるべきこと T を設定する．
- （C2）　T に関し，伝える側の文脈 CT を明示化する．
- （C3）　T に関し，受け取る側のその対応物 S を特定する．
- （C4）　S に関し，受け取る側の文脈を明示化する．
- （C5）　CT に対応する文脈 CS を特定する．
- （C6）　T に関し，伝えるべき単位である「T およびその文脈 CT」である UCT を特定し，切り出す．
- （C7）　UCT をわかりやすい形 ACT に「変奏」する．
- （C8）　ACT を受け取る側に伝える．
- （C9）　受け取る側の理解・了解である ACS をチェックする．
- （C10）　ACT と ACS の相違を特定する．
- （C11）　よき科学コミュニケーションにおける評価基準 CR を設定する．
- （C12）　ACT と AST の差異を CR の観点から評価する．
- （C13）　評価がよければ，さしあたりコミュニケーションを終了する（定着率の問題があるが，さしあたりそれは今後の課題としておく）．
- （C14）　評価が悪ければ，（C2）以降を再試行する．

　だとすると，文脈モデルでは，よき「伝え手」とは（D1）–（D4）ができるだ

けではなく，(C1)-(C14) をよく遂行できる者のことなのである．

　伝えることが生成するプロセスを受け取るプロセスを截然と区分することができないことは，上記のプロセスをみれば一目瞭然だろう．伝える側の文脈を明示化する際は，あるいは受け取る側の文脈を明示化するにあたっては，たとえば科学コミュケーターは科学者や市民とコミュニケートすることになるだろう．だとすると，もし科学コミュケーターが上記のようなプロセスで伝えようとすれば，受け取るというプロセスは段階（C3）あたりから開始されているのである．この点は銘記しておいてほしい．

　欠如モデルでの成果（たとえば，「同じ事柄を比喩を変えるなどして3回以上繰り返す」といった）は文脈モデルにおいてもおおいに活用できるであろう．だが，欠如モデルでは（C7）の工夫のみであった．そして芳しい理解が進まない場合は，それでお手上げになることが多かった．しかし，文脈モデルはよき科学コミュニケーションのためにさらに方法論を示唆できる．文脈の明示化を再試行するなり，切り出すセットを変えるなど，工夫の余地が他にも生まれてくる．

7.4　今後の展望

　このように，よき科学コミュニケーションにおいては，潜在的な知のネットワーク・文脈を明示化できることが重要であった．では，ここで練習問題を一つ．「これまでの議論の潜在的な文脈を明示化しなさい．」本を伏せてしばし考えてみてほしい．

　もちろん潜在的な文脈は複数あるだろうから，これのみが正しいという答えが存在するわけではない．ただ，これまでの議論は基本的に「専門家である科学者がある科学知識・概念・理論を素人に伝える」場面・文脈がほぼいつも念頭におかれてきた．「何を」として「科学知識・概念・理論」が前提となっていたのである．しかし，「何を」は多岐にわたる．表4.3でも示したように，伝えるべき何かには，科学の活動プロセスや科学と社会の関係などがあるのだが，これらの場合も（C1)-(C14) がよき科学コミュニケーションのプロセスであるといってよいかどうかはまだ検討されていない．

また，欠如モデルがただちに一方向性を，文脈モデルがただちに双方向性を
意味するわけではないだろうが，欠如モデルは一方向モデルと，文脈モデルは
双方向モデルと強い親和性をもっている．おそらく科学コミュニケーションで
大事なのは，双方向性の確保である（コミュニケーションとはそもそも双方向的
なものであった）．つまり，これまでの議論では一方向しか想定されていなか
ったのである．市民から科学者へも伝えるべきことは多々ある．この場面にお
いても，①あるネットワークから別のネットワークのなかへの置き換えと，②
その置き換えの理想的な形態での実現というモデルでよいのだろうか．

　われわれはすでに，科学者から一般市民へという情報伝達の方向のもとで，
文脈について，次の6点を指摘しておいた．

　　(d1)　伝え手側にも文脈がある
　　(d2)　ある事柄と文脈は一つのシステムをなす
　　(d3)　文脈の多義性あるいは曖昧性
　　(d4)　複数性
　　(d5)　序列性
　　(d6)　「暗黙知」的性格

　第4章でも指摘したように，近年は，科学コミュニケーションを十全なもの
とするためには，一般市民が適切な科学技術リテラシーをもつだけではなく，
科学者も市民リテラシー・社会リテラシーを身につけるべきだといわれる．つ
まり，双方向の科学コミュニケーションにおいては，一般市民側も与え手とし
て，市民リテラシー・社会リテラシーを発信しなければならず，科学者はそれ
を受け止めなければならない．メッセージはつねに受け手側のある解釈のもと
で了解される．一般市民が受け手としてある科学技術情報をどのような解釈で
受け止めたかはまた，与え手として発信すべき科学技術関連の市民リテラシー
情報なのである．そして，第6章で詳述したように，ある科学技術情報をどの
ような解釈で受け止めたかは，文脈におおいに依存する．
　パラレス－クエンザ（Parales-Quenza）[11] の例で確認しておこう（10.1節も
参照）．コロンビアで一般の人々に対して遺伝子組換え食物に関し，「ネガティ

ブな側面」「ポジティブな側面」「食べ物」「人工的な」「知らない」に分類できる 375 語について調査された. その際,「学歴」によって遺伝子組換え作物から連想する言葉が異なっていることが明らかになったのである. 初等教育だけを受けた人は, 連想する言葉が「食べ物」関連に集中するが, 中等教育・専門教育を受けた人は, 幅広いカテゴリーにおよび, 大卒者の場合など, 遺伝子組換え食物の「製法」に関する言葉をも想起していた.

おそらく, 遺伝子組換え食品関連の科学技術関連情報に接したとき, 低学歴の人の場合は, すでに存在する食品関連の用語・概念ネットワークのなかに位置づけられるのであろう. いわば遺伝子組換え食品は, 食品の部分に力点がおかれ, 既存の知識体系に収められる. これに対して, 高学歴の人の場合は, 遺伝学関連の用語ネットワークも存在し, 両ネットワークをつなぐ接点に位置し, 連想用語群が広がっていくと考えられる. この際は, 食品とともに, 遺伝子診断や遺伝子治療といった文脈において了解されるといえよう.

コミュニケーションにおいて発信されるメッセージは, 伝え手の意図を離れ, 受け手の解釈によって了解される (4.4 節も参照). 科学技術情報の場合, 解釈には, クローン牛が誕生したという事実通りの字義と社会的意味づけ (好ましい, 好ましくない) がふくまれるだろう. 受け手はさしあたり自分の理解できるもののなかからもっとも近いものに関連づけながら意味づけていく, あるいは比喩から理解していくのが普通だろう. とすると, 低学歴の人の場合は, 遺伝子治療や遺伝子診断からの比喩は, 遺伝子組換え食品についての円滑なコミュニケーションの役に立たない可能性がある.

こうした了解のされ方 (の相違) は, 科学コミュニケーションの参与者が心得ておくべき情報であろう. そして, 少なくともある種の市民リテラシーもまた, ①あるネットワークから別のネットワークのなかへの置き換えと, ②その置き換えの理想的な形態での実現というモデルでよい可能性があることを示唆していよう. だとするとまた, 市民リテラシーの場合も, 欠如モデルでは不十分な場合があるのかもしれない.

こうした事例では, (d1), (d2), (d6) は, 科学技術情報が科学技術者から発信される場合と同様, 成立しているだろう. しかし, (d3), (d4), (d5) については, 様相を異にしているように思われる. 科学者の場合は属する学問伝

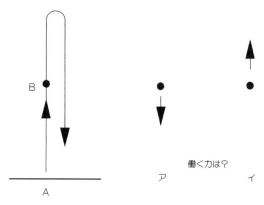

図7.1　力学に関する素人理論の例

統によって文脈は異なっているようにみうけられた．この場合，同じレベルだがそれぞれ領域に区分けされていたとみなせるが，おそらく一般市民の場合はこのような複数性はないのではあるまいか．あるとしたら，階層の異なる文脈が折り重なった形をとっているのかもしれない．科学のトレーニングを受けない多くの人は，自然についてある種の発想（しかも科学のトレーニングを受けた人からすれば誤りであるような）をしやすいことがわかっている．

　たとえば，今ボールを真上に投げ上げたとしよう（図7.1）．このとき，ある地点まで上昇したボールは再び落ちてくる．さて，このとき，次のような問題を考えてみよう．「上がっている途中のある高さ（図7.1のB点）になったとき，ボールにはどういう力がはたらいているだろうか．ただし，空気の影響は無視すること．」物理学が教える正答は図7.1のアである．だが，初歩の物理を習得した学生でも往々にして図7.1のイのように答えてしまう．われわれは物理学のトレーニングをしっかり受けないかぎり，「進んでいる方向に力がはたらいている」とする発想に非常に強く縛られるらしい．人間が人類共通の思考傾向としてもちあわせている自然認識があり，それが自然科学の正答とは異なっているとき，それは「素人理論」「素朴理論」とよばれる[12]．

　同様な認識の差異はリスク認知の場面にもあることが知られている．リスクの大きさを年間死亡者数で計測した場合，われわれは新奇なものほどリスクを高く，なじみのあるものほど低く見積もりがちである傾向が指摘されている[13]．

たとえば，自動車事故による年間死亡数は 6000 人以上とそうとう高く非常に大きなリスクである一方，毒蛇にかまれて死ぬ人は日本では数名にすぎないのだが，多くの人は自動車よりも毒蛇を恐れる．

　これとは異なる第二のレベルとして，属する集団内の文化に依存するような概念ネットワークが考えられる．集団は，国あるいは民族の場合があるだろう．米国なら米国社会，日本なら日本社会に特有な発想があるだろう．日本では虫の音を音楽的に聴くのに，米国では雑音として聴く[14]．あるいは米国ではハイリスク・ハイリターンがさして忌避されないのに，日本はそうではない．また，先に述べたパラレス－クエンザの事例のように，属する集団がサブ文化レベルの場合もあるだろう．こうした傾向が自然認識においてもあるとしたら，それは解明するに値する市民の文脈である可能性がある．

　第三のレベルとして，各個人に特異的な文脈もあるだろう．これらについてはローカルノレッジとして論じられるので，詳しくはそちらを参照してほしい（4.5 節，10.3 節参照）．一般市民の場合，個々人はこうしたいくつかのレベルでの概念ネットワークの総体に基づいて科学技術情報のやりとりを行っていると思われる．

　さしあたりなすべきことは，これらのレベルそれぞれにおいて，具体的な特徴を記述し，市民リテラシーについてさらに探求していくことだろう．われわれは伝えることのよきモデルを求めて，最近やっとささやかな一歩を踏み出したにすぎない．多くの科学コミュニケーターがただ実践に勤しむだけではなく，伝えることのよきモデルの開発にも挑戦することが望まれる．

註

1)　第 6 章では，欠如モデルに続いて，文脈モデル・素人の専門性モデル・市民参加モデルが論じられているが，本章では議論の焦点がぼやけるのを避けるため，素人の専門性モデルおよび市民参加モデルは割愛する．

2)　たとえば，小林傳司，『トランス・サイエンスの時代』，NTT 出版，2007 を参照．

3)　Wynne, B., Knowledges in context, *Science, Technology and Human Values*, **16** (1),

111-121, 1991. Ziman, J., Public understanding of science, *Science, Technology and Human Values*, **16** (1), 99-105, 1991.

4) Evans, G. and Durant, J., The relationship between knowledge and attitudes in the public understanding of science in Britain, *PUS*, **4**, 57-74, 1995.

5) Bucchi, M. and Neresini, F., Biotech remains unloved by the more informed, *Nature*, **416**, 261, 2002.

6) それゆえ，本章は他章といささか性格が異なる．既存の科学コミュニケーション論の議論を他章では利用可能であり，そのかぎりで他章には総説的意味合いがふくまれているのに対し，本章は「伝えること」に関する充実した適切なモデルを創造する準備作業としての仮説的色彩が強くなっている．

7) これまで文脈モデルは何人かの先駆者によって展開されてきたが，ここでの記述はそれらの説明紹介ではない．

8) 別の営みであるとしても，そのことは両者がまったく無関係な営為であることをただちに意味するわけでない．一つの可能性として，諸科学（sciences）を「家族的類似性」によるゆるい結合性をもった諸活動ととらえる方向性がある．遺伝子を共有する家族といえども，全員がすべて似た顔つきをしているとは限らない．一郎は次郎と似ており，次郎は春子と似ていて，春子は夏子と似ているが，一郎と夏子はほとんど似ていない（共通する特徴をあわせもっていない）という事態は十分現実にありうる．こうした関係を哲学者のウィトゲンシュタイン（Wittgenstein）は家族的類似性とよんだ．同じように，たとえば，物理学は化学と，化学は生物学と強い類似性をもつが，物理学と生物学はほとんど類似性はないといった関係にあるのであり，それゆえにこそ，物理学・化学・生物学は自然科学という一つの上位概念でくくられているのだとみる立場がこれである．これについては，藤垣裕子，「科学知識と科学者の生態学——ジャーナル共同体を単位とした知識形態の静的分類および形態形成の動的把握」，『年報科学技術社会』，**4**, 139-156, 1995 や Galison, P. and Stump, D. J., *The Disunity of Science: Boundaries, contexts, and power*, Stanford, CA, Stanford University Press, 1996 なども参照．

9) 文脈の複数性を主張する場合，文脈の単位としては個別学問分野（クーン（Kuhn）のいうパラダイム）を想定するのが普通であろう．しかし，科学コミュニケーションにおける文脈の複数性を考究するにあたっては，ただちにパラダイムを想定するだけでは近年不十分のそしりをまぬかれなくなってきている．たとえば，専門家集団の単位をジャーナル共同体とする見解が提起されている．藤垣裕子，『専門知と公共性——科学技術社会論の構築へ向けて』，東京大学出版会，2003 を参照．

10) 暗黙知はポランニー（Polanyi）が 1966 年に提唱した概念である．自転車に乗ることやピアノを弾くことなどは，多分に経験や勘に基づきながらの遂行が可能であり，したが

ってそれらについての知識をもってはいるはずなのだが，説明を求められても，遂行でき
る当の本人が言葉などで明示的に表現しがたい．こうした「知」をポランニーは暗黙知と
よんだ．詳しくは，Polanni, M., *Tacit Dimension*, Doubleday & Co., 1966, 邦訳：高橋勇
夫訳，『暗黙知の次元』，ちくま学芸文庫，2003 を参照．

11) Parales-Quenza, C. J., Preferences need no inferences, once again: Germinal elements
in the public perceptions of genetically modified foods in Colombia, *PUS*, **13** (2), 131-153,
2004.

12) たとえば，Furnham, A., *Lay Theories: Everyday understanding of problems in the
social science*, Pergamon Press, 1988, 邦訳：細江達郎監訳，『しろうと理論』，北大路書房，
1992 を参照．

13) Slovic, P., Perception of risk, *Science*, **236**, 280-285, 1987.

14) 角田忠信，『日本人の脳』，大修館書店，1978.

Ⅲ　実践と実態調査

第8章 出張授業にみる 科学コミュニケーション

大島まり

　近年の科学技術は専門化・複雑化・精鋭化の傾向にあるため，最先端の研究内容を理解し，科学技術がどのような形で私たちの社会に還元・貢献しているのかを実感することが困難になってきている．このような背景を受けて，近年，研究者自身が科学コミュニケーションの重要性を認識し，さまざまなアウトリーチ活動を展開している．本章では，アウトリーチ活動の一つの形態である出張授業をとりあげ，具体的な事例を交えて研究者による科学コミュニケーションについて解説する．

8.1 背景

　現代社会において，科学技術は国の経済および文化の発展を左右する重要な役割を果たしている．天然資源に乏しい日本は，もの作りの分野で世界をリードし，科学技術の発展に力を入れることにより経済大国としての地位を築いてきた．しかし，多くの日本国民が科学技術の大切さを感じている一方で，若年層を中心にみられる科学離れ[1]や科学技術への関心の低下傾向は一向に変化していない．このことは実際に，2007年12月に発表された，OECD（経済協力開発機構）が世界57カ国・地域の15歳児（日本では高校1年生）を対象に実施した「生徒の学習到達度調査2006（PISA2006）」にも表れている[2]．PISA調査は，読解力，数学的リテラシーと科学的リテラシーの3分野について国際比較したものであり，2000年を最初に3年ごとのサイクルで実施されている．

2006年の調査は第3サイクル目にあたる．日本のPISA2006の得点結果は，数学的リテラシーと科学的リテラシーとも2000年から回を追うごとに下がっている．読解力については2003年と2006年と同じ得点であったが，2000年よりは低い．さらに残念なことに，「30歳になったときに科学技術に関係した仕事に就いていると思いますか」という質問に対しては，「イエス」と答えた日本の高校1年生はわずか8％である．世界平均が25％というなか，非常に低い数字であり，参加した57カ国・地域中最下位である．

　近年の科学技術は，専門化かつ精鋭化しているため，科学技術の分野に携わっている人であっても，自分の専門以外の内容を理解するのが困難になってきている．一方，身近にある最先端の製品は，ユーザーフレンドリーな設計となり，科学知識がなくても簡単に使えるようにブラックボックス化している．そのため，日常生活においては科学技術の重要性どころか，科学技術が役立っていることすら認識する機会が減ってきている．発展していく科学技術とそれを受け入れる社会との間に認識の差が生じるようになってきたことが，科学技術に対する関心の低下傾向の一因と考えられる．科学技術の向上を図るとともに，非専門の人々へ科学技術の成果をわかりやすく説明し，情報発信していくことが必要となってきている．

　一方，最先端の科学技術の発展を担ってきた研究者を取り巻く研究や教育の環境も，最近，劇的に変化している．今までは，研究者は優れた研究成果を上げることが使命かつ重要事項であり，研究のもつ学術的な意義のみを追求すればよかった．しかし，近年，多くの最先端の研究は激しい世界的競争にさらされており，大掛かりな予算のもとで行われる傾向にある．したがって，研究の意義およびその成果が社会にどのように貢献できるのかを説明する，すなわち研究のアカウンタビリティ（説明責任）が問われるようになってきた．したがって，研究者自身も自ら，自分の行っている研究の社会的な意義や内容を，社会にわかりやすく伝え，理解を得るための科学コミュニケーションが要求されるようになってきた．

　このような社会のニーズおよび研究者の環境の変化にともない，研究者の情報発信としてさまざまな取り組みが行われている．本書では，研究者が直接，小学校・中学校・高校などに出向いて授業を行う出張授業をとりあげ，その意

義および現状について論じる.

8.2 出張授業の理論的意義

　研究者が主体となって研究成果を社会に還元し普及する活動は，Public Understanding of Science and Technology（PUST：科学技術理解増進），あるいは Public Understanding of Research（PUR：科学研究理解増進）と総称され，欧米を中心に研究と実践が進んでいる．PUST が既存の科学の理解増進に重きをおいているのに対し，後者の PUR は最先端の科学技術研究をわかりやすく伝え，科学技術の理解を促す活動である．実践手法としてはアウトリーチ活動が挙げられ，サイエンスカフェあるいは出張授業など，さまざまな試みが行われている.

　科学技術におけるアウトリーチ活動とは，わかりやすく親しみやすい形で人々に科学技術を伝え，対話を通して人々の要望や不安を組み取り，また自らの科学技術研究活動に反映させていくことをいう[3)]．英国や米国ではすでに，研究開発のために資金を獲得した研究者に対してアウトリーチ活動を奨励し，情報発信を義務づけるようになっている．同様に，日本でも平成 17 年度より，文部科学省で科学技術振興調整費「重要課題解決型研究」について，直接経費の 3% 程度をアウトリーチ活動に充当すること，さらにアウトリーチ活動について中間評価，事後評価の対象とすることを公募要領に規定している[3)]．また，文部科学省や科学技術振興機構では，次世代の科学技術を担う人材の裾野の拡大を目指して，サイエンス・パートナーシップ・プログラム（Science Partnership Program: SPP）やスーパー・サイエンス・ハイスクール（Super Science High-School: SSH）などの支援が行われている．SPP はさまざまな最先端の研究成果や研究施設・実験装置などを有する大学や公的研究機関と，中学校や高校の学校現場とが連携して，体験的あるいは問題解決的な取り組みを行うことにより，児童生徒の科学技術・理科や数学に関する興味・関心と知的探究心などを一層高める機会を充実させることを目的としている．SSH は科学技術・理科，数学教育を重点的に行う高校を指定し，平成 14 年度から理数教育に関する教育課程の改善，将来の国際的な科学技術関係人材の育成のための

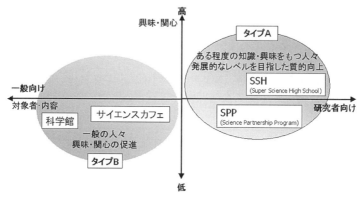

図8.1　アウトリーチ活動のタイプ

取り組みを推進している．SSH においても，大学や研究機関などと連携し，生徒が大学で授業を受講，あるいは大学の教員や研究者が学校で授業を行うなど，より高いレベルでの理数教育が行われている．

　このように，研究者のアウトリーチ活動のためにさまざまな施策がなされている．アウトリーチ活動のタイプを興味・関心および対象者・内容を軸に図8.1 にまとめてみよう．まず，タイプ A は，ある程度の知識・興味をもつ人々が対象であり，より発展的なレベルでの科学技術に対する知識の質的向上を目指した活動である．タイプ B は，必ずしも科学技術の専門家を目指すわけではない生徒・学生や専門研究に従事しない人々が対象であり，興味や関心の促進を目指した活動である．

　たとえば，タイプ A に属する SSH や SPP は大学や研究機関と中学校や高校が連携して行うため，教育的な観点をもっている．SSH で行われる出張授業は，一般に将来，理数系に進学する学生を対象とした SSH クラスを対象に行うことが多いため，SPP と比較して科学技術に対する関心・興味は高く，また研究者志向が高いといえる．一方，SPP は必ずしも理科や数学が好きな学生を対象としているわけでないため，出張授業の位置づけは興味や関心を喚起させるためのものである傾向にある．

　タイプ B にふくまれるアウトリーチ活動は，高校生や中学生だけでなく広く一般の人々を対象としている．このような人々は教育よりも教養を高めるた

めに参加している．とくに科学館での科学教室に参加する子どもたちは職業として科学技術を学びたいというのでは必ずしもなく，単におもしろそうだからという理由で参加していることが多い．

8.3　出張授業の実践例

　日本でも前節にとりあげたように，出張授業に関する支援および機会が増している．実際に研究に携わっている研究者が，直接中学生や高校生に科学技術をわかりやすく伝え，科学技術を理解する力を向上させることは重要である．しかし，その際に専門家である研究者から，知識が不足している非専門家に一方向に伝える科学啓蒙主義的な「欠如（啓蒙）モデル」的な実践手法[4] は見直され，専門家と非専門家が対等な立場で双方向にコミュニケーションすることが重要と考えられるようになっている[5]．

　そこで，双方向コミュニケーションを念頭におき，筆者らが「研究を通しての科学技術教育」として取り組んでいる出張授業の実践例を以下に紹介する．筆者が所属している東京大学生産技術研究所（東大生研）では，教職員や大学院生のボランティアが中心となり SNG（Scientists for the Next Generation）[6] を結成し，中学生や高校生を対象とした研究所公開や出張授業などのさまざまなアウトリーチ活動を展開してきた．

　SNG の行う出張授業の特長は，ブラックボックス化している科学技術を解きほぐすために，最先端の研究を題材に教材や授業のコンテンツを開発し，講義だけなく，必ず実験や実習などの体験型学習を取り入れている点である．また，最先端の研究と中学や高校で習っている数学や理科がどのように関わっているのかをわかりやすく説明する点も挙げられる．さらに，授業を組み立て実践する際には双方向コミュニケーションを図るように努めており，科学館あるいは企業と連携している．

　具体的には，次のステップにしたがい，出張授業を設計している．

(1)　準備

　学校で用いられている教科書の調査や学校の先生に聞き取り調査を行い，講師となる研究者の研究内容と学校の授業との接点を探りながら，具体的な授業

内容を組み立てる．また，研究が社会において果たす役割や影響についてもふくめて説明する授業の構成を考える．

(2) 実践とモニタリング

授業を実践する際には，ワークシートなどを作成して授業および実験の理解を深めることのできる工夫を行う．また，実践する現場には科学コミュニケーションを専門とする科学館の方あるいは研究者に同席してもらい，モニタリングをする．

(3) アンケート調査と分析

授業後にアンケート調査を行い，分析する．また，場合によっては追跡アンケート調査を行い，授業前との比較・検討をする．

(4) フィードバック

授業モニタリングおよびアンケート調査の結果に基づき，改善点を分析し，次回の出張授業にフィードバックする．

SNG では，出張授業用にポータブルな煙風洞を制作し，それを用いて実験を行うことにより，空気抵抗などの空力学の基礎を学ぶことのできる出張授業[7,8] など，さまざまな試みを多くの学校で行っている．ここでは，コンピュータ実習を用いた CT スキャンのメカニズムに関する授業，およびロボットに関する授業の二つをとりあげ，高校生に教えるために開発した教材と出張授業のコンテンツについて紹介する．

8.3.1 デジタルカメラでわかる CT スキャンのしくみ：医用画像診断装置とバイオメカニクス

筆者らは脳血管障害を血行力学（血液の流れによる流体力学）的なアプローチより解明する研究を行っている．したがって，流体力学が基礎にある．また，最近は医用画像を用いて，より現実的な血液の流れをコンピュータ上に再現し，動脈硬化症や脳動脈瘤などの血管病変の発生・進展・破裂のメカニズムを解明する研究を行っている．

たとえば，脳動脈瘤の破裂はクモ膜下出血を引き起こすことから，脳動脈瘤がどのような血管部位にどのくらいの確率で発症し，また瘤が破裂する確率を

予測することは医学的な観点から重要な課題である．近年，医用画像の進歩により，患者個別の血管形状や流れの情報を得ることが可能になってきた．そこで，SNG では，医用画像のなかでもとくに CT（Computed Tomography）スキャンに焦点をあて，医用画像診断装置の仕組みを学ぶためにコンピュータ学習もふくめた授業を行っている．実際に，この授業は群馬県立高崎女子高校・埼玉県立浦和第一女子高校の SSH の授業を初め，さまざまなところで行ったので，例としてここに示したい．

CT スキャンは X 線を用いることにより，非侵襲（体を外科的に切ることなく）に人体の 3 次元画像を得ることができる．しかも，3 次元画像であるためさまざまな角度から，さまざまな部位をみることができる．CT スキャン装置は X 線を用いて画像を得ており，X 線の発生源と検出器が一体となって回りながら水平断面の画像を取得し，X 線発生器と検出器が縦方向にスウィープすることにより深さ方向の画像を得ている．実際に CT 画像は X 線の吸収率係数のマップであり，各断面で得られた CT 画像を 3 次元方向に組み立てることにより，3 次元のボリュームデータが得られる．このような CT 画像診断装置について，SSH の授業では X 線 CT 装置の原理と CT 画像の 3 次元画像構築という 2 点について重点的に教えている．一つめの X 線 CT 装置の原理については，PowerPoint の資料を用いて説明するとともに，時間が許す場合には東大生研にきてもらい，より理解を深めることができるように東大生研にある実験用 CT 装置を用いてデモンストレーションを行っている．また，二つめの CT 画像の 3 次元画像構築については，コンピュータ実習を通して学ぶような授業スタイルをとっている．具体的には身近にある野菜を用いて，X 線のかわりに包丁で野菜を切り，断面をデジタルカメラで撮影する．そして，得られた断面画像を 3 次元に積層することにより，野菜のボリュームデータを作成し，図8.2 に示されるようにコンピュータ上に野菜を再現するといった授業を行っている．

この出張授業で用いているコンピュータ・ソフトウェアは，すべてフリー・ソフトウェアで無料で得ることができる．そのなかの，ボリュームデータを作成し，図8.2 のようにコンピュータ上に野菜を 3 次元に描画し，加工できるソフトウェアは，研究の現場でも用いられているソフトウェアである．コンピュ

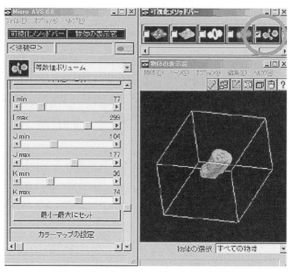

図8.2　きゅうりをコンピュータ上に再現

ータ実習の授業案については，このソフトウェアを開発している株式会社ケ
イ・ジー・ティと共同で開発を行っている．

　コンピュータ実習の際には，班に分かれて実習を行うが，その際に TA
（Teaching Assistant）が各班について指導補助をする．TA は大学院生や学部
学生であるが，彼らにとっても教えることにより知識を深めることのできるよ
い機会となっている．また，授業および実習の際には，科学未来館の方にきて
いただき，モニタリングしてもらい，終了後，検討すべき点や改善点について
指導いただいている．

8.3.2　ロボットを作るために力学を知ろう！

　ロボットコンテストやロボットに関する教室は数多くみられ，身近な教材と
なりつつある．また，ロボットを構成する技術は多様であり，それぞれがロボ
ットを用いた教育のテーマになりうる．そのなかで SNG で行う出張授業では，
日常生活で使用されるロボットにかかせない移動機能に着目している．「ロボ
ット」の移動は二足歩行である，という先入観がアニメなどの影響で一般にみ
られるが，一部のエンターテイメント用のロボット以外では，現実の生活のな

図8.3　カーロボット

かで使用されているロボットは車両によって移動するものが多い．そこで，そのようなロボットの車両型移動装置の原型であるギヤボックスに焦点をあてた出張授業を紹介する．

　ギヤボックスとは，電動モーターにさまざまなギヤを装着して回転数を調整するもので，ボックス外部に異なる大きさの車輪を付けることができるようになっている．ギヤボックスによる駆動装置は，電車・自動車などの車両での移動機械のモデルでもあり，ロボットでは関節を動かすためにも使われており，ロボットの可動部分の仕組みを理解するためにも有効である．

　この出張授業で使われたギヤボックスは，外箱に半透明の素材を用いて，中のギヤなどがみえるようになっている（図8.3の下の部分）．これは内部の動きを可視化すること（すなわち脱ブラックボックス化）で仕組みの理解を容易にし，何よりも機械的な動きを実感することを目指した工夫である．

　また，授業では，ギヤボックスを駆動部分として用いたカーロボットの製作を通して，力のつり合い，力の分解やまさつ力，変速とモーメント，エネルギーの変換と効率などの，力学の基礎を学ぶことを目的としている．できあがったカーロボットによる競技会を行い，実際に走らせることによって，学校の授業で学んだ力学的知識を深めることのできる機会を設けている．理論的にはうまくいくはずのものが，実際の走行ではまっすぐ走らなかったり，計算通りの

速度がでなかったりといった難題に遭遇する．そのようなときに，生徒たち自らが手を動かして工夫することで，単なる知識ではなく具体的かつ実践的な知識として定着させることを意図している．

　授業は1回あたり約100分の授業を2週続けて行う．第1日目は，まず，ロボットとは何かという概説から，日常的に使用されるようになってきたロボットの具体例，その重要な部分である車両移動部分のモデルとしてのギヤボックスの説明をスライドによって15-20分ほど講義する．

　その後，カーロボットの製作実習に入るが，時間節約のためにギヤボックス自体はすでに組み立て完了の状態であったり，事前にSNG側で組み立てた場合もある．あるいは，機械工作に慣れている生徒には事前にギヤボックスの組み立てキットを送付して，出張授業前までに完成させてもらうなど，学校に応じて事前に準備する．カーロボット作成のための部品（ギヤボックス，プレート，電池ボックス，電池（単3が2本），車輪（プーリー）1組，固定用のビス，輪ゴム）と必要な工具はセットにし，当日生徒に配布する．それぞれのギヤボックスには同一のモーターが入っているが，数個ずつギヤ比が変えられている．また，プーリーも2種類の直径のものが用意され，どちらかが無作為にセットにいれられている．このことにより，全員が同一のカーロボットを作るのではなく，性能の差が出るようにしている．ただし，ギヤボックスは分解可能なので，生徒の工夫により付属の別のギヤを用いてギヤ比を変えることも可能である．

　カーロボットは，基本となるギヤボックスにプレート（穴が空いていてナットが容易にはまるようになっている）を固定し，その上に動力源である電池を入れる電池ボックスを取り付け，プーリーを付けることで原型が完成する．ほぼ全員が完成した時点で第1日目の実習は終わる．2日目との実習の間に，カーロボットの外装に各自が工夫するように講師が提案したところ，実際に独創的な外装を施してきた生徒もいた．

　第2日目は，完成したカーロボットを用いて，直線コースでのタイムトライアル，坂道コースでの記録（どの斜面の角度まで登れるかを調べる）を行う．それぞれを複数回行うので，待ち時間の間に生徒それぞれが自分のロボットを改良することができるようになっている．直線コースおよび坂道コースについて

も優劣を競うのではなく，事前の計算と比較することで理論と実際の違いを認識し，その差が何に由来するのかを検討する材料としている．

　コンピュータ実習の場合と同じく，両日とも実習の際には班に分かれ，各班にTAがついて指導を行う．とくに製作での技術的な助言，時には手伝いを行って，実習の円滑な進行を助け，競技の際には測定係も行ってもらう．

　第2日目の最後には再び講師による講義が行われる．出張授業で実感した力学知識が社会のなかでどのように生かされているかを述べ，さらに講師の行っている最先端研究とどのようにかかわっているのかを映像を使って紹介する．その際に，単に理論だけではなく，実践での失敗によって学ぶことの重要性を強調することにより，SNG出張授業の特色である実験・実習を通しての科学技術教育を実践している．

8.4　出張授業の効果分析

　8.3.2項でとりあげた「ロボットを作るために力学を知ろう！」では出張授業の直前と直後（授業時間内）にアンケートを行い，データを集めた．アンケートは主に選択式であり，出張授業の感想，2006年にOECDによって行われたPISAの調査の問題に準じた日常における科学への関心，科学に対するイメージについて訊ねた．さらに，出張授業で具体的な知識がどれほど身についたかを知るための簡単な（中学生程度）力学の問題も出題した．これも選択式にし，短時間で直感的に答えられるような出題形式にしている．

　出張授業の全般的な感想は「楽しかった」「ためになった」という答えが多くみられた．とくに，「実習によって自分でロボットを作ることができた」という点を評価する声が多く，「先端研究者の話をじかに聞けた」ことがそれに次ぐ．また生徒とTAの人数の関係にもよるが，TAとの接触頻度が高い場合には，先端研究者の話よりも，「TAと話ができた」ことが評価されていた．具体的に大学の研究について大学生・大学院生から直接聞けたことが，大学進学を希望する生徒の多い学校の場合には好評であった．

　日常での科学への関心を問う項目も，おおむねPISAの日本平均よりも高かった．ロボット出張講義を行った学校がSSH指定校，あるいは工業高校の機

械科の生徒であったため，科学技術への関心が平均より高いことの理由と考えられる．そのなかでも，「科学は楽しい」「科学を学ぶことは自分の将来に役立つのでやりがいがある」「学校で学んだ科学の知識は生活に役立っている」という設問では，授業の前より後のほうで評価が若干上がっている．

　科学のイメージについてはポジティヴなもの「興味がある」「社会に役立つ」「身近に感じる」「理解できる」と，ネガティヴなもの「怖い」「危険だ」を尋ねた．ポジティヴなイメージはよりよくなったが，ネガティヴなイメージはほとんど横ばいであった．上述のように比較的科学に関心がある層の学生を対象にしたために，もともとポジティヴ傾向であった科学のイメージがより強化されたと判断できる．

　力学知識についての問題は全部で五つの設問をふくみ，そのうち一つが出張授業の実習に直接関係するもの（Q1），二つが出張授業の実習に直接関連しないもの（Q2（1）と（2）），そして最後の二つが出張授業の内容を理解すると解ける応用問題（Q3とQ4）である．全体的に計算せずに直感的に解かせるようにしたために誤答率は非常に高い．授業に直接関連したQ1は授業前より後で正答率が若干上がっている．また授業と関連しない内容の問題はむしろ正答率が下がっている．応用問題については，授業との接点がみいだしにくかった問題（Q3）では正答率に変化がないのに対し，授業との接点が比較的みえやすい問題（Q4）では正答率が大幅に上昇している．このことから短時間で問題を解く際には，とっさの判断や直感的な正しさの感覚をもつことが必要と考えられる．このような感覚は，単に暗記された知識ではなく，体得された知識を必要とするので，実習による学習はある程度の効果をもたらしうるのではないかと考えられる．

　出張授業を重ねることによって，講師の側にも教育スキルの向上がみられた．また，TAの学生のなかにも，他人に教えるためには知識をもつことが必要であると再認識した，という意見がみられた．

8.5　おわりに

　研究者の情報発信については，今後ますますさかんになっていくと考えられ

る．研究成果の産業界へのトランスファーは熱心に進められてきたが，情報発信をしつつ教育に還元することも研究の重要な社会貢献と考えられる．しかし，アウトリーチ活動を進めていく際の課題も多い．とくに，継続的に行っていくには，研究者の時間および経済的な負担を軽減しながら，効果的なアウトリーチ活動を展開していくことが大切である．そのためには，他の分野との連携を推進していくことが必要と考えられる．

註

1) 「岐路に立つ理科教育」，『中央公論』，1999 年 2 月号，pp. 48-62.

2) 国立教育政策研究所編，「生きるための知識と技能　OECD 生徒の学習到達度調査（PISA）2006 年調査国際結果報告書」，2007.

3) 文部科学省，『平成 19 年度版科学技術白書　科学技術の振興の成果——知の創造・活用・継承』，p. 298.

4) 杉山滋郎，「科学コミュニケーション」，『思想』，973 号，68-84, 2005.

5) 石黒武彦，「3　STS とアウトリーチ」，『科学の社会化シンドローム』，岩波書店，2007.

6) <http://www.sng.iis.u-tokyo.ac.jp/>.

7) 大島まり・高間信行，「研究を通しての科学教育——Scientists for the Next Generation」，『計算工学講演論文集』，**7**, 127-128, 2002.

8) 高間信行・大島まり，「ポータブル風洞で流れを見よう」，『日本機械学会年次大会講演論文集（III）』，9-10, 2001.

第9章　伝える側の評価：科学技術ジャーナリズムを題材として

草深美奈子

　本章では，科学技術を伝える側の評価として，*PUS*（*Public Understanding of Science*）誌に掲載された論文を中心に，科学技術ジャーナリズムに関する研究を紹介する．科学技術ジャーナリズムを，情報の発信者ではなく媒介者ととらえるならば，単純に「伝える側」と位置づけることには，異論が生じえよう．しかし，科学技術に関する情報が伝えられていく過程において，どのように報道されるかが，社会における科学技術の受容や論争に大きく影響しうることは，これまでくり返し指摘されてきた[1]．とくに，何をニュースとしてとりあげ，どういう枠組みで報道するかにより，科学技術ジャーナリズムは，科学技術論争における問題（アジェンダ）を設定し，フレーミングする役割を果たしている[2]．ここでは，科学コミュニケーションにおける科学技術ジャーナリズムの役割の重要性に着目し，あえて，「伝える側」としてとらえ，とくに，科学技術ジャーナリズムが科学技術にともなう不確実性をどのように伝えてきたか，また，論争されている科学技術をどのような枠組み（framing：フレーミング）で伝えることにより，論争にどのように影響を及ぼしてきたかを分析する研究を紹介する．

9.1　科学技術ジャーナリズム研究の理念型：科学リテラシー・モデルと相互作用モデル

　ローガン（Logan）は，これまでの科学技術ジャーナリズム研究を，「科学リ

テラシー・モデル」と「相互作用モデル」という二つのモデルを用いて概観している[3]. 科学リテラシー・モデルとは, これまでの章でとりあげられてきた「欠如モデル」に近い. このモデルでは, 科学コミュニケーションの目的を, 事実を正確にわかりやすく伝えることにより, 社会における科学技術への理解を高めることにおく. 科学技術に関する情報は, ある程度確立した知識や事実としてとらえられ, その伝達過程は, 科学者から媒介者を通じて受け手へと至る一方向の過程としてみなされる. このモデルにおいて, 科学技術ジャーナリズムは, あくまで中立な媒介者であり, 情報を正確に, 受け手に応じてわかりやすく, 適切に伝達することを使命とする. したがって, このモデルにおける科学技術ジャーナリズム研究は, ①どのような専門家から情報を得て, ②どのようにメッセージを構築し, ③どのような媒体を通じて, ④どのような受け手に届けることにより, より効果的に受け手の科学リテラシー(ここでは,「リテラシー」を一定の尺度で測れるものとしてとらえる)を向上できるかという視点から, それぞれに関し, さまざまな分析がなされてきた[4].

　一方, 相互作用モデルとは, これまでの章(主に第5章, 第6章)でとりあげられてきた「文脈モデル」「lay-expertise モデル」および,「市民参加モデル」に相当するといえよう. このモデルでは, 科学コミュニケーションを, 専門家から市民へと情報が一方向に伝達される過程とはみなさず, 多様な行為者がそれぞれの情報を相互に伝達しあい, 作用しあう場としてとらえている(同様のモデルをローウェンスタイン(Lowenstein)は「蜘蛛の巣モデル」とよぶ)[5]. このモデルにおいて, 科学技術は, 不確実性を多くはらむものとみなされ, 科学技術を社会が受容するか否かは, 単に, 公衆による科学の理解の程度によって決まるのではなく, 科学技術を取り巻く管理体制など社会的な文脈に大きく依存することを前提とする. このため, 科学技術に関する情報は, 社会的な文脈や市民の考えをふくむ, 広い概念でとらえられる. したがって, 情報の発信者には, 科学者やジャーナリストに限定せず, 科学技術によって影響を受ける社会構成員の誰でもがなりうる. このモデルにおいて科学技術ジャーナリズムは, 単に科学者から得た情報を伝達する中立な媒介者ではなく, これまで情報の受け手としてきた市民や影響を受けうる関係者の声に積極的に耳を傾け, 社会的な議論の場を提供することが求められている.

科学技術ジャーナリズムにこのような役割が求められるようになった背景の一つとして，ローガンは，米国で1990年代から展開しているパブリック・ジャーナリズム（あるいはシビック・ジャーナリズム）とよばれる運動に言及している．パブリック・ジャーナリズムとは，ジャーナリズムが，主体的に社会問題に関与し，民主的な問題解決に貢献することを目指す活動である[6]．この運動は，米国のジャーナリズムが市民から遊離し，ジャーナリズムの本来の使命である，市民を民主主義の過程に参加させる触媒機能を失っているのではないかという自省からはじまった．パブリック・ジャーナリズムの大きな特徴は，読者や視聴者を顧客ではなく，パートナーとしてとらえ，市民によるアジェンダを抽出し，報道することにある．この目的のため，たとえば，報道機関が市民と政治家たちとの討議の場を主催し，そのような市民フォーラムを通じて，市民参加型の世論調査を実施して，討議の内容や市民の意見を報道している．これは，市民の意見をただそのまま聴取するのではなく，ある程度の中立性を期した情報を提供し，市民に知識を得させたうえで討論を行い，その後の意見を探ることに目的をおいている[7]．この取り組みは，主に大統領選挙のときなどに実施されており，必ずしも科学技術分野に限定しないが，環境問題などもテーマとしてとりあげられている．第6章で紹介されているコンセンサス会議のような活動を，ジャーナリズムが主体となって実施していることに留意したい．一方で，パブリック・ジャーナリズムの理念や活動について，これまでジャーナリズムが担う役割とされてきたアジェンダの設定を市民に譲ることや，客観性を重んじてきたジャーナリズムが主体的に社会問題に関与することに対する批判もある．

　ローガンによると，科学技術ジャーナリズム研究においては，科学リテラシー・モデルによる研究が長年支配的であったが，1980年代のはじめごろより，科学リテラシー・モデルによる報道の実践が必ずしも市民の科学リテラシーの向上につながっていないことに対する批判が生じ，相互作用モデルにおける研究へと移行がみられるという．また，ドーナン（Dornan）は，1990年の論文のなかで，科学リテラシー・モデルのように，科学コミュニケーションの過程を単純な一方向の過程とみなす従来の考え方は，コミュニケーションの過程で生じるさまざまな相互作用を無視していること，情報の発信者を科学者や専門

家に限定することにより，科学者や専門家らを，あたかも，ジャーナリストや他のコミュニケーションに関わる行為者よりも優位であるかのように位置づけてしまうことを指摘している[8]．ただし，相互作用モデルは，科学リテラシー・モデルを代替したわけではなく，また，両モデルは排他的に存在するのではない．むしろ，これら二つのモデルは，補完的に併存し，今日科学技術ジャーナリズムに期待される使命を表しているといえよう．

9.2　*PUS*誌に掲載された科学技術ジャーナリズム研究

*PUS*誌には，科学コミュニケーションにおける科学技術ジャーナリズムの役割を研究した論文が多数掲載されてきている．大別すると，①科学技術ジャーナリストを対象に質問票調査やインタビューを実施し，科学技術ジャーナリストの実践について分析したものと，②報道された科学記事や科学番組の内容分析を通じて，科学技術報道の動向や，特定の事例に関し，科学技術ジャーナリズムが及ぼした影響（アジェンダ設定やフレーミング）を分析するものなどに分かれる．また，ジャーナリズムというより，娯楽の分野ではあるが，③映画や文学に描かれる科学技術や科学者像から，それぞれの時代における科学技術や科学者のイメージや女性科学者の地位を分析した研究もある．映画や文学が描く科学技術や科学者像の分析研究に関しては第5章を参照されたい．本章では，科学記事や科学番組の内容分析研究について，とくに，科学技術が内包する不確実性にジャーナリズムがどのように対処してきたか，また，ジャーナリズムがどのように科学技術論争をフレーミングしているかを分析した研究を紹介する．

9.3　科学の「不確実性」をいかに伝えるか

フリードマン（Friedman）らは，「科学研究のもっとも一般的な成果は，不確実性である」という．第5章で紹介されている「作動中の科学」のモデルにあるように，科学とはつねに未知の部分を解明する過程であり，最先端の知見はつねに書き換え途中にあるという性質がともなう．このため，科学研究の過

程で，真実と誤りの境界が曖昧であることがつねにあり，科学的専門性とは，知識の蓄積よりもむしろ不確実性を認識し対処する能力の占める割合が大きいという[9].

　さらに，たとえば，科学技術が人体や環境へ及ぼしうる危害（リスク）やあるいは経済や倫理面での影響を評価しようとする場合，しばし，ウィン（Wynne）が指摘するとおり，性質の異なるさまざまな不確実性に直面する．通常のリスク評価で用いられているのは，危害の内容が知られているが，その発生確率は不明であるという，いわゆる「狭義の不確実性（uncertainty）」であるが，それ以外にも，「そもそも未知の危険があるのかどうかさえ不明という不確実性（ignorance，無知）」や，さらに，「何が問題であるか問題の立て方（フレーミング）の定まらない不確実性（indeterminacy，非決定性）」がある[10].

　このような種々の不確実性をはらむ問題を，科学技術ジャーナリズムがどのように報道するかによって，報道を受ける側の不確実性に対する認識が，大きく影響されうる．実際，リスク・コミュニケーションの分野では，リスク報道が公衆のリスク認知に与える影響について，数々の実証研究がなされてきている．たとえば，メーザー（Mazur）は，飲料水のフッ素添加と原子力について，それぞれ 20 年間（フッ素添加）と 25 年間（原子力），リスク報道の量と，世論の推移を分析し，報道量が増えるほど，科学技術について否定的な世論が多くなることを明らかにしている[11].　コームズ（Combs）とスロヴィック（Slovic）は，致死事象に関する報道量と，各致死事象による実際の死亡率，そして，各致死事象に関する人々の死亡頻度推定とを比較し，人々の各事象に関する死亡頻度推定が，実際の死亡率の影響を除いても報道量と相関があったことを明らかにした[12].

　また，カスパーソン（Kasperson）らは，リスクに関する情報が市民に伝えられていく過程で，心理的，社会構造的，文化的な相互作用が生じ，結果として，実際の危害以上に，リスクが波紋のように増幅（あるいは減衰）されて，社会的な影響を生じさせうることを指摘している（カスパーソンらは，「リスクの社会的増幅作用」とよぶ）．たとえば，米国スリーマイル島での原子力発電所の事故は，事故について伝えられた人々に強烈な印象を与え，米国内にとどまらず世界的に電力会社や原子力政策への不信を招き，実際に及ぼした危害以上

に，大きな社会的影響を及ぼした．また，人々の間に原子力のみならず，複雑な科学技術全般への不信さえ招いたという．カスパーソンらは，このようなリスクの社会的増幅を生じさせる要因として，リスクについての情報量以外に，リスクがどのように議論され，どのように演出（dramatize）されて伝えられるか，リスク伝達においてシンボリックな連想を引き起こす語句が使われているかなどを挙げており，マス・メディアによる報道が大きく作用することを指摘している[13]．

　一方，科学技術研究にともなう不確実性が，報道される過程で矮小化される例もある．たとえば，ファーンストック（Fahnestock）が，数学の能力と性差との関係性に関する研究について，科学誌 *Science* とニュース週刊誌 *Newsweek* の報道を比較し，*Science* 誌が，数学の能力と性差の関係性をあくまで仮説として紹介しているのに対し，*Science* 誌を引用した *Newsweek* 誌では，「研究者が「関係性がある」と結論づけた」と報道していたことを明らかにしている．また，全国紙 *The New York Times* や雑誌 *Reader's Digest* でも同様の傾向がみられたという[14]．このような直接的に不確実性を示す表現が省かれてしまうこと以外にも，不確実性が矮小化される要因には，一つあるいは限られた情報源からの情報に頼り，論争の渦中にある研究成果であっても，一つの側面しか報道しないことや，先行研究や研究の過程，科学技術研究を取り巻く社会的文脈についてまったくふれず，研究の結果のみを報道することにより，不確実性をともなう事象であっても確立した事実であるかの印象を与えてしまうことが指摘されている[15]．また，ラ・フォレット（LaFollete）やネルキン（Nelkin）の実証研究では，どんなに科学研究が進展しても，排除することが不可能だと考えられている不確実性についても，いずれ解決されるかのように報道する傾向があることが明らかにされている[16]．

　さらに，科学の信憑性の問題がある．信憑性の低いとされる科学事象をどのように伝えるかによって，受け手の印象が影響されうる．無名，あるいは学問的権威のある機関に属さない科学者からの学説や学界で認められていない科学は，マーベリック・サイエンス（maverick science，「異端の科学」）とよばれている．デアリング（Dearing）は，マーベリック・サイエンスにより，米国で1990 年代の初頭に生じた三つの科学論争（①1990 年地震発生説，②エイズの原

因に関する代替説，③常温核融合）をとりあげ，新聞記事の内容分析と，ジャーナリストを対象とした質問票調査を実施し，ジャーナリストがどのようにマーベリック・サイエンスを報道したかを検証している．結果，報道しているジャーナリスト自身が，マーベリック・サイエンスについて信憑性が欠けると感じているにもかかわらず，学界で認められている学説と同様に好意的に報道していることが明らかとなった[17]．この状況は，報道の受け手に，信憑性が低いと推定されている事象についても，確立した事実であるかのような印象を与えてしまう危険がある．

　また，スミス（Smith）は，米国の五つの主要紙を分析し，これらの主要紙が，実際に発生し，60億ドルの被害をもたらした1989年の地震について，科学的な予測が出されていたにもかかわらず，あまり報道しなかったのに対し，実際には発生しなかった1990年の地震予測を大々的に報道していたことを明らかにした．この要因として，スミスは，ジャーナリストは科学よりもドラマを好む傾向があるのではないか，また，情報源の信頼性を判定できないのではないかという仮説に基づき考察している[18]．

　不確実性の報道に影響を与える因子として，ストッキング（Stocking）は，ジャーナリストが教育や経験により培った資質や，科学者からの影響，報道機関の文化や組織の慣行・要求などを挙げている．たとえば，わかりやすく伝えるために情報を簡略化したり，ニュース性を追求するあまり，不確実性の高い事象も，事実であるかのように伝えてしまうことがある．あるいは，報道の客観性を求めてバランスをとるために，不確実性の高い事象も確立した事実とされている事象と同等に報道してしまう場合もある．また，特定のスポンサーや読者・視聴者への配慮がはたらき，情報が歪められる危険もある[19]．

　さらには，報道だけの問題ではなく，科学の不確実性自体が，科学者からの発信の段階で，さまざまな形で構築されている可能性も指摘されている．この指摘によると，科学者が科学的に未解明であるという主張には，修辞学的な策略がはたらいたり，専門家間の関係性や政治的な立場などが影響したりすることにより，本質的に社会的な要素をふくむという．このため，ジャーナリストが，組織の要求により，不確実性を歪めて伝えてしまう危険があるように，科学者自身が，状況に応じて不確実性の解釈を構築する場合がある[20]．たとえば，

ゼア（Zehr）は，1980 年代に，米国で酸性雨の影響を防ぐため汚染物質の排
出規制が論じられた際に，連邦議会で実施された酸性雨の影響に関する 80 の
聴聞を分析し，複数の科学者が同じデータ，概念，手法を用いつつも，酸性雨
の影響に関する不確実性について，異なる解釈を提示したことを明らかにして
いる[21]．ここでは，まさに，先述のウィンが指摘する，「そもそも未知の危険
があるのかどうかさえ不明という不確実性（無知）」や，さらに，「何が問題で
あるか問題の立て方（フレーミング）の定まらない不確実性（非決定性）」が争
われている．このような不確実性をジャーナリズムが報道する場合，どのよう
な問題意識で報道するかによって，内容が大きく変わりうる．

9.4 科学技術ジャーナリズムによるフレーミング

　科学技術の不確実性をどのように伝えるかということと深く関わる問題とし
て，ジャーナリズムによるフレーミングが，どのように受け手に作用し，社会
論争に影響を及ぼすかという問題がある．フレーミングとは，簡単にいえば，
問題の立て方であり，「複雑な状況下で何を中心的な問題として位置づける
か」という，枠のつけ方である[22]．
　ワインバーグ（Winberg）は，科学と社会の界面には，「科学に問うことは
できるが，科学には答えられない」問題群があることを指摘する[23]．たとえば，
どのリスクを避け，そのために，どれだけのコストを支払うのか，科学だけで
は答えられないが，すぐに社会的合意を必要とする問題が多々ある．このよう
な，科学だけでも政治だけでも解決できない，科学と政治の境界領域（グレー
ゾーン）にある問題群（ワインバーグは「領域横断科学的問題群（trans-scientific
questions）」とよんでいる）について，解決を図ろうとする際に，利害関係者
によって，そもそも問題の語り方や，状況の定義の仕方が異なり，そのフレー
ミングの違いによって，解決を得られないことがある[24]．たとえば，平川は，
国際的な問題として争われている，遺伝子組換え食品の規制をめぐる論争につ
いて，論争主体ごとのフレーミングの違いを分析し，①社会にとって何を重大
な脅威とみなし何を優先的に守るべきかについての価値判断，②科学的である
とはどういうことかに関する判断，③意思決定はどのように行うべきについ

ての判断という，三つのフレーミングの前提が，対立していることを明らかに
している[25].

　どのような前提に立ち，どのように問題をフレーミングするかによって，何
を重要な情報とし，何を不要な情報と位置づけるかが変わってくる．すなわち，
フレーミングは，事象の特定の側面を重要な情報として切り取り，それらの情
報を関係付け，コミュニケーションの文脈のなかで顕出的に表現することによ
り，「問題を定義し，問題を生み出した原因を分析し，道徳的な評価や，ある
いは，望ましい対策を示唆する」作業である[26].　この意味で，フレーミング
とは，「知識や経験を組織化」[27] し，「ある一群の出来事に対する理解の仕方を
指示する」効果をもつ[28].

　科学技術報道にかぎらず，ジャーナリズムは，本来の機能として，世の中に
生じている事象をフレーミングする役割を果たす．ジャーナリズムは，何をニ
ュースとし，どこから情報を得るかを選択し，ニュースを編集し，演出するこ
とを通じて，社会問題を定義している[29].　時には，社会論争となっている事
象の報道を通じて，ジャーナリズムは，特定の利害関係者の主張を代弁しうる．
また，ジャーナリズムによるフレーミングが，公共政策に影響を及ぼすことも
ある[30].　このため，科学技術が社会論争を生じている場合，科学技術報道に
よるフレーミングを分析することを通じて，科学技術を取り巻く，社会的文脈
の解明に資することが可能である．

　実際に，科学技術報道のフレーミングを分析した研究事例をいくつか紹介し
よう．トービー（Toby）とアイク（Eyck）は，1998 年にカリフォルニア大学
バークレー校（UCB）と，医薬品会社ノバルティスとの間で結ばれた契約につ
いて，大衆紙と同校の広報部による報道を比較し，フレーミングの対立を指摘
している．この契約は，同校の植物・微生物学部の研究に，ノバルティス社が
5 年間にわたり，資金供与を行うかわりに，同学部でなされた研究成果の特許
化において，同社が優先権を保持するという内容であり，学内外で議論を巻き
起こした．大衆紙は，科学技術研究が私企業や政治家によって影響を被ること
を問題化したり，さらには，バイオ技術開発が農業経済や環境，社会に及ぼす
影響についての懸念を報じた．一方，UCB の広報部が発行する広報誌では，
この契約が，研究活動を拘束するものではなく，「学問の自由（academic

freedom）」を堅持した契約であることを強調し，大衆紙で報じられた懸念については，ほとんどふれていなかった．トービーとアイクによると，実際にはこの契約は，巨大で複雑なカリフォルニア大学のシステムのなかで，さほど影響力をもたず，植物・微生物学部の研究やバイオ技術研究に，あまり大きなインパクトをもたらさなかったという．しかし，この契約によって生じた，学問の自由と企業による研究支配に関する論争は，契約終了後も収まらず，事実上，この契約が生じた最大のインパクトであったかもしれないと論じている[31]．科学技術報道によるフレーミングが，社会論争をフレーミングした事例である．

　同様に，プリースト（Priest）は，クローン羊ドリーの誕生が発表された1997 年前後のクローン技術に関する米国主要紙による報道を分析し，科学技術報道が社会論争のフレーミングを変化させた事例を提示している．分析の結果，この時期のクローン技術に関する報道は，ニュースの契機となったクローン羊自体よりも，人間に応用した場合の倫理的な影響について多く論じられていたことが明らかになった．クローン羊の研究を行った，スコットランドのロスリン研究所や科学誌 Nature は，マス・メディアに対し，積極的に情報提供し，クローン羊の誕生が科学的な偉業であることを印象づけようとした．一方，メディアは，報道の客観性やバランスを得るため，クローン技術に反対する活動家や倫理学者の訴えも報じたが，それらは，扇動的であるかのように論じられた．また，農業関係のバイオ技術開発を進める企業や研究所は，この間，沈黙を守り，ほとんど，メディアに登場しなかったという．この理由として，プリーストは，この間の報道が，クローン技術のヒトへの応用や，倫理的な影響に集中し，バイオ技術論争の中心的な争点となることにより，農業関係のバイオ技術による環境や経済への影響から視点が外れることを狙った，農業バイオ企業の戦略であったと指摘する．プリーストは，科学技術報道が，利害関係者の戦略によって構築され，科学論争の問題枠組みを変化させたと論じている[32]．

　プリーストの事例と同様に，科学技術報道のフレーミングが利害関係者からの影響により構築された事例として，マルケイ（Mulkay）が英国議会で 1990年に成立したヒト受精・胚研究法の審議過程を，英国の主要紙がどのように報じたかを分析した研究がある．議会では，メディアがヒト受精・胚研究について肯定的に報道したという批判が生じていた．しかし，実際に議会の審議過程

を報じた記事を分析した結果，記事の内容には，研究の是非についての偏重はなく，中立的であったという．しかし，報道記事以外の，社説や特集欄では，「苦しむ人々を救うためにあなたの1票を」(*Guardian* 紙) とか，「何百万人ものための希望の光」(*Independent* 紙) などという見出しで，大々的に，ヒト受精・胚研究の支持を訴えていた．この背景として，ヒト受精・胚研究を推進する圧力団体が，積極的なメディア戦略を展開していたことが明らかになった．マルケイは，メディアの報道が偏っていたのではなく，推進派がメディアを利用した事例であると論じている[33]．

　プリーストやマルケイの指摘と同様に，バイオ技術などの先端科学技術や環境リスクに関する論争についての報道によるフレーミングを分析したネルキンも，科学界がマス・メディアに積極的に影響力を行使したことを指摘し，科学者が顧客に応じて科学を「売っている」と表現している[34]．これらの事例から，フレーミングはジャーナリズムが本来有する機能ではあるが，その機能を発揮する背景には，社会的文脈が大きく作用していることがわかる．

　ジャーナリズムが問題をフレーミングする以前に，科学技術研究自体が，問題を定義し，因果関係を分析し，評価する作業であり，ある意味では，事象をフレーミングしている．このため，学術誌や科学誌に掲載される論文も，一般大衆向けのマス・メディアによる報道と同様に，特定の問題をフレーミングしている．しばしば，マス・メディアによる科学技術報道は，扇動的であり，公衆の科学理解を妨げるかのように批判されるが，学術誌や科学誌によるフレーミングが，扇動的になることもありうる．ミラー (Miller) は，1993年の「ゲイ遺伝子」の発見に関する，英国内の新聞・テレビによる報道と，科学誌による報道を比較分析し，科学誌による報道の問題性を訴えている．1993年に *Science* 誌は，男性の同性愛者と遺伝子の関係性についての論文を掲載し，この発見は，「ゲイ遺伝子」として，マス・メディアで大きくとりあげられた．英国のマスコミは，それまで同性愛者を否定的なイメージで取り扱ってきたが，「ゲイ遺伝子」に関する報道では，「ゲイ遺伝子」の発見が，優生学的な議論を招き，同性愛者への差別を助長する懸念を訴えた．一方，科学誌に掲載された記事や論文のほうが，政治的および思想的に偏重したものが多かったという．ミラーは，「ゲイ遺伝子」の発見がマスコミで大きく報道されたことは，そも

そも *Science* 誌に掲載された元の論文や，ひいては，この種の科学研究の方法自体が，政治的，倫理的，および，経済的利害をはらんでいることが原因であると論じている[35]．この事例は，マス・メディアによるフレーミングが，必ずしも，社会論争を助長しているわけではなく，科学技術研究自体がはらむ，問題性を指摘している．

9.5　まとめと展望

　本章で紹介した，不確実性に関する報道の研究や，科学技術報道によるフレーミングの分析研究では，科学技術ジャーナリズムの果たす役割が，明らかに，科学技術情報を中立に，わかりやすく，正確に伝えて，受け手の科学リテラシーを向上することにとどまらないことを示している．また，科学技術は社会的文脈と切り離されては存在しないという指摘と同様に，科学技術報道も，報道機関の組織的慣行や要求，科学界や圧力団体など利害関係者からの影響を免れ得ないことを印象づける．

　エヴァンス（Evans）とプリーストは，1995 年に発表した論文のなかで，それまでの科学記事の内容分析研究を概観し，内容分析が，科学記事の正確さと適切性を分析するための研究手法として広く使われてきたこと，しかし，研究の視野の狭いものが多く，いまだ理論化に至っていないことを指摘する．多様で多義性のある科学情報と多様な受け手に適応するためには，科学技術報道の内容分析研究においては，研究の視野を広げ，言語学や修辞学など，他の学問領域の知見から学び，内容分析と社会理論との関係性を再認識して，より明確で厳密な理論的説明を提供することが求められると論じている[36]．同様に，ローガンも，これまで，科学技術ジャーナリズム研究が，隣接領域である，リスク・コミュニケーション研究や，環境および医療ジャーナリズム研究などから，知見を共有してこなかったことを指摘し，より広い視野による学際的な研究の必要性を主張する．また，ジャーナリスト自身の協働が少ないことも，あわせて指摘している[37]．エヴァンスとプリーストの指摘から 10 年以上をへて，本章で紹介したように，科学記事の内容分析研究においても，報道の背後にある社会的文脈を鋭く指摘する研究も蓄積されてきている．今後の発展が期待さ

れる.

　科学技術ジャーナリズム研究の理念のうえでは,「科学リテラシー・モデル」から「相互作用モデル」へと, 拡がりがみられるが, 実践面では, 課題は大きい. 米国のジャーナリズムが, 市民を民主主義の過程に参加させるための触媒機能を回復する目的で, 積極的に市民の声に耳を傾け報道するパブリック・ジャーナリズム運動を展開したように, 科学技術ジャーナリズムにおいても, 科学技術が複雑化し, 多元的な社会的影響が懸念されるなかで, 今後, どのように市民の意見を吸い上げ, 報道していくかが重要な課題であろう.

註

1) たとえば, Freidman, S. *et al.*, *Scientists and Journalists*, Freeman, 1986 や Nelkin, D., *Selling Science: How the press covers science and technology*, Freeman., 1987, Flynne, J. *et al.*, *Risk, Media, and Stigma: Understanding public challenges to modern science and technology*, Earthscan, 2001 など.

2) 科学技術ジャーナリズムに限定しないが, ジャーナリズムのアジェンダ設定機能については, McCombs, M. E. and Shaw, D. L., The agenda setting function of mass media, *Public Opinion Quarterly* (Summer 1972), 76-87. フレーミングという概念に最初に言及したのは, 社会学者のゴフマン (Goffman) であるといわれている. Goffman, E., *Frame Analysis: An essay on the organization of experience*, Northeastern University Press, 1974. フレーミングの定義については本章の 9.4 節, とくにゴフマンによる定義については註 27) を参照のこと. ジャーナリズムによるフレーミングについては, Tuchman, G., *Making News: A study in the construction of reality*, Free Press, 1978, 邦訳: 鶴木眞, 櫻内篤子訳, 『ニュース社会学』, 三嶺書房, 1991 など. ジャーナリズムによるアジェンダ設定をフレーミングの一部とみなす考え方もあるが, カペラ (Cappella) とジェイミソン (Jamieson) は否定しており, アジェンダ設定は,「ある主題がニュース・メディアで議論される頻度から生じるもの」であり, その主題がどう扱われるかは顧慮しないことから, フレーミングとは直接に関連するものではないとしている. カペラ, J. N., ジェイミソン, K. H., 平林紀子・山田一成監訳, 『政治報道とシニシズム——戦略型フレーミングの影響過程』, ミネルヴァ書房, p. 76, 2005. Cappella, J. and Jamison, K. H., *Spiral of Cynicism: The press and the public good*, Oxford University Press, 1997.

3) Logan, R., Science mass communication: Its conceptual history, *Science Communication*, **23** (2), 135-163, 2001. 「科学リテラシー・モデル」および「相互作用モデル」は，Einsiedel, E. and Thorne, B., Public responses to uncertainty, in Friedman, S. M. *et al.*, *Communicating Uncertainty: Media coverage of new and controversial science*, Lawrence Erlbau, 43-58, 1999 からの引用.

4) 詳しいレビューは，前掲の Logan の他，Weigold, M., Communicating science: A review of the literature, *Science Communication*, **23** (2), 164-193, 2001 を参照.

5) Lowenstein, B. V., From fax to facts: Communication in the cold fusion saga, *Social Studies of Science*, **25**, 403-436, 1995.

6) パブリック・ジャーナリズムの思想や実践例は提唱者による Rosen 他の文献に詳しい. Rosen, J., *What Are Journalists For?*, Yale University Press, 1999. Glasser, T. L. *et al.*, *The Idea of Public Journalism*, The Guilford Press, 1999. Eksterowicz, A. J. and Roberts, R. N., *Public Journalism and Political Knowledge*, Rowman & Littlefield Publishers, Inc., 2000. 日本語文献としては，藤田博司，「パブリック・ジャーナリズム――メディアの役割をめぐる 1990 年代米国の論争」，『コミュニケーション研究』，**27**, 51-61, 1997. 藤田博司，「CJ を生んだ背景と問題点」，『総合ジャーナリズム研究』，**160** (春季号)，4-9, 1997. 三森八重子，「米・現地取材――試行錯誤のメディアと CJ」，『総合ジャーナリズム研究』，**160** (春季号)，10-18, 1997. 林香里，『マスメディアの周縁，ジャーナリズムの核心』，新曜社，pp. 327-377, 2002.

7) 詳細は，林，前掲書 6)，pp. 354-364. 市民参加型の世論調査手法である Deliberative Opinion Polling (DOP) については，Fishkin, J., *Democracy and Deliberation: New directions for democratic reform*, Yale University Press, 1991.

8) Dornan, C., Some problems in conceptualizing the issue of 'science and the media', *Critical Studies in Mass Communication*, **7**, 48-71, 1990.

9) Friedman, S. *et al.*, *Communicating Uncertainty: Media coverage of new and controversial science*, Lawrence Erlbaum Associates, Publishers, 1999.

10) Wynne, B., Uncertainty and environmental learning: Reconceiving science and policy in the preventive paradigm, *Global Environmental Change*, **2** (2), 111-127, 1992. 平川秀幸，「リスクの政治学――遺伝子組換え作物のフレーミング問題」，小林傳司編，『公共のための科学技術』，玉川大学出版部，pp. 114-115, 2002.

11) Mazur, A., Media coverage and public opinion on scientific controversies, *Journal of Communication*, **31**, 106-115, 1981.

12) Combs, B. and Slovic, P., Newspaper coverage of causes of death, *Journalism Quarterly*, **56**, 837-849, 1979.

13) Kasperson, R. *et al.*, Social amplification of risk: A conceptual framework, *Risk Analysis*, **8** (2), 177-187, 1988.

14) Fahnestock, J., Accomodating science: The rhetorical life of scientific facts, *Written Communication*, **3**, 275-296, 1986.

15) Stocking, S. H., How journalists deal with scientific uncertainty, in Friedman, S. *et al.*, 前掲書 9), Chapter 2, pp. 23-41.

16) LaFollette, M. C., *Making Science Our Own: Public images of science*, 1910-1955, University Chicago Press, 1990. Nelkin, 前掲書 1).

17) Dearing, J. W., Newspaper coverage of maverick science: Creating controversy through balancing, *PUS*, **4**, 341-361, 1995.

18) Smith, C., Reporters, news sources, and scientific intervention: The New Madrid earthquake prediction, *PUS*, **5**, 205-216, 1996.

19) Stocking, 前掲論文 15).

20) Stocking, 前掲論文 15).

21) Zehr, S. C., Scientists' representations of uncertainty, in Friedman, S. *et al.*, 前掲書 9), Chapter 1, pp. 3-21. 社会構成主義の立場をとる Pinch と Bijker は，科学的な発見は一つの解釈にとどまることがないことを，科学的発見の「解釈柔軟性（interpretive flexibility」と表現している．Pinch, T. J. and Bijker, W. E., The social construction of facts and artifacts: Or how the sociology of science and sociology of technology might benefit each other, *Social Studies of Science*, **14**, 399-441, 1984.

22) 佐藤仁，「『問題』を切り取る視点——環境問題とフレーミングの政治学」，石弘之編，『環境学の技法』，東京大学出版会，p. 43, 2002.

23) Winberg, A. M., Science and trans-science, *Minerva*, **10**, 209-222, 1972.

24) 藤垣裕子，「知識・権力・政治」，小林信一・小林傳司・藤垣裕子，『社会技術概論』，放送大学教育振興会，10 章，p. 141, 2007.

25) 平川秀幸，「遺伝子組換え食品規制のリスクガバナンス」，藤垣裕子編，『科学技術社会論の技法』，東京大学出版会，第 6 章，pp. 135-154, 2005.

26) Entman, R., Framing: Toward clarification of a fractured paradigm, *Journal of Communication*, **43** (4), 51-58, 1993.

27) ゴフマンは，「フレーム」を「状況の定義」であるとし，定義は，「社会的な事象と，それらの事象にわれわれがどのように主観的に関わるか（経験）を決定づける原則を組織化する」ことによってなされるとしている．また，「フレーム」は，「われわれの日常世界において進行する活動の流れから任意的に切り取った「断片（strip）」を組織する」と述べている．また，別の箇所では，フレームを「解釈のための枠組み」であるとし，枠組み

の利用者が，無限に生じている事象を認識し，定義するために，用いられると述べている．Goffman, 前掲書 2)，pp. 10-11, 21. Schon と Rein は，「フレーム」を「信念，認識や評価を組織化したもの」と定義している．Schon, D. and Rein, M., *Frame Reflection: Toward the resolution of interactable policy controversies*, Basic Books, 1994.

28)　カペラ，ジェイミソン，前掲書 2)，p. 69.

29)　Tuchman, 前掲書 2).

30)　ジャーナリズムによるフレーミングが政策決定過程に影響することについての指摘は，Entman, R., *Democracy without Citizens: Media and the decay of American politics*, Oxford University Press, 1989. Nelkin は，実際に科学技術報道が科学技術研究への公的資金の配分に影響した事例を紹介している．Nelkin, 前掲書 1)，pp. 73-77. 後述の Mulkay の事例も，ジャーナリズムによるフレーミングが政策決定過程に影響した例といえよう．Mulkay, M., Embryos in the news, *PUS*, **3**, 33-51, 1994.

31)　Toby, A. and Eyck, T., The media and public opinion on genetics and biotechnology: Mirrors, windows, or walls?, *PUS*, **14**, 305-316, 2006.

32)　Priest, S. H., Cloning: A study in news production, *PUS*, **10**, 59-69, 2001.

33)　Mulkay, 前掲論文 30).

34)　Nelkin, 前掲書 1).

35)　Miller, D., Introducing the 'gay gene': Media and scientific representations, *PUS*, **4**, 269-284, 1995.

36)　Evans, W. and Priest, S. H., Science content and social context, *PUS*, **4**, 327-340, 1995.

37)　Logan, 前掲論文 3).

第10章　受け取る側の評価

舩戸修一

　現在の科学は，直接の当事者だけでなく，好むと好まざるとにかかわらず，無関係な人々にも影響を及ぼす性質をもっている．それゆえ，科学の複雑化にともなう未知の危険性などをふくめた科学的判断の「不確実性（uncertainty）」や科学技術がもたらす「リスク」は，専門家だけではなく，非専門家である「一般の人々」にとっても重大な関心事項になる．こうして一般の人々の間で，科学に対する不信や疑念が高まりはじめるのである．

　そうすると，一般の人々は，もはや専門家から発信する科学的知識を無条件に受容するだけの受け手ではないだろう．科学に対する疑義から何らかのメッセージを発信する主体になるのである．こうなると，専門家は，一般の人々から発信される科学技術に対する意見や態度を無視することはできない．専門家も，一般の人々の知識や情報にも耳を傾ける必要に迫られるのである．こうして一般の人々だけでなく，専門家も，「受け取る側」として位置づけられるのである．

　そこで本章では，このような観点から，学術雑誌 *Public Understanding of Science*（*PUS*）に掲載された事例調査論文を主に参照しつつ，科学技術の知識や情報を「受け取る側」の研究におけるポイントと問題点を論述する．そして最後に，こうした研究の意義と課題をまとめることにする．

10.1 「欠如モデル」とその批判

10.1.1 「欠如モデル」は有効なのか？

　これまで科学を語る「資格」は，往々にして「科学についてしかるべき専門的知識をもった専門家」とみなされてきた．その一方で，科学の専門教育を受けていない一般の人々は「科学知識を理解することができない」という見方が支配的であった．それゆえ，その技術的な判断や決定は，専門家に「一任せざるをえない」と考えられてきたのである．

　こうした考えの基本にあるのは「欠如モデル」という分析視角である（第5，6章参照）．これは，「専門家」と「非専門家」を対極にそれぞれ固定し，科学技術に関する知識や情報は，前者から後者へと「一方向的」に流れるとする．後者は，それをただひたすら受け取るだけの「受動的」な存在にすぎない[1]．こうした非専門家である一般の人々の科学理解は，いわば「空っぽのバケツ」のようなものである．そのバケツに科学知識をどんどん注ぎ込んでいけば，PUS は高まると考えられたのである．

　この分析視角では，たとえ非専門家である一般の人々が理解していたとしても，その内容が専門家の立場からみて「誤った」あるいは「不正確」な知識と判断されると，それは科学知識の「欠落」や「欠損」と扱われる．こうして，これらは「歪んだ」知識としてみなされ，専門家による「正しい」知識によって「矯正」しなければならないとされる．科学の素人である一般の人々であっても，結局のところ，専門家の理解と（本質的な部分での）「同等な理解」が求められるのである．

　それでは，実際の科学技術の理解において，欠如モデルは，はたして有効なのであろうか．これまで PUS 研究では，その有効性を示した調査事例が報告されてこなかったわけではない．たとえば，以下のような調査事例がある．それは，米国の一般の人々を対象にした「地球温暖化」と「廃棄物処分」の理解についての調査である[2]．この調査によると，専門的な知識についての「短時間の学習」でも，科学がもたらす「不確実性」に対する理解力が高まることが明らかになったという．確かに，説明する内容によっては，一般の人々も専門

的な知識をもち，複雑で科学の不確実性の高い問題について理解することは否定できない．しかし，自動車の燃費効率を上げることや速度規制を設けることなど技術的な問題については，一般の人々は受け入れる姿勢をみせたが，専門家は消極的であった．その一方で，高燃費車やガソリンに対する税率の引き上げ，原子力発電の建設，熱帯雨林の伐採防止のためのブラジルへの援助については，専門家は受け入れる姿勢をみせたが，一般の人々は消極的であった．また廃棄物のリサイクルに関しても，企業に対してゴミを減らす努力を求めるのは専門家よりも一般の人々であり，リサイクルできない包装紙に対する手数料の導入やリサイクル紙を使用している企業に対する減税を求めるのは一般の人々よりも専門家であった．このように，一般の人々が専門家と同等の本質的な理解に到達できたとしても，両者のおかれた立場や環境の相違から，決定的な違いが顕在化したことは無視できないことである．

10.1.2 専門家と非専門家の「非対称性」

　もっぱら PUS において科学的知識や情報を受け取る側として位置づけられる公衆や一般の人々とは"専門家（experts）ではない素人（lay people）"という意味合いが強い．いわば，専門家の残余カテゴリーなのである．それゆえ，「ひとまとまりの集合体」として扱われてきた感が否めない．しかし，公衆や一般の人々は，一枚岩の社会集団ではない．職業，年齢，性別，居住地域，収入，学歴，家族構成など，それぞれ異なった個人的な属性や社会的背景をもった人間によって構成されている．よって，欠如モデルが考えてきたように，すべての人間が科学的知識や情報に対する理解力や容量を同等に備えもっているとは考えにくい．

　これまでの PUS 研究では，受け取る側の「学歴」の差異が，科学技術の理解の幅を決定していることが指摘されている．それは，南米コロンビアの一般の人々を対象にして行われた「遺伝子組換え作物（Genetically Modified Organism：以下 GMO）」の公衆理解に関する調査である[3]．昨今，GMO は，食料の安定的供給を可能にする農業技術として喧伝され，世界的規模で広がりつつある．しかし一方で「食の安全性」に対する不安が消費者から示され，また生産現場では遺伝子汚染への危惧が生産者から指摘されるなど，さまざまな

問題点が議論されている．この調査によると，コロンビアの首都ボゴタの住民を対象にしてGMOを連想する「人工物」「合成物」「実験物」「クローン製品」などの言葉・イメージ・比喩について質問したところ，高学歴である人々ほどいろいろな単語や語句を連想し，これらの言葉を手がかりにしてGMOをさまざまな角度からとらえていることがわかったという．たとえば，初等教育を受けたことがない人々は，GMOから連想する言葉は，「食べ物」を意味する言葉に集中しているが，高等教育を受けた人は多様な言葉を動員し，専門教育を受けた者に至ってはGMOの「製法」に関わる専門的な用語までも使って理解している現実が明らかになった．このように学歴の「差異」が専門的な知識に対する理解力に深い影響をおよぼすのである．

こうした調査事例からもわかるとおり，専門的な知識を受け取る側が同じように受け止め，同じ理解に達するとは限らない．なかには，科学的知識をまったく理解できない人もいるだろう．それにもかかわらず，非専門家は「正しい知識」が欠落したり，欠損しているのであるから，とにかく科学的な事実を「正しく理解せよ」という啓蒙的なメッセージは，一般の人々の個別事情を無視した専門家の価値観の押しつけであり，科学的権力への盲目的な従属を強いるものである[4]．

そもそも専門家は，科学的な知識を理解する素養をもち，絶えず科学と接した生活を送っている．しかし，一般の人々は，このような環境に身をおいているわけではない．また，ある個別の問題について専門家は詳しく知っており，一般の人々は漠然としか，あるいはほとんど知らないものである．ここに理解力や知識量をめぐる両者の「非対称」な関係がある[5]．こうして一般の人々と専門家の間に科学技術の理解内容や価値観の差異が検出されることは仕方がないことである[6]．それにもかかわらず，このような決定的な差異を専門家による一方的な科学的知識の伝達によって埋めようとするのは無理があるのではないだろうか．

10.2 「コンセンサス会議」と「受け取る側」の態度

10.2.1 正しい理解≠肯定的な態度

　欠如モデルによると，一般の人々が科学技術に対して否定的な態度をとり，または専門家を信頼していないのは，その専門的な知識について「無知」であることが原因とされる．これが科学に対する不信感や不安の源泉になると考えられている．だからこそ，こうした一般の人々の精神的な違和感を拭い去るために，専門家は詳細な数値データや丁寧な説明を提供することによって「正しい理解」を求め，科学技術に対する受容的態度を得ようとするのである

　しかし，科学がその専門的な領域を超え，社会のさまざまな領域と広範に関わりあうようになった昨今，科学の専門家による答えだけでは片付かなくなっている．というのも，専門家は科学がもたらす「客観的事実」について答えることができても，科学に依存した人間の生き方や社会のあり方まで応答することは難しいからだ．

　原子力発電所や核燃料関連施設の立地建設を例にあげよう．日本では，こうした施設は，電気の大量消費地である中央都市（東京）ではなく，そこから離れた地方にもっぱら建設される．というのも，建設にともなう国からの多額の交付金や補助金が期待できるため，財政に苦しむ地方自治体にとって地域活性化策になりうるからだ．このように原子力エネルギーに関する技術開発は，日本の地域社会がかかえる「過疎」問題と深く関わっているのである．このような状況に対し，科学の専門家は，「科学的な事実」に基づいて原発や核関連施設がもたらすリスクについて答えることはできるだろう．しかし，こうした施設に依存した地域経済のあり方や地域づくりの方向性について問われても，返答することは難しい．

　また原発には，以下のような問題も指摘される[7]．「運転中の原発の安全装置がすべて同時に故障した場合，深刻な事故が生じる」ということについては，専門家の間には不一致はない．というのも，これは科学的に解答可能な問題であるからだ．つまり，科学が問い，科学が答えることができる．その一方で「すべての安全装置が同時に故障することがあるかどうか」という問いになる

と，答えを出すのが難しくなる．このような事態が生じる確率は非常に低いという点では専門家は一致するが，このような故障について事前に対応しておく必要があるかという点になると，専門家の間でも合意形式が困難になる．つまり，事態の発生に関する数値的な見積もりについて専門家は一致することができるが，その確率が"安全か？"あるいは"危険か？"という「リスク評価」の局面になると，判断が入るため，科学的に解答できる領域を"超えはじめる"のである[8]．このように昨今の科学技術は「科学によって問うことはできるが，科学によって答えることのできない問題群」を抱えているのである．

　このように科学の専門家だけでは，そう簡単に答えることができない状況が顕在化しているにもかかわらず，理解が深まれば科学に対する信頼が回復し，その受容に対して公衆は肯定的な態度をとるようになるという欠如モデルの前提は，自明なものではないはずだ[9]．理解と態度の関係は，そう単純なものではないだろう．専門家が行う説明努力によっては，専門家と一般の人々との距離を広げることになりかねないのだ[10]．つまり，専門家のいう「正しい理解」を得ることによって，かえって科学万能主義的な価値への警戒心・不信・不安が湧きおこり，それが否定的な態度をとることにつながることも否定できないのである[11]．

　ここで例を挙げよう．「遺伝子組換え食品」に対する，ある消費者団体の代表者の意見である．彼女は，その技術を「生物共通の遺伝情報伝達のメカニズムを応用した明快な理論に基づいた技術であるにもかかわらず，科学的ではなく情緒的に受け止められてしまっている」と前置きしつつも，「実感できないもの，また遺伝子と言う生命体の形質等を左右する分野への介入については本能的な疑心が生じることも否定できない」と述べる．こうして「科学的な理論が理解されても，遺伝子組み換え技術に対する受容には必ずしもつながらない」として「いくら理論的に理解ができても感覚的に受容しがたいのも，また事実なのである」と断言する[12]．このように「正しい理解」が科学技術を受容する肯定的な態度に必ずしもつながるわけではなく，むしろ科学を疑い，慎重にならざるをえなくなる場合もある[13]．ここでは欠如モデル（正しい理解 → 肯定的態度）は成立していないことが示唆される．

10.2.2 受け取る側の逆転

　これまでの科学政策は，専門家による一部の特権者によって決定され，一般の人々は事後的に承認せざるをえなかった．これでは，科学への警戒心・不信・不安を背景とした一般の人々の意見が反映されることはない．しかし，昨今，これらの政策決定の前に，一般の人々からの意見を少しでも公にすることが試みられている．その具体例として注目されているのが，「コンセンサス会議（consensus conference）」である．これは，政治的・社会的利害をめぐって論争状態にある科学的・技術的な個別事項に関して，公募などで選ばれた一般市民からなるグループ構成員が専門家の説明を受けた後，この議題に関する共通理解をまとめ，かつそれを公に発表するための会議である．

　この会議手法は，1960 年代後半から，米国で「テクノロジーアセスメント（Technology Assessment: TA）」として開発されたものであり，もともとは専門家の間のコンセンサスを図るものであった[14]．しかし，1980 年代後半，デンマークにおいて「デンマーク技術委員会（Danish Board of Technology）」が設けられ，このテクノロジーアセスメントに一般の人々を巻き込み，専門家との対話を通じて合意形成を目指すものとして具体化していった．デンマークでは，1987-2002 年までに 22 回のコンセンサス会議が開催され，科学技術政策に一定の影響力をもつに至っている．こうしたデンマークの試みは，科学技術に関わる重大事項を決定するときの「民主的な手続き」としてヨーロッパ各地に広がっていく[15]．

　コンセンサス会議では，いろいろな立場の市民が数多く集まることによって，一般の人々の多様な考えや態度が表出する．こうした科学技術に対するさまざまな価値観を顕在化させることは大切である[16]．コンセンサス会議に参加する市民は，専門家と対話するなかで難解な専門用語を自らの力でいい換え，意味を咀嚼する．また専門家の意見だけに耳を傾けるのではなく，他の情報源も参照するなど創造的な行為を実践する．このように素人としての一般の人々は，専門家とは異なる独創的な方法で知識を身につけていく．こうして専門家とは異なる独自の判断基準を用いることによって，一般の人々による科学に対する見解が提示されるのである．

　こうした見解は，専門家が気づかない点を指摘する可能性がある．なぜなら，

研究の専門分化が進んだ昨今，専門家の視野が狭窄化し，俯瞰的・横断的にみる視点を失う可能性があるからだ．たとえば，新しい化学物質を開発する場合を考えてみよう．合成については有機合成化学（理学，工学），工業応用については応用化学と化学工学（工学），人体影響については公衆衛生学や毒性学（医学や薬学），環境影響については生態学（理学や農学）など，というように，それぞれに専門において開発が行われる．このように細分化・複雑化してしまうと，領域すべてを横断的に，かつ全体を俯瞰的に理解することは専門家でも難しくなる．そうすると，全体を見渡すことのできる一般の人々の意見のほうがかえって「専門家」としての「妥当な意見」を表明することができるかもしれないのである[17]．"一般の人々のほうが情報を伝える側になる．すなわち専門家のほうが受け手になる"という「逆説的状況」を否定できないのだ．

　これまでのPUS研究では，一般の人々から「妥当な意見」が出されるならば，コンセンサス会議は科学技術の政策決定において有効であることが指摘されている．それは，これまで根強い官僚制的な政治文化をもつといわれてきたオーストリアのコンセンサス会議の調査事例である[18]．この調査によると，オーストリアの一般の人々の間では，2003年の夏に開催された「遺伝子情報」に関するコンセンサス会議を評価する声が多かったという．オーストリアの科学技術の社会的意思決定は，専門家や技術官僚の意見に基づいてきた．こうしたなか，専門家との対話によって形成された一般の人々の声が，科学技術政策の決定に反映される道筋を作ったという点で，コンセンサス会議は支持されたのである[19]．そうすると，コンセンサス会議は，科学的なデータのみで判断されるような「科学的合理性（scientific-rationality）」とは別の価値観，すなわち大多数の一般の人々の「納得」のうえに成立した「社会的合理性（social-rationality）」を図ることも期待される．

　しかし，コンセンサス会議では，参加している一般の人々の側から多様な意見が提出される．それは，往々にして科学的知識に基づいていないがゆえに，専門家からみれば，情緒的・感情的な反応にしかみえず，受け入れがたいものであるかもしれない[20]．とはいえ，こうした意見は，少なくとも科学技術を受け取る側の認識形態の「一つ」であることには間違いない．そもそも科学技術をめぐる価値観や理解内容の相違から，両者の対立が顕在化するのは仕方が

ないことだ[21]. そして互いに譲れないとなると, 科学技術に対する社会的な
「合意 (コンセンサス)」を形成することは容易ではない. つまり, コンセンサ
ス会議は, 「合意不能型の紛争」あるいは「抵抗型の抗争」の場となる. そう
なると, コンセンサス会議の重要な役割とはお互い歩み寄るということではな
く, いかんともしがたい両者の「社会的対立」がどこにあるのかを明らかにす
るという, いわば「問題の可視化」にあるといえるだろう[22].

　しかし, 簡単に合意形成が図れないとはいえ, やはりコンセンサス会議を実
際の科学技術の「政策決定の場」として位置づけるべきだとする意見は根強く
ある. たとえば, 2001 年 11 月にドイツで開催された遺伝子診断に関するコン
センサス会議を調査した西澤は「政策決定者はわれわれの意見に耳を傾けるの
か, それともわれわれの出した結論はゴミ箱行きなのか」という会議に参加し
た市民パネリストの声を紹介している[23]. 確かにコンセンサス会議は, 専門
家や官僚にとって一般の人々の意見を聞く場としては重要な機会である. しか
し, それが政策決定にまったく活かされないとなると, 科学技術を取り巻く現
実に対して批判的な意見をもった人々の不満は解消されないのである. これで
は, 参加する人々は「無力感」を感じてしまうであろう[24]. 参考意見を提出
する権限のみで, 政策決定権を与えられない参加を前提とするのではなく, や
はり一般の人々の意見をどのように意思決定に反映するべきかを今後検討する
必要はあるだろう.

10.2.3　受け取る側の批判的態度

　すでに述べたように, 科学によってもたらされる影響すべてを予測すること
はできないという「科学の限界」が指摘されているにもかかわらず, 専門家た
ちは, その不確実性を軽視する態度を示すがために, 一般の人々は科学技術に
対して懐疑的な意見をもちはじめている. このように公衆は, 科学技術がもた
らすリスクについてよく理解していないがゆえに, 不信感や不安を抱いている
わけではない. 筆者は, 2006-07 年にかけて北海道が資金を提供して実施され
た「北海道における GMO の栽培」をテーマにしたコンセンサス会議を傍聴し
た際, 「一般の人々は科学が万能でないことに気付きはじめているのに, どう
してそのことを科学者は気付かないのだろう？」という声を会議に参加してい

た市民から聞いた．一般の人々は科学の不確実性に関心や注意を向けているにもかかわらず，専門家が自覚せず，「科学の正しさ」を押しつけることは，かえって科学技術や専門家に対する，一層の不信感や不安を招きかねないのである．

　こうした状況のなか，専門家が公衆に対してわかりやすい説明を施すと，それを受け取る一般の人々の間で「未知の部分や否定的な部分を切り捨てているのではないか？」という疑義が生まれやすい[25]．場合によっては「何か隠しているのではないか？」という疑念までもよびおこしかねないのである[26]．

　これまでのPUS研究では，コンセンサス会議に参加した一般の人々の科学技術に対する複雑な意見や態度について報告されてきた．たとえば「バイオテクノロジー」に関するスイスでの調査事例を紹介しよう[27]．スイスは「バイオテクノロジー」の法規制をめぐって1992年と1998年の2回にわたって「国民投票」を実施するとともに，その科学技術に対する公衆討論も行ってきた国である．こうした経緯もあり，スイスではバイオテクノロジーの技術内容はよく認知されていた．しかし，この調査によると，こうした理解が進む一方で，その技術内容を懐疑的にとらえ，その受容に慎重な態度を示す人が数多くみられたという．とくに，この技術を「医学的な領域」に限定するならば，肯定的な意見を表明する人が多かったのに対し，「農業・食品分野」では否定的な態度をとる一般の人々が多かった．こうした背景には，バイオテクノロジーを「技術的」な問題というよりは，むしろ「倫理的」な側面を重視するスイスの一般の人々の考えがある．

　しかし一方で，2000年に日本で行われたGMOについてのコンセンサス会議に参加した市民パネリストから，会議後，以下のような意見が出されている．それは，途上国における種子や農薬などの農業資本が大企業によって支配されることを危惧しつつも「分野・目的によってはGM技術が社会に貢献できることもあり，そのためには研究開発も必要であると考えるようになった．例えば旱魃に強い穀物の開発などは，今後世界の食料問題の解決に大きく貢献すると考えられる」というものである[28]．深刻化する途上国の飢餓問題を食糧生産の観点から考えると，「農業・食品分野」におけるバイオテクノロジーであるGMOを肯定的にとらえる考えがあることも事実である．

一般の人々が科学技術に抱く「倫理的」な懸念は，専門家からみれば個人的な価値判断から生起するものであり，情緒的・感情的な反発の表れとしてみられがちである．しかし，それは科学が社会のさまざまな領域に影響を及ぼすほど複雑化しているにもかかわらず，専門家側の研究対象の視野や科学的な問題設定が「狭窄化」していることへの懸念である．とはいえ，世界の食糧問題の解決が人間として無視できない問題である以上，別の「倫理的」な観点から科学技術を認めざるをえないとする一般の人々がいることも忘れてならない．とにかく，一般の人々の間でみられる科学技術の不確実性への心配と「倫理的」な価値観は，互いに分かつことのできない不可分な関係として慎重に考えなければならないだろう[29]．

10.3　一般の人々の問題設定

10.3.1　「ローカルノレッジ」の有効性

　一般の人々は，専門家のように科学技術に興味があるわけではない．また，常日頃からそれに関心をもっているわけでもない．しかし，その興味や関心が生まれる契機は，往々にして日常生活にある．それは，自分の周りの生活に何かしら影響があることに気づきはじめたときである．たとえば，医療技術ならば，自分や近親者が何かしらの疾病に罹患することによって，はじめて興味をもつことが考えられる．また GMO や食品添加物についてもそうである．その危険性を指摘する情報に接したとき，興味をもつきっかけになる．このように，科学技術が自らの日常生活に何らかの「具体的」な利害や損得をもたらすことに気づいたときに，科学技術は一方の人々から注視される対象になるのである．

　しかし，興味や関心をもつようになるといって，専門家と同じような認識枠組みから科学技術をとらえていくわけではない．というのも，そもそも一般の人々は，科学の専門的な教育課程やプログラムを受けてもいなければ，実験室や理科教室において科学技術と出会っていないからだ．出会うのは，日常生活のさまざまな局面においてである．それゆえ，その局面における個人的な「経験」や「実感」こそが，往々にして科学技術を理解するときの認識枠組みの基本になるのである[30]．

これまで PUS 研究では，一般の人々が毎日の経験や日々感じる実感によって現実を説明していることが報告されている．以下のような調査事例をみてみよう．それは，アフリカ東部の国であるウガンダの首都カンパラにおける低所得層である居住地区の一般女性を対象にしたさまざまな疾病に関する定義と治療についての調査である[31]．この調査によると「性行為感染症（Sexually Transmitted Disease: STD）」および「後天性免疫不全症候群（Acquired Immune Deficiency Syndrome: AIDS）」などの感染症の予防策や対処法，これらの疾病についての彼女たちによる説明は，彼女たちの毎日の生活におけるさまざまな経験的な事象と結びついており，科学的根拠のみに基づいた専門家の知識とは大きく異なっていたという．このように日常的な生活における経験を認識枠組みとして現実を理解するがゆえに，専門家の科学的な知識とは〈ズレ〉が生じるのである[32]．

　科学技術についても，一般の人々は，日常生活の経験でとらえていくものである．以下の日本の事例をみてみよう．それは，1970 年代前半に日本全国で深刻化した「合成洗剤」問題についての事例研究である[33]．合成洗剤が専門家のいうほど「理想的な洗剤」として普及していなかった理由として，多くの人が合成洗剤への"不安－有害性"という「知識」，手が荒れる，河川の泡立ちをみるという個人的な経験から発せられた疑問があったことが挙げられるという．一般の人々の間では，科学技術は，専門家から伝達されるものではなく，毎日の生活で得られる個人的な経験との関わりのなかでとらえられるのである[34]．

　一方，専門家でも，自らの日常的な経験や実感から科学的な説明を行うことも指摘されている．以下のような調査事例をみてみよう．それは，電子部品工場労働者と電力会社職員の「静電気」と「家庭内の電気」に関する調査である[35]．この調査によると，彼らは，学校教育や職場での講習において電気について専門的に学んできたが，電気を他人に説明するときは，自らの日常的な経験を基にした知識を活用していることがわかったという．専門的な職業においても，日常生活で会得される身体的な経験や実感が科学的な知識を伝える場において活用されているのである．

　さらに，専門家が示す「科学的合理性」から逸脱しているようにみえる，一

般の人々の経験知や生活知が，専門家の盲点を指摘することもある．以下のような興味深い事例がある．それは，1986年のチェルノブイリ原子力発電所事故が英国国土に与えた影響に関する事例である[36]．当時，放射能漏れ事故により英国では放射性物質セシウムが拡散し，それが土壌沈殿をへて野菜から羊に循環することが危惧されていた．そこで，現場の「酸性泥炭地（ベントナイト）」がセシウムを化学的に吸収する量を測定する実験を試みた．その際，ベントナイトのある地域にいる羊と，ベントナイトのない地域にいる羊とで比較を試みた．ベントナイトのない地域にいる羊に対し，ベントナイトのある地域にいる羊のほうに何倍のセシウムが多く測定されるかを検討しようとしたのである．ところが，その実験について説明を受けた農家は「そのような実験は無理である」と反対した．農家によると「羊は動き回る」ため，ベントナイトのふくまれる地域にも移動すれば，それがふくまれていない地域にも移動するのである．そうすれば，実験の「前提」が崩れるという農家の「いい分」であった．こうして，実際，地元の環境や羊の性質など地域の実情を考慮しなかった調査計画は失敗してしまうのである．

　このような問題が生じるのは，科学が指向する普遍的知識では，けっして覆い尽くせないような地域固有の「局在的＝ローカル」な場面に直面するからである．実際，上記で述べたような地域の環境については，専門家よりも，そこで長い間暮らしている地域住民のほうが精通していることが考えられる[37]．だからこそ，こうした地域の個別的あるいは直感的な知識は，専門的な知識の視野狭窄を批判し，その修正や再考を促す可能性がある．そうなると専門家の知識よりも，複雑化した科学技術の問題の解決に貢献することも考えられる[38]．特定の現場条件に規定され，日常的実践や身の回りの環境における経験を基に主張される個別的・具体的な地域固有の知識を「ローカルノレッジ（local knowledge）」とよぶ[39]．

　このようにローカルノレッジには期待されるものの，専門家は，これらの知識を素直に受け入れることは難しいだろう．なぜなら，このような一般の人々の価値観や利害関心に基づいた知は，科学的な根拠や裏づけに乏しく，専門家にとって「歪んだ＝正しくない」知として判断されるからだ[40]．ゆえに，ローカルノレッジに耳を傾けたとしても，その知識が専門家の盲点をついている

ことを専門家自身が気づかない，あるいは認めない限り，結局のところ，情緒的で不合理な知として却下される傾向が強い．こうしてローカルノレッジの有用性がいくら強調されたとしても，それが科学技術の政策決定の場で正当な知として扱われるかどうかは，その決定に有利な権限をもつ専門家側の判断に関わっている．そういう意味で，ローカルノレッジは，専門家におおいに依存した知である．

10.3.2 「文脈モデル」への注目

　人は，現実の生活において多様な主体を生きている．たとえば，職場にいけば，仕事をもった「職業人」として振る舞うだろうし，スーパーマーケットにいけば，生活必需品を購入する「消費者」として振る舞う．そして各々の局面において日常生活に規定された認識枠組みをもつ．それは，科学技術に対する問題を自らの生活と関わらせた——「状況＝文脈」に依存した——知識を基にして構成されている．その認識枠組みから科学への問いを立てていくのである．

　そもそも一般の人々にとって科学が意味をもつのは，ある特定の「状況＝文脈」に依存し，規定されるときである．それゆえ，専門家は一般の人々が科学技術についての理解力をただ批判するよりは，一般の人々がどのようなことを知りたがっているのか（知りたがらないのか），また科学のどこに不安や嫌悪を感じているのか，それはなぜなのかを一般の人々の依って立つ「状況＝文脈」を視野に入れて理解することが必要だ．昨今，PUS をめぐる議論では，独自の「状況＝文脈」に即して規定された知識をもち，あるいは専門的な科学知識をもたなくても，"もたない"理由が相応にあることを重視している．こうした考えをふまえたのが「文脈モデル」という分析視角である[41]．

　これまでの PUS 研究では，「無知」であることを自らがおかれた社会状況から積極的に選択している様子が指摘されている．それは，英国のセラフィールドにある核燃料再処理工場ではたらく労働者たちについての調査事例である[42]．この調査によると，彼ら労働者は，自分たちが放射性物質の危険性について「無知」であることに関して，いくつかの理由を挙げて弁明した．彼らがいうには，汚染の危険性については少なからぬ論争があり，それらを一つ一つ理解するには時間がかかり，また個別の事情・状況に応じて，自分で的確な

判断を下せることも難しいと考えているという.

　また社内および社外には，すでに専門家集団がおり，科学に基づいて施設を設計し，作業手順も決めてくれている. このような専門性を重視した仕組みが構築されているにもかかわらず，自ら放射性物質の危険性について科学的に理解しようとすることは，既成の秩序を脅かすものであり，自分たちを守ってくれる組織に対して「不信」を表明することになると彼らは考えている. そうすると，今まで機能していた職場の人間関係に亀裂が生じ，かえって職場の安全環境が維持できなくなるかもしれない. それゆえ，"あえて無知である"ことを表明し，人間関係の安定に努めているのである[43].

　もとより欠如モデルにおいては，無知であることは，科学的理解が欠落や欠損しているとして批判されてきた. しかし文脈モデルでは，こうした無知という状況を作り出す社会的な理由や根拠があることを示している. だからこそ，一般の人々が「科学知識をもたないこと（科学に関心をもたないこと）」あるいは「もとうとしないこと」という態度を積極的にとらせる社会的な「状況＝文脈」を理解することが必要なのである[44].

　ところが，実際，核燃料サイクル関連の施設の現場ではたらきながら，放射性物質についてまったく無知であることは考えにくい. というのも，一歩間違えば，死に至る危険性のある職場であるからだ. 現場ではたらく労働者が，その技術内容や危険性を少しでも理解しようとする態度があっても不思議ではないだろう.

　ここで，青森県六ヶ所村の核燃料再処理施設の問題を，主に地域住民の生活の様子からとらえたドキュメンタリー映画『六ヶ所村ラプソディー』（監督：鎌仲ひとみ，2006 年）のあるシーンを紹介しよう. それは，鎌仲監督が使用済み核燃料の受け入れ作業に携わる作業員に対してインタビューするシーンである. 3 枚も作業着を重ねた「完全装備」で労働していることを話す作業員に対し，「被曝したら怖いとは感じない？」と監督が尋ねると，「最近はね，中身がわかってきて，一番怖いなと思うのはこういう被曝じゃなくて，内部被曝があるのね」と答え，被曝可能性をほのめかすのである. そこで「内部被曝している可能性はあるよね」と監督が尋ねると，「それはない」とその作業員はきっぱり答えるのである[45].

このようなシーンから，危険性を否定する労働者は，一方で自分の身に及ぶ危険性を承知していると思われる．そうすると，英国のセラフィールドにある核燃料再処理工場ではたらく労働者たちの無知は，何も知らないうえでの無知ではなく，その危険性を認知したうえでの無知であると推測される．確かに，どれだけの科学的知識を彼らが理解しているのかを示すことは必要である．しかし，仮に専門的な知識を少しでも理解しているとなれば，無知という態度を表明することは科学技術の内容を「理解した結果」であるとも考えられる．"既知でありながら無知という態度"を選択する「ねじれ」についての分析は，興味深い PUS 研究の課題になるであろう．

10.4　おわりに

1990 年代に入ってから PUS 研究では，欠如モデルに基づいた，専門家から一般市民への「一方向的」な科学技術の情報伝達のあり方が批判され，両者との「双方向的」な科学コミュニケーションの必要性が説かれるようになった[46]．このモデルでは，科学技術に関わる価値観や倫理観，技術をめぐる権力関係，専門家への信頼，一般の人々の科学に対する不安や疑問などさまざまな内容を「両者の立場」から発信し，お互いの意見や態度を受け止めることが求められている．こうした相互の関係性のなかから，科学と社会の関わりを問い直そうとするのである．

そのためには，まず一般の人々が専門家から発信される科学技術の知識の理解状況や態度変容について知る必要がある[47]．しかし，一般の人々は，さまざまな個人的属性をもっている「多様な集合体」である．また職業人としての日常もあれば，消費者あるいは地域生活者としての日常もあるというように，同じ人間であっても「多様な社会空間」を生きる主体である．ということは，これらの「多様性」によって科学技術の重大事項に対する問題設定もまたさまざまである．こうした非専門家の多様性をふまえ，専門家は，一般の人々の科学認識を規定する「状況＝文脈」や社会的要素まで思慮を巡らす努力が求められる．PUS だけでなく，「SUP（Scientists' Understanding of the Public）」——科学者の公衆理解——も試されているのである．これまでの科学技術の政策決定

において「一枚岩」のカテゴリーとして扱われ，その決定の事後承諾を強いられてきた一般の人々の同一的な多様な認識や価値観の実態を明らかにすることは必要であろう[48].

さらに「双方向的」な科学コミュニケーションでは，一般の人々は科学に対する意見や態度を表明し，それを発信することが期待されている．つまり，科学技術の知識や情報を「伝える側」になるのである．こうして専門家は一般の人々の意見や情報を「受け取る側」に位置づけられる．そうすると，専門家は一般の人々の意見をどのように受け止め，どのような態度をとるのかを明らかにすることが必要になる[49].このような「受け取る側」としての専門家の態度変容は興味深いPUS研究のテーマである．また，こうした専門家の知識や情報の発信をふまえて，一般の人々があらためてどのような態度変容をみせていくのかを考察することも興味深い研究である[50].

このように今後の「双方向的」な科学コミュニケーションの有効性や可能性を検証していくためにも，一般の人々だけでなく，専門家もふくめた，科学技術の知識や情報を「受け取る側」の実態に注目した研究の意義は大きいといわざるを得ない[51].

註

1)　Gross, A. G., The roles of rhetoric in the public understanding of science, *PUS*, 3 (1), 3-23, 1994.

2)　Doble, J., Public opinion about issues characterized by technological complexity and scientific uncertainty, *PUS*, 4 (2), 95-118, 1995.

3)　Parales-Quenza, C. J., Preferences need no inferences, once again: Germinal elements in the public perceptions of genetically modified foods in Colombia, *PUS*, 13 (2), 131-153, 2004.

4)　科学社会学者の中山茂は，現代の科学技術と社会の問題について，以下のように述べる．「科学技術的知識にかぎらず，すべて知的創造というものは，好きこのんで行なうものなのだ．それなのに何も好きこのんでそんな原子力についての知識を得たいと思っていないのに上から押しつけられ，拒否すると身に災がふりかかることになる．まったく迷惑な話

であり，これを知的公害といわずして何といえよう.」中山茂，『市民のための科学論』,
社会評論社，p. 17, 1984. また英国の科学社会学者のウィンは，「公衆は科学に対して認
識が不足している」という一見もっともらしい考え方は，科学を理解するということがわ
かっていない科学者によるものであると指摘している. Wynne, B., Public understanding
of science research: New horizons or hall of mirrors?, *PUS*, **1** (1), p. 38, 1992.

5) ある科学的な個別問題に対して，専門家は詳しく知っており，素人は漠然としか，ない
しはほとんど知らないという点で，両者には「知識の勾配」がある. 金森修，「科学の公
衆的理解」, 井山弘幸・金森修，『現代科学論——科学をとらえ直そう』, 新曜社，p. 147,
2000.

6) 両者のコミュニケーションにおける発話行為者の「非対称性」という概念は，社会学か
ら生まれた研究手法である「エスノメソドロジー（ethnomethodology）」にみられる. 西
阪仰，「相互行為のなかの非対称性」, 井上俊他編，『権力と支配の社会学』, 岩波講座 現
代社会学 16, pp. 47-66, 岩波書店，1996. エスノメソドロジーは，「会話分析」を中心に
して，社会のメンバーがその場の常識的知識を使ってものごとを「どのような仕方で」秩
序づけているかを明らかにする研究手法である. 前田泰樹・水川喜文・岡田光弘編，『エ
スノメソドロジー——人びとの実践から学ぶ』, 新曜社，2007.

7) Weinberg, A. M., Science and Trans-Science, *Minerva*, 209-222, **10** (2), 1972.

8) 「科学的な事実と科学的な価値によって交わる領域」, すなわち「科学と政治（社会的意
思決定）」とが交わる問題群や領域のことを「トランス・サイエンス（trans-science）」と
よぶ. Weinberg, 前掲論文 7) 参照.

9) Gregory, J. and Miller, S., *Science in Public: Communication, culture, and credibility*,
Plenum Press, 1998.

10) Fischhoff, B., Risk perception and communication unplugged: Twenty years of
process, *Risk Analysis*, **15** (2), 137-145, 1995.

11) イタリアの科学社会学者のブッキらの調査によると，一般の人々は，「無知」なるゆえ
ではなく，よく理解したうえで「忌避」という態度をとっていることを指摘している.
Bucchi, B. and Neresini, F., Biotech remains unloved by the more informed, *Nature*, **416**,
p. 261, 2002. Bucchi, B. and Neresini, F., Why are people hostile to biotechnologies?,
Science, **304**, p. 1749, 2004.

12) 日和佐信子，「遺伝子組み換え食品を消費者はどうとらえるか」, 『農業と経済』, **67**
(8), pp. 43-44, 2001.

13) こうした PUS の現実を理解するには，「カルチュラル・スタディーズ（cultural
studies）」のメディア研究が役立つ. 文化に潜む権力性や政治性を捉えるカルチュラル・
スタディーズは，従来のメディア研究において受け手を出来合いのメッセージを受け取る

だけの「受動的」な存在とみなしていた点を批判し，受け手による読みの「能動性」や解釈の「多様性」を強調してきた．吉見俊哉編，『知の教科書 カルチュラル・スタディーズ』，講談社，2001．そもそも，この研究の端緒を開いた英国の文化理論家であるS・ホールの「エンコーディング／デコーディング」論は，メッセージの「生産（エンコード）」にさまざまな物質的な諸条件——現実のできごとを支配的な「物語」に加工する際のフィルター——の存在を強調する一方，受け手がメッセージを「解釈（デコード）」する際，送り手の意図した支配的なメッセージをそのまま受け取るのではなくて，受け手の立場に応じて，批判的にさまざまなかたちで読み取ることができると主張した．Hall, S., Encoding/Decoding, in Hall. S. *et al.* eds., *Culture, Media, Language: Working papers in cultural studies, 1972-79*, Hutchinson, pp. 128-138, 1980. こうしてジェンダー，人種・エスニシティ，階級など読み手の社会的ポジションの違いによって，解釈は異なり，支配的なメッセージに対して対抗的な読みが可能になるのである．このような分析視角は，現在，メディア論のオーディエンス研究に応用されている．吉見俊哉編，『メディア・スタディーズ』，せりか書房，2000．

14) 久保はるか，「科学技術をめぐる専門家と一般市民のフォーラム——デンマークのコンセンサス会議を中心に」，『季刊行政管理研究』，96, 41-42, 2001．

15) 1993 年にはオランダで「動物の遺伝子操作」について，1994 年には英国で「植物のバイオテクノロジー」について，1996 年にはノルウェーで「遺伝子組換え食品」についてのコンセンサス会議が開かれている．日本でも，2000 年に農林水産省の委託を受けて「社団法人農林水産先端技術産業振興センター（Society for Techno-innovation of Agriculture, Forestry and Fisheries: STAFF）」を事務局として「遺伝子組換え作物」をテーマにした全国規模のコンセンサス会議が初めて開かれている．

16) 「市民参加」型による政策決定の理論的背景としては，適正な社会認識に基づいて投票行動や社会参加をすることのできる市民による「政治的な批判機能をもった公共性」を構想したハバーマスの社会構想がある．ハバーマスにとって公共空間の範型は，近代ブルジョワ的な市民社会であり，私的領域としての家族，意思決定が行われる政治的領域としての国家，経済的な領域としての市民社会（＝市場社会）のいずれからも独立した自律的な領域として構想されている．そのなかで諸個人は，互いに対等な存在として各自の意見を表明し，「より良い論拠」を求める妥当性請求に基づいた「討議（ディスクルス）」によって公論の形成，合意形成を行うと考えられている．Habermas, J., *Strukturwandel der Offentlichkeit: Untersuchungen zu einer Kategorie der burgerlichen Gesellschaft*, Hermann Luchterhand Verlag, 1962．邦訳：細谷貞雄訳，『公共性の構造転換』，未來社，1973．

17) GMO の場合，環境保護団体や消費者団体は，専門家による品質確定の矛盾を消費者に伝える活動を行う．「消費者自らが専門家とは異なる認知的基準を提示する」という意

味で，これらを「対抗的専門家」とよんでいる．大塚善樹，「「食と農の分離」における「専門家と素人の分離」」，『環境社会学研究』，**9**, p. 43, 2003.

18) Seifert, F., Local steps in an international career: A Danish-style consensus conference in Austria, *PUS*, **15** (1), 73-88, 2006.

19) こうした「市民参加」による科学技術の是非に対する社会的意思決定の仕組みは「民主主義モデル（democratic model）」とよばれる．

20) 「専門家の判断・評価で事が片づかないから問題になる」ことに専門家は気づかなければならない．若松征男，「素人は科学技術を評価できるか？」，『現代思想』，**24** (6), p. 104, 1996.

21) 環境社会学の分野では，「長良川河口堰」を推進する国（旧・建設省）とそれに反対する環境保護運動団体で行われた「公論形成の場」において，両者の間には，対話に対する関わり方の「非対称性」が存在しているがゆえに，対話の場をもちながらも，分析ポイントがずらされ，対話を拒絶していくという両者の巧妙なコミュニケーション実践が明らかにされている．足立重和，「公共事業をめぐる対話のメカニズム──長良川河口堰問題を事例として」，舩橋晴俊編，『講座　環境社会学』2（加害・被害と解決過程），有斐閣，pp. 145-176, 2001. また，地域住民と行政（地方自治体）による環境問題を討議する「社会的な場」が設定されたとしても，地域環境問題の「何が問題なのか？（問題設定に関する認知的側面）」や「いかに解決すべきなのか？（解決手法の選択に関する行為的側面）」について両者の認識の〈ズレ〉が生じることも明らかにされている．脇田健一，「地域環境問題をめぐる"状況の定義のズレ"と"社会的コンテクスト"──滋賀県における石けん運動をもとに」，舩橋編，前掲書21），pp. 177-206.

22) 総合研究開発機構・木場隆夫編，『知識社会のゆくえ──プチ専門家症候群を超えて』，日本経済評論社，pp. 118-123, 2003. この「問題の可視化」を踏まえ，いかんともしがたい「社会的対立」が存在し，個別論点に関して，コンセンサスが得られなかったことについて〈合意〉するという，「メタ・コンセンサス」の形成が必要であろう．小林傳司，『誰が科学技術について考えるのか──コンセンサス会議という実験』，名古屋大学出版会，p. 314, 2004.

23) 西澤真理子，「市民に科学技術が評価できるのか──遺伝子診断に関するドレスデン・コンセンサス会議」，『科学』，**72** (9), p. 865, 2002.

24) 2000年に日本で行われたGMOについてのコンセンサス会議のファシリテーター（議事の進行役・調整役）を務めた小林傳司は，「この間の市民パネルの議論を通じて感じられたのは，ある種の『哀しみ』のようなものであった」と述べている．小林傳司，「社会的意思決定への市民参加」，小林傳司編，『公共のための科学技術』，玉川大学出版部，p. 167, 2002. この「哀しみ」は，GMOの技術に対して違和感をもちながらも，コンセンサ

ス会議を通じて，自らの生活自体が科学技術の発展に依存している現実に自覚的になるが
ゆえに生じるのである．これは「問題の深刻さを十分理解しながら，しかし日々の生活に
おいては必ずしも地球環境問題の解消につながる行動をとりえず，場合によってはむしろ
悪化させる可能性もある行動を取らざるを得ないという現実から生まれる「やりきれな
さ」」であるともいう．小林，前掲論文24），p. 168．コンセンサス会議のような公論形式
の場を設定しても，結局，科学技術に市民側が主体的にかかわることができないがゆえに，
「無力感」は生じてしまう．大塚，前掲論文17），p. 48.

25) 専門家は，一般の人々を説得するために科学技術の問題を技術的なものに「限定」し
て話す．そのさい，客観的に証明されない「不安」「恐れ」は「非科学的」なものとして
周縁化，もしくは却下される．つまり，科学的なものとそれ以外の境界を画定し，問題を
技術的な象限に再定義するのである．これは「脱政治化」や「視野狭窄化」のレトリック
とよばれる．平川秀幸，「科学・技術と公共空間——テクノクラシーへの抵抗の政治のた
めの覚え書き」，『現代思想』，**29**（10），pp. 201-202, 2001．その一方で，一般の人々は，
専門家がいっていることではなく，いわないこと，いえないことにこそ関心を注ぐのであ
る．

26) 大塚善樹，「GM農作物・食品に対する人びとの懸念」，『農業と経済』，**67**（8），p. 50,
2001.

27) Bonfadelli, H. *et al.*, Biotechnology in Switzerland: High on the public agenda, but
only moderate support, *PUS*, **11**（2），113-130, 2002.

28) 村上千里，「市民参画の新しい可能性を開くためには手法の改善が必要」，農林水産先
端技術産業振興センター編，『Techno innovation』，**14**（3），p. 43, 2004.

29) Wynne, B., Expert discourse of risk and ethics on genetically manipulated organisms:
The weaving of public alienation, *Notizie di Politeria*, **17**, 51-76, 2001．邦訳：塚原東吾訳，
「遺伝子組換え作物のリスクと倫理をめぐる専門家による言説構成——公共性を疎外する
構造はいかにして織り成されるのか」，『現代思想』，**29**（10），100-128, 2001.

30) 環境社会学者の鳥越皓之は，個人の「日常的な知識」を検討し，「個人の体験知（体験
そのものではなく，体験が知識化されたもの）」「生活組織内（ムラ，コミュニティなど）
内での生活常識」「生活組織外からもたらされる通俗道徳」の三つに分類している．鳥越
皓之，『環境社会学の理論と実践——生活環境主義の立場から』，有斐閣，pp. 28-29, 1997.
とくに「生活常識」とは，日常的な「社会関係の累積」を基盤に形成され，地域生活をつ
つがなく送っていくための「知恵の蓄積」である．そもそも，このような日常的な知識に
対して「科学的事実に基づいていない」という批判をあびせかけることは，一般の人々が
科学を理解するときに，日常で得られる経験や実感を動員せざるをえない個別事情や社会
的背景をみえなくしてしまう可能性がある．欠如モデルが批判されるPUS研究において，

一般の人々の日常的な知識のありようから科学を考える研究視点は重要である.

31) Wallman, S., Ordinary women and shapes of knowledge: Perspectives on the context of STD and AIDS, *PUS*, **7** (2), 169-185, 1998.

32) 一般の人々の経験知による専門家との認識の〈ズレ〉が思わぬ悲劇を生みだすこともある.水俣病の例を挙げよう.水俣病の歴史を振り返ると,「魚が危険である」といわれても,水俣の人々が「危ないのは弱った魚」「沖の魚は大丈夫」といった「生活知」に基づいた理屈のもとに魚を食べ続けていたことが指摘されている.平岡義和,「アジアの環境問題における「後発性の不利益」と日本の経験——水俣市,北九州の事例からの考察」,『人文論集(静岡大学人文学部社会学科・言語文化学科研究報告)』, **56** (1), p. 30, 2005. このように魚介類の危険性についての認識が専門家と〈ズレ〉ていたがゆえに,魚を食べ続けてしまっていた可能性は否定できない.

33) 石垣尚志,「「洗剤論争」における専門家と素人——科学の公衆的理解という視点から」,『年報社会学論集』, **15**, 141-152, 2002.

34) Eden, S., Public participation in environmental policy: Considering scientific, counter-scientific and non-scientific contributions, *PUS*, **5** (3), 182-204, 1996.

35) Caillot, M. and Nguyen-Xuan, A., Adults' understanding of electricity, *PUS*, **4** (2), 131-151, 1995.

36) Wynne, B., Misunderstood misunderstanding: Social identities and public uptake of science, in Irwin, A. and Wynne, B., *Misunderstanding Science*, Cambridge University Press, pp. 19-46, 1996.

37) ノルウェーの狩猟・遊牧民族であるサーミ人を対象にしたフィールドワークを行ったペインによると,チェルノブイリ原発事故によるトナカイの汚染をふまえ,地元の牧羊家が専門家の推奨する方法に反対し,自らが長年にわたって培った「経験的な知識」を用いて行ったトナカイの体から放射能を取り除く方法を成功させたことが報告されている. Paine, R., Chernobyl' reaches Norway: The accident, science, and the threat to cultural knowledge, *PUS*, **1** (3), 261-280, 1992.

38) この具体的な実践例として「民衆疫学(popular epidemiology)」が挙げられる.これは,環境問題や被害の実態を捉えるために汚染地域に住んでいる住民の実感や地元住民の知識に注目し,通常の科学が重視する「統計的な有意性(statistical significance)」よりも「公衆衛生上の重要性(public health significance)」を重視する.有害物質への曝露とある疾病との関連に十分な統計的な有意性が得られない場合でも,汚染地域の住民に健康被害が発生しているならば,その曝露と疾病との関連を仮定し,対策をとる. Brown, P. and Mikkelsen, E., *No Safe Place: Toxic waste, leukemia, and community action*, University of California Press, 1990.

39) Geertz, C., *Local Knowledge: Further essays in interpretive anthropology*, Basic Books, 1983. 邦訳：梶原景昭他訳，『ローカルノレッジ』，岩波書店，1991.

40) 昨今，文化人類学では，先住民の人々の「伝統的な生態学的知識 (traditional ecological knowledge)」に関心が集まっている．これは，「(人間をふくむ) 生命体相互の関係と生命体と環境の関係に関する累積された知識と実践と信念の総体であり，適応の過程で発達し，文化的な伝達によって世代を超えて伝えられる」知識である．Berkes, F., *Sacred Ecology: Traditional ecological knowledge and resource management*, Taylor & Francis, p.8, 1999. 具体的には，人間をふくむ生態系全体の動態に関する知識体系をはじめ，呪術や芸術，生業技術，禁忌などの民俗体系をふくむ先住民の人々が備えもっている知識と実践の体系である．そもそも，こうした知識の総体は，自然環境を精緻に把握した実用的に優れた知識として欧米社会から高い評価を受けてきたものの，近代科学より劣った「未開」の，あるいは「原始的」思考の産物としてみなされる傾向が強かった．しかし，最近では，伝統的な生態学的知識は，近代科学と対等な知的所産——「野生の科学」——として認められるようになり，人間中心主義的で，往々にして欧米諸国による自文化中心主義になりがちな近代科学を相対化し，その欠点を是正する可能性を秘めた新しい世界理解のパラダイムとして見直されつつある．文化人類者学者の大村敬一は，「極北の科学者」という異名をもつ，カナダ極北圏の先住民であるイヌイトの調査をふまえ，もともとイヌイトの生態学的な知的所産が近代科学とは異なる知のパラダイムであることを明らかにしている．大村敬一，「近代科学に抗する科学——イヌイトの伝統的な生態学的知識にみる差異の構築と再生産」，『社会人類学年報』，29, 27-58, 2003.

41) 「文脈モデル」とは「文脈を考慮し，公衆の問題関心に寄り添う，等々のことが重視されなければならない」という考え方である．杉山滋郎，「科学コミュニケーション」，『思想』，973, p. 77, 2005.

42) Wynne, 前掲論文 36).

43) すでに述べたように，日本の場合，原子力発電所や核燃料関連施設の建設立地は，「過疎」問題と密接に関係している．これらの「迷惑施設」が過疎地域における雇用を創出するため，地元住民にとって魅力的な仕事場になる．現に，後述する青森県六ヶ所村の核燃料再処理施設ではたらく作業員は，現在3人の子どもを育てる六ヶ所村の元漁師として映画のなかで紹介され，「村で仕事があるだけでもありがたい，子どもがいればどんな仕事だってやる」と彼は語っている．鎌仲ひとみ，『六ヶ所村ラプソディー』，グループ現代，p. 17, 2006. このような雇用労働に恩恵を受けている人間が密に集積した場所では，地域生活をつつがなく送るために「他者との良好な関係を維持する配慮」が絶えず機能する．山室敦嗣，「原子力発電所建設問題における住民の意思表示——新潟県巻町を事例に」，『環境社会学研究』，4, 188-203, 1998. このような地域の「構造 (社会構造，階層構造，

地域権力構造)」という点からも，一般の人々の科学技術に対する理解や態度を研究する必要があるだろう．

44) ウィンは，「無知」とは知識面での空虚状態ないし知識が不足している状態を意味するものではなく，能動的に作られたものであり，科学の社会的側面についての理解をともなっていると述べる．Wynne, B, Public understanding of science, in Jasanoff, S. *et al.* eds., *Handbook of Science and Technology Studies*, Sage Publications, pp. 379-381, 1998. つまり，「無知」にも，それを取り巻く社会的な理由や根拠があり，科学知識の欠如・無知を社会的に構成されたものとしてとらえる必要があるというのである．

45) この作業員は，マスクをしていても内部被曝にならないように「最初に放管（放射線管理官）」が測っての作業になるから．まぁ放管を信じて，いっしょに働く仲間だからそれを信じての作業だから．別に怖いと思わないな」とも語り，同じ現場ではたらく労働者に対する信頼や職場の人間関係を重視している．鎌仲，前掲書43)，p. 17.

46) Durant, J., Participatory technology assessment and the democratic model of the public understanding of science, *Science and Public Policy*, **26**（5), 313-319, 1999.

47) 専門家は，一般市民，途上国や異なる文化をもつ人々，さらにはまだ生まれていない世代の人々を科学的価値が共有できない「他者」として批判したり無視するのではなく，科学技術の政策決定における「当事者」として認め，彼ら／彼女らの意見に対しても配慮や注意を払うことのできる「技術者兼社会学者（engineer-sociologist）」になることが求められているのである．戸田山和久，「環境への配慮を開発に活かした技術者——デンソーのとりくみ」，黒田光太郎他編，『誇り高い技術者になろう——工学倫理ノススメ』，名古屋大学出版会，p. 30, 2004.

48) だが，一方で危惧されることもある．地域住民の考え方や知識のありようをつまびらかにすることは，行政側の住民たちの判断基準や感情的機制の把握を手助けすることになり，結果的に住民との対立をより巧妙に回避し，納得させる手段を提供することにもなりかねない．つまり，こうしたPUS研究は，下手をすると中央の行政機構による地方の知識伝統を回収することによって，地域住民の懐柔のための利便提供という機能を果たす可能性がある．金森，前掲論文5)，p. 153.

49) "積極的な専門家"や"懐疑的な専門家"というように，もともと専門家の間にも当該の科学技術の開発に対する受容態度の差異はある．

50) 2000年に日本で行われたGMOについてのコンセンサス会議では，この会議の前後で，個々の市民パネリストのGMOに関する見解は大きく変化しなかったという．さらに専門家も「この会議を通じてお互いの説明を聞いたのであり，にもかかわらず，「専門家」自身もみずからの見解を大きく変えなかったのではなかったか」と指摘されている．小林，前掲論文24)，pp. 170-171.

51)　専門家がコンセンサス会議に参加することによって，どのように態度変容をみせたの
かを明らかにすることは興味深いテーマである．小林，前掲論文24），p. 171．2000年に
日本で行われたGMOについてのコンセンサス会議に参加したある専門家は，会議後，
「現在得られている科学的知見に基づき，安全性確保に重要だと思われる項目を評価する
ことによって，ほぼ十分な安全性が担保されるのではないかと考えている．科学的知見に
基づかない空想的リスクにばかり囚われていては，議論そのものが成り立たない」と述べ
ている．田部井豊，「遺伝子組換え農作物についての誤解に基づく懸念や反対について」，
農林水産先端技術産業振興センター編，『Techno innovation』，14（3），p. 34, 2004．専門
家は一般の人々が提出する見解を「空想的リスク」として回収してしまい，一般の人々と
異なる場で意見形成を行う限り，科学コミュニケーションとして両者の議論が永遠にかみ
合わないことも十分考えられる．

Ⅳ　隣接領域との関係

第 11 章　科学教育

廣野喜幸

　初等・中等教育の理科は，はじめてのまとまった科学コミュニケーションといえよう．このときの科学コミュニケーション経験，そしてこのとき得た科学技術リテラシーが，その後の科学コミュニケーション・科学技術リテラシーの基盤となるため，非常に重要である．英米では 1960 年代頃から理科（科学）教育の現代化が推し進められてきた．一つは「秒進分歩」といわれるほどの速さで進む現代自然科学に対処するためであり，もう一つは「万人のための科学と技術」の標語の下，必ずしも科学者や技術者とはならない人にとっての理科（科学）教育の改善をはかるためである．米国は学童・成人すべてに必須な知識を具体化し，それを着実にカリキュラム化する方策を基本方針の一つにして，現在も強力にその路線を推進している．英国は研究計画を立てそれを実施し，科学者・技術者の作業を，身をもって経験する「探求」の過程を中心軸に理科（科学）教育の改革をはかってきた．若者の理科離れが科学コミュニケーションを重視する政策を促した日本は現在，ゆとり教育とその反動の軋轢のただなかにあり，理科（科学）教育の基本方針をどうするかのレベルで議論が開始されようとしている．われわれは今，科学コミュニケーション全般の観点から理科（科学）教育をとらえ直し，日本の理科（科学）教育を構想していく必要があるだろう．

11.1 科学コミュニケーションと科学教育[1]

11.1.1 性格の違い

近年，科学コミュニケーションが活況を呈している．たとえば，日本では，学校教育に関連して，サイエンス・キャンプの実施（1996年），サイエンス・パートナーシップ・プログラムの制定および，スーパー・サイエンス・ハイスクールの設置（2002年），一線の研究者による出前授業などが行われるようになった．そのきっかけは，1990年代前半に「理科離れ」および「学力低下」[2]を憂慮する声が非常に大きくなったことにある[3]．

「理科離れ」および「学力低下」の危機は三つの局面に分けられるだろう[4]．一つは一般市民の科学技術リテラシー不足であり，二つめは自然科学者の再生産に関する不安，つまり高等教育（大学・大学院）における教育の危機であり，最後は初等・中等教育における科学教育の問題である[5]．もちろん，後述するように，初等・中等教育における科学教育の問題と一般市民の科学技術リテラシー不足は密接な関係があるだろう．

科学コミュニケーションを広義にとれば，これら三つともが科学コミュニケーションにふくまれる．すなわち，科学教育ももともより科学コミュニケーションの一形態ということになる．だが，科学コミュニケーションを狭義に解し，一般市民の科学技術リテラシーに関連するコミュニケーションを科学コミュニケーション，初等・中等・高等教育関係を科学教育とよびわけるのが普通であろう[6]．科学教育がもつある種の特徴のため，科学コミュニケーションとは独立性の強い領域となっているからである．そこで，科学コミュニケーションと科学教育の違いを明らかにすることから議論をはじめることにしよう．

一般市民が生涯を通してもつ科学知識の基盤を形作るという意味で，科学教育は科学コミュニケーションにとって非常に重要である．したがって，両者の間には非常に密接な関係がある．ところで，科学コミュニケーションの実践においては，「誰が」「誰に」「何を」「何のために」「どのようにして」行うかについて自覚的であることが望ましい[7]．こうした観点からみた場合，科学教育の特徴は，対象があらかじめ限定されていること，強制力がはたらくこと，シ

ステムが整備されていることの3点になるだろう.

　科学コミュニケーション一般においては，受け手，つまり「誰に」に関する部分を明確にしておかないと焦点がぼやける可能性がある．しかし，科学教育では受け手はあらかじめおよそ6-22歳とかぎられており，対象の明確化といった作業をする必要が省かれる（場合が多い）．もちろん，6-22歳にかけては成長が著しく，成長段階に合わせて，科学教育の具体的なあり方も変える必要はある．現に，小学校低学年，小学校高学年から中学校，高等学校，大学など，別個に探求されている．しかし，この場合でも対象はあらかじめ確定されていることに変わりはない．これに対し，テレビの科学番組や新聞の科学記事，一般向け科学書などの場合，読者層などの対象の明確化という作業段階が一段多く必要とされる.

　次に，科学教育の場合，受け手側には「卒業しなければならない」「試験に合格しなければならない」「単位を取らなければならない」などの強制力がはたらき，伝え手側にとってはさしあたりコミュニケーション自体をとる動機付けを受け手側に引き起こすための作業は省かれている．もちろん，科学教育においても，興味をもたない児童・学生にどう動機付けを与えるかは大きな課題ではある．しかし，多くの児童・学生が興味を示さないといった学級の場合でも，卒業・試験などの強制力は厳として存在し続ける．これに対し，一般市民を対象とする科学コミュニケーションの場合，そのような強制力を期待できる場面はほとんどないだろう.

　最後に，科学教育の場合，「コミュニケーションの与え手（教師）と受け手（児童・学生）」「コミュニケーションの場所（教室・理科室・実験室）および時間の確保」「コミュニケーションのテキスト（教科書・参考書）」「実験道具」などが整備されている．なるほど，予算の関係上機器を揃えることができない場合もあるだろう．大学入試において実験に習熟する必要は必ずしもなく，実験に習熟した教師不足のため，現実には十分な整備がなされていない場合も多いだろう．しかし，こうした事態はシステムの機能不全である．これに対し，科学コミュニケーション一般の場合，システム自体が存在していないことが多い[8].

11.1.2　歴史的経緯の差異

　科学教育と科学コミュニケーションの間にはこうした違いが存在するが，さらにまた歴史的経緯も異なっている[9]．たとえば，本格的な科学コミュニケーションが開始されたのは 18 世紀初頭であるのに対し，科学教育がはじまるのは 19 世紀中葉以降と，150 年ほど科学コミュニケーションが先行する．ところが，科学コミュニケーションに関する研究は 1970 年前後から本格化するのに対し，科学教育に関する研究が開始されるのは 19 世紀末と，科学コミュニケーション研究は 70 年以上の後れをとる．

　通説では，近代自然科学は 16-17 世紀に欧州で誕生した．そして，自然科学の知識が一般市民にむけて発せられはじめたのは 18 世紀初頭である（3.3 節参照）．同時期，学校教育の場では，たとえば大学の教養課程などで細々と教えられているにすぎなかった[10]．学校教育の場で自然科学が本格的に教えられはじめたのは，フランスのエコール・ポリテクニークやドイツのレアル・シューレにおいてであり，18 世紀末から 19 世紀初頭にかけてのことである．

　米国はやや遅れるが，ハーバード大学ローレンス科学学校が設立されるのは 1847 年であり，また，1850 年頃，ニューヨーク州では自然科学教科 17 種（電気学・水理学・静水力学・磁気学・力学・光学等々）が教えられていた．それ以前の米国において学校といえば，ピューリタンによるラテン・グラマー・スクールであり，そこでは古典教育（ギリシャ語・ラテン語）がなされていた．古典教育に自然科学教育が食い込むきっかけとなったのは，マサチューセッツ州の 1857 年の法律であろう．この法律は，人口 4000 人以上のタウンにあるハイスクールに，自然哲学・化学・植物学を教えることを求めた．ちなみに，電気学・磁気学・力学などと分かれていた現在の物理学系教科は，1860 年前後になると，自然哲学（natural philosophy）という呼称のもとで一括されるようになる．現在と同じ物理学（physics）に変わるのは 1880 年前後のことであった．

　英国の中等学校で理科がわずかながらも教えられるようになったのも，やはり 19 世紀半ばすぎてからである．これは当時発展しつつあったドイツの工業に後れをとった英国が挽回するために講じた科学技術教育振興策による．ただし，何を，いつ，どのように教えるのかについて，明確な理念も形式もなく，適当な知識が適宜注入的・暗記的に教えられるものにすぎなかった．

日本では蘭学および洋学の窓を通して科学技術の知見が流入していたが，学校教育の場で科学教育が本格化するのは「学制」の発布（1873年）以降になる．このとき「小学教則」および「中学教則略」で初等・中等教育に教科「理科」が設置されたのであった．

　かくして，科学コミュニケーションが開始されたのは18世紀初頭であり，一方科学教育がはじまるのは19世紀中葉以降と，150年ほどの開きが生じたのである[11]．ところが，科学教育は，システムを整備させようとする力がつねにはたらく学校という場で行われるため，研究が立ち上がるのはすばやかった．たとえば日本では，すでに1890年前後に高等師範学校関係者が理科教授法の研究をはじめている．これに比して，科学コミュニケーションの研究が本格化するのは，一般市民の科学離れが危惧された1970年前後であった．たとえば，科学コミュニケーション論の主要な学術誌である『科学コミュニケーション（Science Communication）』誌が創刊されたのは1979年である[12]．このように，科学コミュニケーション論は科学教育学におよそ70年の後れをとったのであった．

　また，両者は支える層が異なっている．科学教育学は教育学者とともに現場の教師が多く参加している．一方，科学コミュニケーション論の場合，もちろんコミュニケーション論や科学技術社会論の研究者も関与するのだが，また自然科学者が多く関与している．

11.2　もう一つの学力低下論争

11.2.1　1960年以前の米国の科学教育

　本章冒頭で述べたように，「理科離れ」および「学力低下」の危機を叫ぶ声が1990年代前半の日本でたいそう大きくなった．だが，「学力低下」に強い危機が生じたのはこのときがはじめてではない．1950年頃にも「学力低下」を心配する声が，主として教育者の間で高まったのである．当時の科学教育は「生活単元・問題解決学習」であり，源は米国であった．

　輸入元である米国の科学教育は，「考え方が正しいかどうかは，その考えが実際に役立つかどうかによる」とするプラグマティズムに大きく影響されたも

のであった．プラグマティズムの思想を科学教育で展開させると，科学知識の正しさの試金石を，科学の手段や知識を用いて日常生活における何らかの問題を解決できるかどうかに求めることになる．

　先に学力とは何かをめぐっては，見解の相違がある点を指摘しておいた．ここまでは辞書的理解で進めてきたが，後の議論のために，ここで学力観の相違についてまとめておくほうがいいだろう．

　戦後日本の教育学では学力についてさまざまな見解が表明されてきたが，もっとも有名な学力モデルは，名古屋大学教育学部の広岡亮蔵による三層モデルであろう．広岡はもっとも土台となる層に「思考・操作・感受表現態度」を，中間層に「関係的な理解や総合的な技術」を，もっとも表層に「要素的な知識・技能」をおき，これらの総体を学力とした[13]．

　われわれの観点からとらえ直すと次のようになるだろう．学力なる言葉で想起されるのは，まず「昆虫も動物である」とか，オームの法則といった自然に関する知識や自然法則を（教えられ）知っていることであろう．これが広岡のいう「要素的な知識・技能」に相当する．ここでは知識学力とよんでおこう．それだけでは不十分であり，そうした（教えられた）自然の知識や法則を現実に適用できる応用力こそ，学力であるとする立場もある（応用学力）．広岡の言葉だとこれが「関係的な理解や総合的な技術」となるだろう．さらには，教えられるのではなく，自分自身で知識や法則をわがものとすることのできる独学力を十分有するに至ることこそが十分な学力をもつことなのだとみなす論者もいる（独学力）．もちろん，独学力と応用力をあわせもつことが真の学力だとする場合もあるだろう（生きる力）．これらが「思考・操作・感受表現態度」である[14]．

　さて，こうした区分からすると，当時の米国の教育思想は，応用学力を非常に重視するものであったといえるだろう[15]．ここで強調されたのは日常生活との強い結びつきである．デューイ（Dewey）によれば，「学校は今や，単に将来営まれるべきある種の生活に対して抽象的な，迂遠な関係をもつ学科を学ぶ場所であるのではなしに，生活と結びつ」かなければならない[16]．また，マクマレー（McMurry）は，小学校の理科は科学体系による論理的な分科主義によることなく，生活中心の総合単元によるべきであり，子どもの生活経験

に立脚しなければならないと主張した.

　さらに人とは目的追求生物であるととらえたキルパトリック（Kilpatrick）は,目的（プロジェクト）ある活動をもって学校教育の典型的な単元とするプロジェクト法／思想を打ち出した. 生活中心主義と単元思想が結びつくことによって"生活単元学習"が成立した.

　加えて, 生徒が切実な関心をもつ問題を解決する仕事に携わるならば, 生徒たちは考えるという営為自体を学び, できるようになるのだから, 学びの中心はすべからく生徒自身の探求活動にあるのでなければならないとする思想や, こうした生徒中心の探求は, 自然科学の体系に沿ったものではないのだから（たとえば, おもちゃの船がなぜ走るのかを了解するためには, 水力学も必要であれば, 動力機関に関する知識も必要であるから, 水力学のなかに閉じていては十分な探求ができない）, 学校教育においては, 科学のさまざまな領域間の無用な障壁を飛び越えなければならないとするゼネラルサイエンス運動が結びつき, 米国の中等教育では「生活単元・問題解決学習」という発想が尊重されるようになったのである[17].

　日本の小学校理科教科書『小学生の科学』（1949 年）に大きな影響をもったとされるシカゴ大学実験校の科学教師パーカー（Parker）の『基礎科学教育選書』（The Basic Science Education Series, Row-Peterson, 1941-46 年）の概要は表11. 1 のようになっている. 各項目はそれぞれ小冊子になっている. 生活単元学習においてこれらの小冊子は Unitext とよばれた. この時期の米国の科学教育は, 初等・中等とも基本的なスタンスは同じであった.

11. 2. 2　米国の「現代化」運動

　生活単元・探求学習は理念としてはよくできていた. しかし, すぐれた教師, 十分な設備, 少人数のクラス編成といったシステムが整備されてはじめて理念にみあった成果をあげることができる. こうした条件を整備するのは容易ではない. なるほど, 児童の興味に端を発する生活単元学習は児童に動機付けを与える. この点は申し分ない. しかし, そのなかから課題をみいだし, 探求するのは, それほど簡単なことではない. 博物学者もそれ相応のトレーニングを受け, やっとどうにか研究ができるようになる. なかには探求をすんなりできる

表 11.1　パーカー『基礎科学教育選書』

1　火	22　変わりゆく地表	44　旅行する動物
2　重力色と音	23　地球にもっとも近い世界	45　鳥
3　機械	24　友だちの火，敵の火	46　寄生植物たち
4　磁石	25　熱	47　魚
5　科学者とその道具	26　光	48　花・果実・種
6　私たちの頭上の空	27　物質と分子	49　庭とその友だち
7　音	28　大気	50　屋内ガーデン
8　岩から読む歴史	29　太陽とその家族	51　虫とその生き方
9　温度計と寒暖	30　迷信か科学か	52　生き物
10　水	31　浄水と下水	53　植物と動物の間
11　ものは何からつくら	32　天気	54　植物工場
れるか	33　はたらくということ	55　爬虫類
12　環境への適応	34　太陽とその恵み	56　野生生物を救え
13　自然のバランス	35　出てくる水，なくなる水	57　クモ
14　食物	36　水族館	58　カエル
15　友だちの虫，敵の虫	37　動物とその子ども	59　木
16　昆虫社会	38　虫の行進	60　機械としてのあなた
17　元気でいること	39　ペット・ショー	61　私たちを取り巻く空気
18　生涯	40　役に立つ動植物	62　雲・雨・虹
19　土	41　海辺の動物	63　地球，偉大なストアハウス
20　天気予報士にきく	42　昨日の動物	64　電気
21　太陽系を超えて	43　身近な動物	65　私たちはいかにできているか

子どももいるだろうが，おそらく少数であろう．指導できる教師もたぶんかぎられている．とすると，生活単元・探求学習はただ自然にふれたり，実験したりするだけでお茶を濁すようになる．そして次第に学力は落ちていく．より精確にいえば，応用学力の涵養が知識学力の軽視に繋がり，テストで測れるような「見える学力」は落ちていったのである[18]．

　米国では，1953 年，ハーバード大学で中等学校理科教育における問題点が討議され，これがきっかけとなり，理科教育改革運動がはじまった．1957 年，ソ連のスプートニク打ち上げを目の当たりにした米国は，自国の科学の後れを憂え，この理科教育改革運動を大々的に後押しするようになった．一線級の科学者が多数参加し，潤沢な資金が投入され[19]，授業案は現場で試行され，そ

の結果がまた改革運動へとフィードバックされたのである．米国での理科教育改革運動の特徴は，いくつかのグループが独立して生まれたことにある．たとえば，マサチューセッツ工科大学（MIT）教授ザカライアス（Zacharias）を中心とする物理関係者は物理科学研究委員会 PSSC（Physical Science Study Committee）を 1956 年に結成し，授業書の暫定案を作成し，試行錯誤をくり返し，『PSSC 物理』なるカリキュラム案・教科書を 1960 年に完成させた[20]．PSSC の運動が呼び水あるいは模範となり，化学分野や生物分野でも同様なグループが結成された（表 11.2）．

化学分野では 2 グループ結成され，その一つは米国化学会化学教育部会の高校化学教育改善提案（1958 年）に端を発する CBA（Chemical Bond Approach Project）であり，もう一つはシーボーグ（Seaborg）（カリフォルニア大学教授，1960 年ノーベル化学賞）を委員長とする CHEMS（Chemical Education Material Study, 1960 年設立）である．前者はその名が示す通り，化学結合の観点から化学現象を統一的に記述した新しいタイプの教科書を 1963 年に作成し，化学教育の革命といわれた．後者も理論的に貫かれているがほどよくバランスがとれた教科書（最終版）を同じく 1963 年に発表している．こちらは化学教育の進化とよばれた．

生物分野では，米国生物科学協議会 AIBS（American Institute of Biological Sciences）を母体に，ジョンズ・ホプキンス大学教授グラス（Glass）を長とする生物科学カリキュラム研究委員会 BSCS（Biological Science Curriculum Study）が発足し，教科書をやはり 1963 年にまとめあげている．ほかにも多数のグループが結成され，改革案が提示されていった．詳細は表 11.2 を参照されたい．

科学教育現代化運動の代表である PSSC 物理（高校生向け）の内容を表 11.3 に掲げておいた．表 11.1 と表 11.3 を比べてみれば，前者の日常生活志向，後者の「科学理論および科学の基本概念」志向の対照は歴然としているだろう．たとえば，前者には原子や分子，時間や空間，測定・目盛り・ベクトルなどといった事柄があらわには出てこず，後者には静力学や水力学・熱力学・音響学など，生活に身近なテーマは一切とりあげられていない．

米国の初等教育は，中等教育同様，「自然科（nature study）」方式もしくは

表11.2　米国の理科教育現代化実施主体およびテキスト

1　高等学校
　1-1　物理
　　PSSC (Physical Science Study Committee)
　　　PSSC Physics 1960
　　　『PSSC 物理（上）（下）・実験指導書』，山内恭彦・平田森三・富山小太郎［翻訳監修］，岩波書店，1962-63
　1-2　化学
　　CBA (Chemical Bond Approach Project)
　　　CBA Chemistry 1962
　　　『CBA 化学・付実験書』，玉虫文一［訳代表］，岩波書店，1966
　　CHEMS (Chemical Education Material Study)
　　　CHEMS Chemistry 1963
　　　『ケムス化学・付実験の手びき』，奥野久輝・白井敏明・塩見賢吾・大木道則訳，共立出版，1965
　1-3　生物
　　BSCS (Biological Science Curriculum Study)
　　　BSCS Biology（青版）（黄版）（緑版）1963
　　　『BSCS 生物（青版）（黄版）（緑版）日本適用版』全6冊，日本 BSCS 委員会［篠遠喜人代表］訳，学習研究社，1968

2　中等学校
　2-1　物理
　　IPS (Introductory Physical Science)
　2-2　地学
　　ESCP (Earth Science Curriculum Project)

3　初等学校 – 中等学校前期
　3-1　初等理科
　　EDC (Elementary Development Center)
　　AAAS (American Association for the Advancement of Science)
　　SCIS (Science Curriculum Improvement Study)
　　COPES (Conceptually Oriented Program in Elementary Science)
　　MINNEMAST (Minnesota Mathematics and Science Teaching Project)
　3-2　物理
　　IDP (Inquiry Development Program in Physical Science)

ゼネラルサイエンス方式が主流であったが，探求過程中心に置き換えられた[21]．自然科は，子どもが生活のなかで接する動物や植物をはじめとして，さまざまな自然の事物・現象の観察や採集・飼育栽培などを主としたもので，それらを通して自然に親しませ，自然に対する興味や関心をもたせながら，自然の事

表 11.3 PSSC 物理の科学教育内容

第1部　宇宙	第3部　力学
1-1　物理学とは何か？	3-1　ニュートンの運動法則
1-2　時間とその測定	3-2　地表でおこる運動
1-3　空間とその大きさ	3-3　万有引力と太陽系
1-4　関数関係と目盛りの選択	3-4　運動量とその保存
1-5　ベクトル	3-5　仕事と運動エネルギー
1-6　質量・元素・原子	3-6　位置エネルギー
1-7　原子と分子	3-7　熱，分子運動およびエネルギーの保存
1-8　気体の性質	第4部　電気と原子構造
1-9　測定	4-1　電気に関する定性的事実
第2部　光学と波	4-2　クーロンの法則と素電荷
2-1　光はどのような性質をもつか	4-3　電場にある電荷のエネルギーと運動
2-2　反射と像	4-4　磁場
2-3　屈折	4-5　電磁誘導と電磁波
2-4　レンズと光学器械	4-6　原子を探検する
2-5　光の粒子モデル	4-7　光が粒で電子は波か？
2-6　波	4-8　量子の王国，原子の構造
2-7　波と光	
2-8　干渉	
2-9　光波	

物・現象についての知識や経験を習得させ，愛情を育てることが目標として設定されていた．これが，たとえば AAAS 初等理科のような，探求過程中心に据えられたカリキュラムに移行したのである．科学者の知的活動を分析し，各過程を探求過程とみなし，これを習得することが目標となった[22]．科学的方法としては，観察・分類など 14 の過程が抽出され，これが幼稚園から小学 6 年までスパイラル方式に配列されていた．

11.2.3 科学と教育

　科学教育においては，科学に力点をおく思想と教育に強調点がある考え方に分岐しやすい．成長期における教育本来の目的は知識の習得以上に人格の形成にある．こうした発想からすれば，科学を教育する意義は人格の形成に資する場合にかぎられるのであって，もし科学の教育が人格の陶冶を害するならば，

そのような科学など教育しないほうがいい．したがって，初等・中等教育で伝える必要があるのは現にある科学そのものではなく，人格の陶冶に資する形での自然に関する知識あるいは知恵なのである．そうした自然に関する知識あるいは知恵は現にある科学そのものではないのだから，科学とはよばず，他の用語すなわち「理科」と称されるのである[23]．理科教育の場合，教育が主であり，科学が従になる．

　一方，科学を主，教育を従とする立場もありえる．この科学技術の時代に市民生活をおくるにあたって，一定以上の科学技術リテラシーは必須である．したがって，科学教育の本来の目的は，科学という理論体系の伝授であり，科学において重要な概念の伝達である．もとより人格形成は重要だが，初等・中等教育における教科は理科ばかりではない．人格形成は他の分野でも十分到達できる．

　教育に重点をおきすぎれば科学の学力は低下しやすい．科学に力点をおくと，往々にして知識の詰め込みに流れ，人格の発達を阻害しがちになる．科学と教育の間のバランスをとるのは，まことに難しい．

11.3　1960年前後の科学教育・理科教育思想の変遷

11.3.1　英国の理科改革

　1960年前後の英国では，中等教育はアカデミックで体系的な物理・化学・生物の教授を中心としていたが，『ナフィールド物理』によって，探求という次元が大きく加わったのが特徴である．

　具体的に述べると次のようになる．米国のこうした改革運動に呼応し，英国でも理科教育改革が1961年から試みられた．現代の日本では教育過程は学習指導要領によって中央的な統制がなされているが，英米はそうではない．米国は州ごとの裁量が大きく，英国は各学校の裁量が大きい．ただし，英国は近年ナショナル・カリキュラムを設定し，教育内容が違いすぎないようなシステムに変更した．

　米国は教科ごとに各グループが独立してカリキュラム案を検討したが，英国では，ナフィールド財団[24]からの資金提供によって，英国理科教師協会（The

表11.4 英国の理科教育現代化によるテキスト

1 中等教育
　1-1 物理
　　Nuffield Physics, Longman/Penguin Books, 1966-69
　　『ナフィールド物理』，講談社，1969-
　1-2 化学
　　Nuffield Chemistry, Longman/Penguin Books, 1966-69
　　『ナフィールド化学』，講談社，1969-
　1-3 生物
　　Nuffield Biology, Longman/Penguin Books, 1966-67
　　『ナフィールド生物』，啓林館，1969-

2 初等教育
　2-1 理科
　　Nuffield Junior Science, William Collins Sons & Co Ltd, 1967

Science Masters' Association: SMA, 1919年）[25] と女子理科教師協会（The Association of Women Science Teacher: AWST, 1912年）が母胎となり，教科を通じて統一的に改革が進められた（表11.4）.

『ナフィールド物理』の構想を表11.5に記す（11-16歳用）.『ナフィールド物理』の構想は，まず「科学者にならない人のための物理」であり，次に，実験を通しての探求である.「聞いたことは忘れる. 見たことは覚えている. なしたことは理解する」がモットーである.

また，初等理科は米国同様，自然科およびゼネラルサイエンスが主流だったが，ここでも探求が前面に打ち出されることになった. たとえば，英国における『ナフィールド初等理科』の項目は表11.6の通りである. これらの項目を授業するさいには次の方針にしたがうことになっていた.

・［初等］理科は特別な時間に特別な教室で特別な器具を用いて行うのではない. 身のまわりにあるありふれた材料を用いて探求を行い，発見の方法を身につけさせる.
・観察を行い，問題を発見し，その問題を解決する方法を考え，科学的に解

表 11.5 『ナフィールド物理』の科学教育内容

第1学年
　物質と測定，装置／答えを決めないクラス実験／圧力計および大気／分子／エネルギー
第2学年
　力／電流／力とエネルギー／熱と温度
第3学年
　導入的演示／波／光学：光線の動き方：像：装置／運動と力（実験への略式な導入）／
　定性的気体分子運動論／電磁気／静電気／簡単な理論とその使用
第4学年
　ニュートンの運動法則／気体分子運動論：エネルギーの保存：実験的基礎／エネルギ
　ーと仕事率／電流：電位差：仕事率／電子流その他
第5学年
　円運動：向心加速度／電子流：e/m の測定／惑星天文学（成功した発展を教えるため
　に）／理論／単振動／波／放射性／現代物理学

決し，友だちと情報を自由に交換できるようにする．

　また探求は次の 1-7 にしたがって行うとされた．「1　問題の発見，2　問題
解決の方法の検討，3　実験装置の考案とその作製，4　データの収集，5　得
られたデータの検討，6　帰納的推理，7　結果の科学的説明」．

11.3.2　日本の状況

　1945 年の敗戦により，占領軍の民間情報教育局の指導のもと，日本の教育
システムは大きな変貌を遂げた．日本の新制中学発足にあたり，各学年が学ぶ
ことになった科学教育の内容を表 11.7，小学校の科学教育内容を表 11.8 に示
す．ここには進化も原子・分子もあらわには出てこない．いわゆる生活単元・
探求学習である．
　先に生活単元・探求学習が成果をあげるためには，十分な制度の支えが必要
であることに言及した．まだ戦争の傷跡が癒えぬ日本がそうした制度を構築す
ることは望むべくもなかったのである．日本も米国同様，生徒の学力は低下し
ていった．
　学力低下をあやぶむ声は，教師よりは，父母や科学者の間にくすぶっていた
が，大きな声になることはなかった．というのも，生活単元・探求学習は日本

表11.6 『ナフィールド初等理科』教師案内の題目

1	ネズミ	20	葉
2	色と音	21	自然の小道
3	教師の日記	22	学校の運動場
4	螺旋と天然染料	23	音 (2)
5	骨	24	物語
6	新年びな	25	校庭の巡回
7	電気	26	レンズとガラス
8	芝生	27	石炭とロウソク
9	音 (1)	28	天気と諺, 鳥, 毛織り物工場
10	ひまわり	29	都市の荒れ地
11	虹の色	30	森の訪問
12	公園	31	校庭の動物
13	石器時代の美術素材	32	魚つり
14	川と森の訪問	33	農園の訪問
15	学校放送	34	川のほとり
16	海岸	35	運動場の鳥
17	荒れ地	36	鉛の溶融
18	光	37	遠足
19	セントラル・ヒーティング	38	木の伐採

の民主化の一環として導入されたものであったから, 不用意な批判は民主化自体の否定ととられるおそれがあったためである.

だが, 日本の復興とともに科学技術に対する需要も高まり, 「産業教育振興法」(1951年)・「理科教育振興法」(1953年) が制定されると, やはり学力低下は問題視されざるをえなくなっていく. ついに, 1958年, 「小学理科指導書」の改訂で, 生活単元・探求学習は「内容の雑多な日常身近な事象を, 体系もなく, また, はっきりした組織付けのないまま扱っていくといった, むだの多いしかた」として批判されるに至る. そして, 科学知識の体系性・系統性を重んじた指導が模索されていく. このように, 生活単元・探求学習からの脱皮は必ずしも米国の現代化運動を直輸入したために生じたわけではなく, 日本独自の歴史的展開によるものではあった.

だが, 米国そして英国で推進された現代化運動が紹介されるにつれ, 日本もその運動に参画することになる. そして, 1968年の学習指導要領で, 探求の

表 11.7 新制中学用『私たちの科学』(1947 年) の内容

第 7 学年用
　　単元 1　空気はどんなはたらきをするか
　　単元 2　水はどのように大切か
　　単元 3　火をどのように使ったらよいか
　　単元 4　何をどれだけ食べたらよいか
　　単元 5　植物はどのように生きているか
　　単元 6　動物は人の生活にどのように役に立っているか
第 8 学年用
　　単元 7　着物は何から作るか
　　単元 8　からだはどのように働いているか
　　単元 9　海をどのように利用しているか
　　単元10　土はどのようにしてできたか
　　単元11　地下の資源をどのように利用しているか
　　単元12　家はどのようにしてできるか
第 9 学年用
　　単元13　空の星と私たち
　　単元14　機械を使うと仕事はどのようにはかどるか
　　単元15　電気はどのように役に立つか
　　単元16　交通通信機関はどれだけ生活を豊かにしているか
　　単元17　人と微生物のたたかい
　　単元18　生活はどう改めたらよいか

過程を通じて科学の方法や基本的な科学の概念を習得することを重視する路線
へと明確に転換されたのであった.

　なお，現代化運動の紹介は，教師たちがさまざまなグループを作り，独自に
授業を開発する運動が盛んになるきっかけともなり，理科授業研究会（左巻健
男）・仮説実験授業研究会（板倉聖宣）・極地方式研究会（高橋金三郎・細谷
純）・東京小学校理科サークルおよび東京中学校理科サークル（田中実・玉田泰
太郎・松井吉之助）などがすぐれた授業を生み出していった.

11.3.3　科学教育重視へ

　きわめて粗く現代化前後の動向をまとめると，米国の初等教育では，「自然
科（理科教育志向（以下，志向は略））＋ゼネラルサイエンス（理科教育）」から

表 11.8 小学 4-6 年生用『小学生の科学』(1947 年) の内容

第 4 学年用
A　私たちのまわりにはどんな生物がいるか.
B　生物はどのように育つか.
C　空には何が見えるか. 地面はどんなになっているか.
D　湯はどのようにしてわくか. 乾電池でどのようなことができるか.
E　どうしたら丈夫なからだになれるか.

第 5 学年用
A　生物はどのようにして生きているか. 生物はどのようなつながりをもっているか.
B　天気はどのように変わるのか. 暦はどのようにして作られたか.
C　音はどのようにして出るか. 物はどのようにして見えるか.
D　電磁石はどのように使われているか. 機械や道具を使うとどのように便利か.
E　よい食べ物をとるにはどんな工夫をすればよいか. 住まいや着物は健康とどんな
　　関係があるか.

第 6 学年用
A　生物はどのように変わってきたか. 生物はどのように利用しているか.
B　地球にはどんな変化があるか. 宇宙はどんなになっているか.
C　物の質はどのように変わるか. 電気を使うとどんなに便利か.
D　交通機関はどのようにして動くか.
E　からだはどのようにはたらいているか. 伝染病や寄生虫はどうしたら防げるか.

「概念の把握 (科学教育) ＋探求学習 (科学教育)」へ, 中等教育では,「生活単元 (理科教育) ＋探求学習 (科学教育)」から「概念の把握 (科学教育) ＋探求学習 (科学教育)」へ変容していったことになろう. また, 英国の初等教育では,「自然科 (理科教育) ＋ゼネラルサイエンス (理科教育)」から「生活 (理科教育) ＋探求学習 (科学教育)」へ, 中等教育では「科学教育」から「概念の把握 (科学教育) ＋探求学習 (科学教育) ＋「教育」重視 (理科教育)」への転換が志向されていった. さらに, 日本の初等・中等教育では,「生活単元 (理科教育) ＋探求学習 (科学教育)」から「系統的学習 (科学教育) ＋探求学習 (科学教育)」へと移行していったとみてよいであろう.

　われわれは先に, 科学教育と理科教育の理念を対比してみた. ここから, 科学教育・理科教育においては,「何を」に関し,「自然を親しむ心と自然に関する知識」と「系統的な概念と理論」のどちらにどのような比重をおくかについて異なる思想があることがわかるであろう. また,「どのように」をめぐって

は，「探求によって」という志向性が広く共有されることを知るであろう．さて，これら科学教育・理科教育における理念は，一般市民相手の科学コミュニケーションでどのくらい妥当するだろうか．たとえば，探求はそれ相応の設備やシステムを必要とする．だとすれば，科学コミュニケーションにおいて探求を主たる方法とはしがたいように思われる．では，科学コミュニケーションにおいて，望ましい方法とは何なのであろうか．科学教育の動向を探ることは，こうした問題に取り組むよいヒントを与えてくれるであろう．

11.4 現在の動向

11.4.1 国際学力調査

　現代化運動によって，学力低下問題は克服されたのだろうか．国際的な学力調査が実施されはじめた 1970 年頃より，われわれはデータに基づき学力問題を語ることができるようになった．理科の学力をみる国際学力調査には，国際数学・理科教育調査 TIMSS (Trends in International Mathematics and Science Study) と生徒の学習到達度調査 PISA (Programme for International Student Assessment) の 2 種類が存在する．TIMSS は，本部をオランダのアムステルダムにおく国際教育到達度評価学会 IEA (International Association for the Evaluation of Educational Achievement) が，ボストンカレッジの国際研究センターに実施本部を設置し，実施している国際調査であり，算数・数学が 1964 年以降，理科は 1970 年以降，4 学年（日本の小学 4 年）と 8 学年（日本の中学 2 年）を対象に実施されている．2003 年の調査では，日本から小学生 4535 人，中学生 4856 人が参加した[26]．PISA は経済協力開発機構 OECD (Organization for Economic Cooperation and Development) が義務教育修了時の学力実態を把握するために，15 歳から 16 歳を対象に，2000 年より 3 年ごとに実施している．日本は PISA2000 で 5256 名，PISA2003 で 4707 名，PISA2006 で 5952 名が参加した[27]．TIMSS は暗記型学習でも好成績が残せるタイプであり，PISA は応用力を試す傾向がある．これらの国際学力調査における日英米の結果は表 11.9 のようであった[28]．

　参加国数の異なる調査を単純には比較できないが，これらの調査結果をみる

表 11.9 国際学力調査における日米英の理科に関する調査結果

TIMSS（小学校）	
理科第 1 回（1970 年, 16 カ国）	：日 1 位, 米 4 位, 英 8 位
理科第 2 回（1983 年, 19 カ国）	：日 2 位, 米 19 位, 英 16 位
理科第 3 回（1995 年, 26 カ国）	：日 2 位, 米 3 位, 英 8 位
TIMSS（中学校）	
理科第 1 回（1970 年, 16 カ国）	：日 1 位, 米 7 位, 英 9 位
理科第 2 回（1983 年, 19 カ国）	：日 1 位, 米 9 位, 英 15 位
理科第 3 回（1995 年, 41 カ国）	：日 3 位, 米 17 位, 英 10 位

PISA2000（31 カ国）：日 2 位（550 点）, 米 14 位（499 点）, 英 4 位（532 点）
　　　2003（40 カ国）：日 2 位（548 点）, 米 22 位（491 点）[*]
　　　2006（40 カ国）：日 6 位（531 点）, 米 29 位（489 点）, 英 14 位（515 点）

　＊）英は不参加.

かぎり, 概して, 日本はずっと好成績であるのに対し, 英米は 1970-83 年の間に理科の学力が低下している傾向を指摘できる[29]. つまり, 鳴り物入りで登場した現代化運動は, 控えめに見積もっても, 学力向上をもたらさなかったのである. なるほど, 現代化運動以前においては, テストで測定できるような知識的学力よりは, 応用力や独学力といったものが重視されていたのだから, いわゆる学力が低下したとしても不思議ではない. 理念そのものが違うのだから.
しかし, 知識的学力自体の向上をも目指したはずの現代化運動も, 知識的学力の増進に失敗したのである（少なくとも現在そのように評価されている）. それは次の理由による.

　米国のシルバーマン（Silberman）は早くも 1970 年の時点で, 現代化運動の「失敗」を宣告していた[30]. なるほど現代化運動による新カリキュラムは大きな前進ではあったろう. しかし, 結果的にみれば, 運動は, 外部からそして上から科学者たちが変革を教育現場に押しつけることを意味した. 単なる実施マシーンとして扱われた教師が活躍する余地は残されてはおらず, 教師たちからは支持されなかったのである. 要するに, この科学教育は科学のほうに振り子をふらしすぎた. 先にも述べたが, 科学教育において科学と教育のバランスをとることは非常に難しい. 科学知識の詰め込み教育に傾きすぎたこのシステムは現場の反発にあい, 学力の向上をもたらさなかったのである.

表 11.10　OECD 成人リテラシー調査　国際比較に使用された共通 11 問[*]

1	地球の中心部は非常に高温である
2	すべての放射能は人工的に作られたものである
3	われわれが呼吸に使っている酸素は植物から作られたものである
4	赤ちゃんが男になるか女の子になるかを決めるのは父親の遺伝子である
5	レーザーは音波を集中することで得られる
6	電子の大きさは原子の大きさよりも小さい
7	抗生物質はバクテリアもウィルスも殺す
8	大陸は何万年もかけて移動しており，これからも移動するだろう
9	現在の人類は原始的な動物から進化したものである
10	ごく初期の人類は恐竜と同時代に生きていた
11	放射能に汚染された牛乳は沸騰させれば安全である

＊）正しいことを述べているのは「1, 3, 4, 6, 8, 9」.

　成人の科学技術リテラシーおよび科学に対する関心を測る国際調査が，14 の先進国（日本・カナダ・米国・ベルギー・英国・デンマーク・オランダ・フランス・ドイツ・ギリシャ・アイルランド・イタリア・ポルトガル・スペイン）を対象に 2001 年に実施された．科学技術リテラシーは正否を問う質問（表 11.10）に対する正答率によって計測された．日本は 54 ポイントでポルトガルに次いで低く 13 位であった．米 63 ポイント，英 62 ポイントで，それぞれ 2 位，4 位であった．また，科学に対する関心は「科学技術に注目している市民」と「科学技術に興味のある市民」によって計測されたが，日本はともに最下位であった．米国はそれぞれ 2 位，2 位，英国はそれぞれ 2 位，5 位であった．ここから，日本は，学校教育期のリテラシーは高いが，成人になると急速に低下するのに対し，英米は学校教育期にもつそれ相応のリテラシーが比較的保たれるとみなせる．

　年齢とともにリテラシーが減少するのは一般的傾向ではあるのだが，それにしても日本の成人の科学技術リテラシーが相対的に低いのは否めない．つまり，詰め込まれてたくさん有した科学知識は強制力がはたらかなくなったとたん，急速に抜け落ちていく．これを改善するのが科学コミュニケーションの一つの課題になる．

　TIMSS は学力を調査するのみならず，背景を探るためにアンケート調査も

表 11.11　理科に対する国際的アンケート調査における日米英の結果

TIMSS 第 3 回調査（1995 年，中学 2 年生）

理科の勉強は楽しい：	日 53%，	米 73%，	英 82%
理科の勉強はたいくつだ：	日 33%，	米 39%，	英 24%
理科はやさしい：	日 15%，	米 53%，	英 23%
理科は生活のなかで大切だ：	日 48%，	米 80%，	英 81%
将来科学を使う仕事がしたい：	日 20%，	米 50%，	英 47%

参考）一般人の理解度に対する調査　1991 年：日 36 ポイント，
　　　米 55 ポイント，英 53 ポイント

実施している．その結果を表 11.11 に示そう．ここからわかるのは，日本は学力は高くとも，理科に興味を抱いたり重要だと考える生徒が少ないことである[31]．逆に，英米では，そうした生徒が多いにもかかわらず，学力が低いことが問題だったのである．このような調査からは，理科離れといっても，国によって内容は異なることが理解できるだろう．1970 年代の英米は学力低下が実際問題であった．だが，日本は学力が維持されていたのであり，その点はただちには問題とならない．しかし，興味を抱いたり重要視しなくなるという意味での理科離れが生じており，それが問題なのである．

　このように，「理科離れ」の内容は日英米で異なっている．日本では理科の重要性や意義・楽しさを伝えることが大きな課題であり，徐々に落ち込みつつある知識学力の向上をはかるのが次の課題となっているのに対し，英米では知識学力の向上がもっぱら大きなテーマとなる[32]．また，日本では一般市民の科学知識の向上が重要な課題になるのに対し，英米ではむしろ科学技術の社会的役割に対する理解の増進などがテーマとして浮上してくる．

　さらに，一般市民が対象の場合，狙いはリテラシー向上に絞られるが，学校教育の場合，目標が混在する．本章冒頭に，佐藤[33]による三区分について言及しておいた．そこでは自然科学者の再生産に関する問題とその他に分けられた．進み具合の異なる生徒に対する一斉授業の問題はつとに指摘されてきたところである．一斉授業は，進み方の早い生徒は退屈になり，遅い生徒はついていけず，上位層と下位層をともに切り捨てる結果になりがちである．学校教育

は，トップレベルの科学者層の厚みを増す課題がまず期待されているといえるだろう．また，科学者にならない人々に対しても，社会問題となる科学技術について，意思決定ができるように，第6章で述べた市民参加モデルにおいて期待される役割を果たせる科学技術リテラシーを身につけさせるという課題がある．もちろん，欠如モデルで十分改善される知識的な科学技術リテラシーの涵養もつねに基層レベルで求められ続ける．

　問題は，トップレベル向けのリテラシー，市民参加モデル型リテラシー，欠如モデル型リテラシーに関し，それぞれの向上を目指す施策が往々にして競合し，資源を食い合うことであろう．先に科学教育ではシステムが整備されているのに対して，一般市民を対象とした科学技術リテラシー向上の場合は必ずしもそうではないことを指摘した．これは科学教育の場合，整備されたインフラストラクチャーを活用できることを意味しているとともに，システムが足かせとなる場合があることをも含意する．

　足かせの一つは，授業時間がかぎられていることである．もう一つは，向上をはかるべきリテラシーが少なくとも三種存在し，それらを対象別に截然と切り分けることができないことである．もちろん，ある一つの方策のみであっても，三つのリテラシーを同時にある程度向上させることはできるにしても，それらすべてを十全に伸ばすことはむずかしい．トップレベルにあわせれば平均以下の人々が切り捨てられる．市民参加モデル型リテラシーのみに特化した場合，知識の総量が抑制される．欠如モデル型リテラシーに特化した場合，市民参加に開かれていかない．一般市民を対象とした科学技術リテラシー向上においては，狙いと対象層を明確にし，それらに適した場を機動的に設定することもできる．しかし，学校教育においては，そうもいかない．それゆえ，出前授業などで補っていかざるをえない．

　問題の中身が違えば対策も異なってしかるべきであって，英米の対策は必ずしもそのまま流用できない．日本の理科教育改革論議のなかで，英米型の競争原理を導入しようとする議論があるが，安易に導入した場合，たとえばノーベル賞を狙えるクラスのトップレベルの学生が増えたとしても，平均的な水準は英米並に落ちる可能性があることは肝に銘じておくべきである．現在，理科離れを危惧する声は科学技術者間で比較的大きい．科学者集団の再生産，後継者

の質的維持の問題は確かに重要である．だが，そこにだけ焦点をあわせると，平均水準の低下といった問題を軽視することになりかねない．「英米の科学教育振興策は成功しているが日本のそれは失敗しているので，英米を見習えばよい」ということではけっしてない．英米もうまくいく科学教育振興策を必死で模索している最中であることを心得ておかなければならないだろう．科学教育においては混在するリテラシー目標間のバランスにつねに気を配り続けねばならないのである．

11. 4. 2　米国の動向：『すべてのアメリカ人のための科学』

　先に述べたように，1960年代前半に，現代化運動によるカリキュラム・システムは一応整った．なるほど，1970年の国際学力調査では，小学理科4位（16カ国中），中学理科7位（16カ国中）であり，さほどのことはないとみなせるかもしれない（ただし，すでに述べたように，シルバーマンは失敗を宣告していた）．しかし，1983年には小学理科最下位（19カ国中），中学理科9位（19カ国中）となり，少なくとも小学理科の学力は惨憺たるありさまであることが誰の目にも明白になった．

　後に重要な役割を果たしたのは「プロジェクト2061」と「全米科学教育スタンダード」であるが，両者はこのような歴史的経緯のなかで生まれてきたのである．このプロジェクトは，『すべてのアメリカ人のための科学（*Science for All Americans*）』（1989年）（表11.12）で高校卒業時に身につけておくべき「市民の科学技術リテラシー」を提示した[34]．76年計画といっても悠長なスケジュールではなく，第2，5，8，12学年の各段階で到達すべき水準を示す「科学的教養のための水準点」（1993年），科学教育システムの主要構成要素を解説した「改革のための青写真」（1998年），実際の授業で実践するカリキュラム設計のための手引き「科学リテラシーのためのデザイン」（2001年）が順次発表されるなど，着々と進行してきた．

　この間，1994年3月には「2000年の目標――アメリカ教育法」が制定され，教育水準（スタンダード）制定および学力評価の実施をふくむ「州教育改善計画」の策定が連邦政府から各州へ補助金を交付する条件となった．そして，2002年には「初等中等教育法」が制定され，上記スタンダードに基づいた州

表 11. 12 『すべてのアメリカ人のための科学』全米評議会提言

1 科学の本質
　科学的世界観 / 科学的探求 / 科学的営為
2 数学の本質
　数学のいくつかの特徴 / 数学的過程
3 技術の本質
　科学と技術 / 技術の原理 / 技術と社会
4 物理的背景
　宇宙 / 地球 / 地球を形作っている力 / 物質の構造 / エネルギーの変換 / 物体の運
　動 / 自然における力
5 生命環境
　生命の多様性 / 遺伝 / 細胞 / 生物の相互依存 / 物質とエネルギーの流れ / 生物の
　進化
6 人間（ヒト）
　ヒトとしての特性 / ライフ・サイクル / 基本的機能 / 学習 / 身体の健康 / 精神の
　健康
7 人間社会
　行動に与える文化的影響 / 集団組織と行動 / 社会的変化 / 社会的選択 / 政治・経
　済組織の形態 / 社会紛争 / 世界全体の社会制度
8 設計された世界
　人間の存在 / 農業 / 材料 / 製造 / エネルギー資源 / エネルギー利用 / 通信 / 情報
　処理 / 医療技術
9 数学的世界
　数 / 記号の関係 / 形 / 不確実性 / データの要約 / 標本抽出 / 推論
10 歴史的観点
　宇宙の中心でなくなった地球 / 天と地の統合 / 物質とエネルギー・時間と空間の
　統合 / 経過した時間の拡張 / 地球表面の移動 / 火の理解 / 原子の分裂 / 生物の多
　様性の解明 / 微生物の発見 / 動力の利用
11 共通の主題
　システム / モデル / 恒常性 / 変化のパターン / 進化 / 規模
12 思考の習慣
　価値観と態度 / 技能

内学力テストの実施と結果の公表が各州に推奨されるようになった.

　各州のスタンダード策定のための準備も同時に進められた. 1991 年, 理科
教師の団体である全米科学教育連合学会 NSTA（National Science Teachers
Associations）の要請により, 全米科学財団 NSF の資金援助のもと, 全米研究

表11.13　全米科学教育スタンダードの内容基準

1　科学における統合概念とプロセス
2　探求としての科学
3　物理科学・物質科学
4　生命科学
5　宇宙および地球科学
6　科学と技術
7　個人的社会的観点からみた科学
8　科学の歴史と本質

協議会 NRC（National Research Council）に委員会が設置され，1996年には「全米科学教育スタンダード NSES（National Science Education Standards）」が公表されるに至ったのである．これは指針であり，法的強制力はないものの，各州でスタンダードを策定するにあたり，この全国スタンダードをモデルとすればよくなった．スタンダードには教授基準・評価基準など各種あるが，内容基準を表11.13に挙げておく．

　現在は，『すべてのアメリカ人のための科学』という構想が具体的な授業となって実践されつつある．こうした運動が功を奏したのかどうかは今少し時間をへた後の検証を待たねばならないだろう．ちなみに，1983年から1995年にかけて，TIMSS（小学校）は19位（19カ国中）から3位（26カ国中）へと浮上しているものの，TIMSS（中学校）は9位（19カ国中）から17位（41カ国中）へとさらに落ち込んでいる．また，PISA2000では14位（31カ国中）であったが，これも PISA2003では22位（40カ国中），PISA2006では29位（40カ国中）とふるわなかった．

11.4.3　英国の動向

　1979年に登場したサッチャー政権は「英国病」の克服に取り組んだが，政権後期（1983-90年）には教育も改革対象となった．ときあたかも国際学力調査において英国の学力低下があらわになったときであった（なお，この教育政策は，次の労働党政権にも引き継がれた）．

　理科教育に関しては，1985年3月に，政府による初等・中等学校における

理科教育に関する政策提言文書「サイエンス 5-16（Science 5-16）」が発表され，「万人のための科学（Science for All）」，「幅の広い，調和のとれた理科教育（Abroad and Balanced Science Curriculum）」なるスローガンのもとで，次の五つの基本原則が定められた[35]．

1 すべての生徒が幅広い調和のとれた内容を学習する．
2 学習内容は，日常的な経験，現実の社会と密接に関連したものにする．
3 初等教育段階と中等教育段階における学習内容に連続性をもたせる．
4 他教科との関連性を重視する．
5 理科の特性を活かして，実際的で探求的な問題解決を重視する．

1988 年には教育改革法が制定され，内容がきちんと教えられているかをチェックするため，全国共通試験を実施し，生徒の学力到達度を測ることにした．さらに，目標に到達しない生徒をもつ教師と学校は，その責任を追及する仕組みが設定された．

教育改革法の骨子は，伝統的にそれぞれの学校の裁量権が大きかった教育内容を，中央から統制しようとする点にあった．具体的には，「国語（英語）」「数学」「科学」を中心に「歴史」「地理」など基礎教育科目を定め，その内容を国が決定することとした（いわゆるナショナル・カリキュラムの制定）．また，「総合学習」といった科目は排除された．理科教育のナショナル・カリキュラムは，1988 年 8 月に提出された最終報告書によれば表 11. 14 のようなものである．

1989 年から理科は物理・化学・生物・探求（scientific inquiry）から構成されるようになった．また，探求の仕上げの意味合いで，「コースワーク」が義務教育の最後の 2 年間および高校の最後の学年に設けられた．「コースワーク」では，自分で実験計画を立て，装置を組み立て，実験をしてデータを取り，結果を分析する．そのレポートが，義務教育資格試験 GCSE（The General Certificate of Secondary Education）や大学入試で 20-30%のウェイトで評価される．

米国が現代化運動の負の遺産を何とか乗り越えようとしているのに対し，英

表 11. 14　全国共通課程「理科調査委員会」最終報告書[*]

 1　生命の多様性
 2　生命のプロセス
 3　遺伝と進化
 4　地球の及ぼす人間活動の影響
 5　物質の形態と利用
 6　新しい物質の形成 #
 7　物質の構造・状態・性質 #
 8　地球と大気
 9　力
10　電気と磁気
11　情報伝達
12　エネルギー伝達
13　エネルギー源 #
14　音と音楽
15　光の利用
16　宇宙における地球
17　探索と探求：実行
18　探索と探求：グループ作業
19　コミュニケーション：報告と反応
20　コミュニケーション：二次的情報源の利用
21　行動の科学：科学の技術的，社会的側面 #
22　行動の科学：科学の本質 #

　　＊）5-11 歳で # 印のついていない 17 項目を，11-16
　　　歳で全 22 項目を学習する．

　国は，『ナフィールド理科』における探求重視の理念を堅持し，そのよさをさらに伸ばしていこうとしているように見受けられる．現代化運動の時期に学力が低下したのは理念が悪かったためではなく，実施体制に不備があったためであって，システムを整備すれば改善されていくというスタンスのようだ．かくして，ナフィールドによるカリキュラム開発は現在も継続されている．カリキュラム・センターがヨーク大学におかれ，「21 世紀の科学（Twenty First Century Science）」なる名称のもとで，入門用の「初等レベル（Entry Level Science）」，14-16 歳向けの「義務教育レベル（GCSE Science）」，さらに科学を専攻する人用の「高校レベル（1）（Additional Science）」，実業的なコースであ

る「高校レベル (2)（The Additional Applied Science)」に整理されてきている[36].

　高校レベルについては，1998 年から，英国物理学会 IOP（Institute of Physics）も 2 億円かけて新しい物理のカリキュラムを作っている．これは「先進物理（Advancing Physics)」という名称で，現代物理を大幅に取り入れたもので，測定が大きなテーマとなっており，実験が主体であり，一部にはコンピュータ・シミュレーションも取り入れられている．

　ここでも上記の強化策の効果は歴史の判定を待たねばならないだろう．米国の項目と同様に国際調査の結果を再度確認しておくと，1983 年から 1995 年にかけて，TIMSS（小学校）は 16 位（19 カ国中）から 8 位（26 カ国中）へ，TIMSS（中学校）は 15 位（19 カ国中）から 10 位（41 カ国中）へとともに浮上している．PISA2000 では 4 位（31 カ国中），PISA2003 でも 4 位（40 カ国中），PISA2006 では 14 位（40 カ国中）であった．

11. 4. 4　日本の動向

　11. 4. 1 項で述べたように，日本の理科教育の主たる課題は，平均レベルの低下というよりは，次世代の優秀な科学者層の確保であり，科学に対する興味関心の回復であり，高校における理科選択者数の増加であった．つまり，理科の学力の平均水準は下がっていないが，トップ層が薄くなっているのであり，これは「ゆとり教育」の弊害とされることが多い．

　英米と違い，日本の教育内容はかなり中央からの統制が強い．ことに（平均水準の）学力に関しては，学力の高い日本の教育政策にならい，英米とも中央的統制を進めているところであろう．日本の中央からの統制は，学習指導要領という形で実現されてきた．「ゆとり教育」はある時点からの学習指導要領の性格を特徴付ける言葉である．

　1978 年頃から「ゆとり教育」が進行し，現在方向転換が検討されているところである．第二次世界大戦（1945 年）後の生活主義教育には「学力が低下している」という批判がなげかけられ，科学教育が強化されたが，今度は詰め込み教育が開始され，その批判を受け，いわゆる「ゆとり教育」が登場してきた．ゆとり教育は 1978 年に改訂された学習指導要領が発端とされる．このとき，

指導要領の内容が半減され，その結果，授業時間も削減された．1989年には
小学校低学年で社会・理科を統合し「生活科」を新設するなど（実施は1990
年），さらに理科は軽量化した．先にも述べた通り，こうした動向を受けて，
『平成5年版科学技術白書』[37) は「理科離れ」を問題視し，日本物理学会・応
用物理学会・日本物理教育学会は，1994年，3会長共同声明を出し，「理科離
れ」対策を訴えた．だが，1998-99年の改訂では，基礎・基本を確実に身につ
けさせることを徹底するという方針のもと，学校5日制を完全実施し，教育内
容は3割削減され，理科の軽量化路線は転換されることはなかったのである．

　ところが，2003年の一部改正では，学習指導要領は最低基準にすぎないこ
とが強調されはじめる．また，2004年にはPISA2003とTIMSS2003の結果が
発表され，日本の点数低下が問題となり，2005年に中山成彬文部科学大臣は，
学習指導要領の見直しを中央教育審議会に要請し，次年度より指導要領外の学
習内容が「発展的内容」として教科書に戻ることとなった．さらに，2007年
10月に大詰めを迎えた学習指導要領の改訂作業において，中央教育審議会（文
部科学相の諮問機関）が発表する予定の「審議の概要」（中間まとめ）は授業時
間を増やし，学習内容を復活させるなど，「ゆとり教育」の「実質見直し」に
つながる内容となった．こうして，およそ25年続いた「ゆとり教育」路線が
転換されつつある．この転換が今後日本の理科（科学）教育・科学技術リテラ
シーにどういう影響をもたらすかは未知数である．

　米国は『すべてのアメリカ人のための科学』を基幹に，また英国は探求の強
化という形で理科教育の改善を図ってきた．滝川洋二を中心に，英国型の改善
を日本でもおこそうという努力が鋭意されているが，日本をあげての取り組み
にはとうていなっていない．また，北原和夫を中心に『すべての日本人のため
の科学』が作成された[38)．

　かくして，英国型改善策は日本ではほとんど実現されず，米国型改善策を一
部に取り込む形で改革が進行中である．また，「ゆとり教育」が批判されつつ
も，根幹である学習指導要領の基調が「ゆとり教育」であり続けてきた．した
がって，根本的改善策を進めることができなかった日本の理科（科学）教育は
特別メニューをオプションとして用意するといった対処をせざるをえなかった．
それが，サイエンス・キャンプ（1996年）であり，サイエンス・パートナーシ

ップ・プログラムやスーパー・サイエンス・ハイスクール（ともに2002年）であり，出前授業であり，独自なカリキュラムの策定だったのである[39]．これらの試みの評価も時の経過にゆだねられているのが現状である．

11.5　今後へむけて

　科学教育・理科教育を科学コミュニケーションとみた場合，「何を」に関しては，「自然を親しむ心と自然に関する知識」とする理科教育路線と「系統的な概念と理論」とする科学教育路線の対立があること，また，「どのように」をめぐっては，「探求によって」という方向性が英米で広く共有されていることを先に確認した．

　英米で生活単元・探求学習における学力低下を克服すべく登場した現代化運動は必ずしも所期の目標を達成できなかった．そこで新たに企てられた米国の「プロジェクト2061」や英国の「21世紀の科学」では，理科教育に回帰するのではなく，科学教育路線を堅持し，その改善を図ることによって，広義の科学教育の充実を期しているようにみえる．つまり，「何を」については「系統的な概念と理論」こそ伝えるべき主な内容だとする点では英米とも同じ傾向を示している．また，米国は『すべてのアメリカ人のための科学』で（目標で教育内容そのものではないとはいえ），英国は全国共通課程「理科調査委員会」最終報告書で，かなり具体的に，「何を」を示した．さらに，「探求」重視路線もさらに充実が図られこそすれ，路線の転換がみられるわけではない．

　一方日本では，今まさにこれまでの「ゆとり教育」路線の見直しが図られつつあるが，科学教育路線の充実改善も探求の重視もなされてこなかった[40]．現在のところ，滝川が強く推進しているものの，探求を国をあげての方針とする兆候はいささかもない．いろいろ問題が潜むとはいえ，平均水準については学力を維持している日本は，科学への興味の惹起や科学のもつ社会的意義の認識，ひいてはその重要性の認識を深めることが懸案であったはずだが，これらについては必ずしも有効な対策が提起されてこなかった．おそらく日本の広義の科学教育の課題は以上であり，何らかのアイディアが求められているといえるだろう．

一般市民相手の科学コミュニケーションでは，探求を主要な手法にするのは難しいだろう．日本では，システムの整備が比較的しやすいはずの学校教育であっても，探求を展開できないのが現状である．探求の狙いは，科学という営みのプロセスを体験することによって認識を深める点にあるのだろう．一般市民相手の科学コミュニケーションで科学というプロセスを追体験するにはどのようにすればよいだろうか．

　また，一般市民相手の科学コミュニケーションでも，伝えるべき内容は「系統的な科学の概念と理論」なのだろうか．そうだとして，たとえば『すべてのアメリカ人のための科学』に挙げられた内容はかなりの量にのぼる．一般市民相手の科学コミュニケーションでも，これらすべてを伝えるべきなのだろうか．そうすべきだとして，可能なのだろうか（4.3節参照）．

　サイエンスカフェであれ科学技術館におけるインタープリターであれ，いろいろな科学コミュニケーションが賑わいつつある．だが，今挙げたような問題に対し基本的な姿勢を確立する姿勢がともなわないとしたら，一時のお祭り騒ぎで終わってしまいかねないだろう．今求められているのは，「考える実践者」による実効的なアイディアなのである．

註

1) 科学教育・理科教育はもとより膨大な分野である．したがって，科学教育の過不足なき紹介が本章で企てられているわけではない．本章の目的は，科学コミュニケーション論一般との関わりにおいて，科学教育のある側面を明確にし，科学コミュニケーション論一般に資するところにある．

2) 学力とは何か，あるいは学力のどの側面を重視すべきかは，実は大問題である．これについては見解の差が大きく，科学教育に関する政策を紛糾させてきた主要な一因にもなっている．かくして，学力といっても含意はさまざまに及ぶのだが，さしあたっては，「学習によって得られた能力」「学業成績として表される能力」といった辞書的定義を念頭に話を進めていく（これらの定義は新村出編，『広辞苑　第四版』，岩波書店，1991 によった）．詳細は本文中に後述．

3) たとえば，科学技術庁，『平成 5 年版科学技術白書』，大蔵省印刷局，1993 は「理科離

れ」を大々的にとりあげたし，日本物理学会・応用物理学会・日本物理教育学会は，1994年，3 会長共同声明を出し，「理科離れ」に対する対策をとることを訴えた（第 3 章も参照）.

4) 佐藤学，「科学する学びを促進する教育へ」，『学術の動向』，2004 年 8 月号，8-13.

5) 科学教育および理科教育はまったく同義に使われることもあれば，異なるニュアンスをもつ場合もある. 叙述の煩瑣を避けるため，さしあたり「科学教育」を用いておく. しかし，11. 2. 3 項あたりから科学教育と理科教育が異なるニュアンスをもつ用法も混じってくるので，読者におかれては注意されたい. また，本章では議論の焦点を絞るため，数学教育も技術教育も扱わない.

6) また，逆に一般市民向けの科学コミュニケーションと初等・中等・高等教育における科学教育を包摂する概念として広義の科学教育を用いる向きもある. 本章での用法は一般市民向けの科学技術リテラシーに関わる取り組みを科学コミュニケーション，初等・中等・高等学校など学校教育関係を科学教育，両者の上位概念として科学コミュニケーション一般といった言葉遣いをすることにしたい. 科学コミュニケーションおよび科学教育関係の文献をあたる際には，論者によって言葉遣いが異なる点に注意する必要があろう.

7) 理科（科学）教育では，「何を（教育内容）」「何で（教材）」「どのように（教育技術）」が三本柱だといわれることがある. 藤島弘純，『日本人はなぜ「科学」ではなく「理科」を選んだのか』，築地書館，2003.

8) かくして，系統的な「科学コミュニケーション」が唯一可能な場が，学校教育における科学教育なのである.

9) 第 1-3 章にあわせ，本章でも英国・米国・日本を主として扱う.

10) 各国の理科（科学）教育史については，板倉聖宣，『日本理科教育史』，第一法規，1968；学校理科教育研究会（代表木村仁泰），『世界の理科教育』，みずうみ書房，1982；東洋・大橋秀雄・戸田盛和編，『理科教育辞典 [教育理論編]』，大日本図書，1991 などを参照.

11) 3. 2 節で述べたように，日本では，西洋近代科学の本格的輸入，科学コミュニケーション，科学教育はほぼ同時にはじまった.

12) もう一つの学術誌『科学の公衆理解（*Public Understanding of Science*: *PUS*）』誌が創刊されたのは 1992 年である.

13) 志水宏吉，『学力を育てる』，岩波新書，2005 は，さらに発展させて，氷山モデルや樹木モデルを提起している.

14) 学力には，テストなどによって評価できる（あるいは評価しやすい）ものと，そうでないものがある. 「要素的な知識・技能」つまり知識学力は評価しやすいが，「思考・操作・感受表現態度」すなわち独学力などは評価しにくいであろう. 前者は「見える学力」，

後者は「見えない学力」などとも称される．また，こうした学力観の相違は，科学技術リテラシー観の相違ともゆるやかな対応関係があり，科学技術リテラシーを考える際の参考になる．

15)　ちなみに，近年まで進められてきた日本の「ゆとり教育」は，少なくともその理念は独学力の進展を目指したものであった．しかし，実態は知識学力の低下を招いたとして，現在，政策転換が推し進められている．おそらく，理念としては正しかったとしても，独学力にもある程度の知識学力が必要であり，これまでの実施形態はそこの保証に欠けていた点に問題があったのだろう．

16)　デューイ．J.，宮原誠一訳，『学校と社会』，岩波書店，p. 29，1957．Dewey, J., *The School and Society*, Chicago University Press, 1899.

17)　探求思想の主たる推進者は，英国のアームストロング（Armstrong）である．彼は，子どもに知識や事実を教えるのではなく，子ども自身が探求者の立場に立ち，科学的方法に基づいた実験や観察を通して，事実をみいだしていくという「発見学習」を提唱した．ゼネラルサイエンス運動の主たる提唱者は，英国ではグレゴリー（Gregory），米国ではウッドハル（Woodhull）であった．

18)　もとより実際の科学教育思想史はこのように単純なものではなく，さまざまな思惑のもとで紆余曲折し，陰影のある歴史を刻んでいくのだが，本章では割愛する．

19)　たとえば，1950年に設立された全米科学財団NSF（National Science Foundation）は，防衛関連教科に対し，多額の資金援助を行った．また，国家防衛教育法（National Defense Education Act, 1958年），初等・中等教育法（Elementary and Secondary Education Act, 1965年）の成立によって，国家資金も導入された．

20)　当初，MITの1プロジェクトとしてはじまったこの運動は，最終的には，物理学者がおよそ300名，高校教師が約600名参加するに至った．

21)　自然科運動の原初形態はアガシ（Agassiz）にまで遡る．ヌーシャテル大学初代博物学教授だったアガシは，ハーバード大学ローレンス科学学校動物学・地質学教授に転じると，"study nature, not books !" なる標語のもと，子どもが自然にふんだんに接し，そのなかから自力で問題をみつけ解決していく教育を実践した．この際，教師は子どもを後押しするだけである．つまり，自身，優れた博物学者であったアガシは，子どもに小さな博物学者になることを求めたのである．これは科学教育の「博物学者モデル」だといえよう．こうした発意はその後「自然科」運動として結実した．自然科を推進支援したのは，コムストック（Comstock），ジャックマン（Jackmann），ベイリー（Bailey），ボイデン（Boyden）たちであった．

22)　こうした基本的志向性は，ブルーナー（Bruner）の教育過程論に負うところが大きい．

23)　「科学」という言葉のもっとも古い使用例は『哲学辞彙』（1881年）にある「Science

理学，科学」である．また，「理科」はより古く『気海観瀾』（1827 年）に用例がみられる．
科学は「普遍的真理や法則の発見を目的とし，一定の方法に基づいて得られた体系的知
識」（『日本語大辞典』，三省堂），理科は「自然現象・自然科学を内容とする学校教科の一
つ」（同上）であり，異なるニュアンスをもつ．もちろん広義の理科を自然科学と同義に
扱うこともあり，したがって，科学教育と理科教育を同義で用いることもあるが，概して，
科学教育は現にある自然科学の体系をその通りに教授することであり，理科教育は教育に
資する形で編成された自然の知識である理科を教えることだとするニュアンスの差が認め
られる．

24) 英国の自動車王ナフィールド伯モリス（Morris）によって 1943 年に設立された．

25) 1900 年にイートン校の理科教師を中心に作られたパブリック・スクール理科教師協会
APSSM（The Association of Public School Science Masters）が前身である．

26) 以前は Third International Mathematics and Science Study などと回数で名称が付け
られていたが，第 4 回以降は固定された．IEA は他に国際読解力到達度調査 PIRLS
（Progress in International Reading Literacy Study）と市民教育調査 CivED（Civic Edu-
cation Study）を実施しているが，日本は参加していない．

27) OECD は他に 16 歳から 65 歳までを対象に，1994 年，1996 年，1998 年に国際成人識
字調査 IALS（International Adult Literacy Survey）を実施してきた．これには 20 カ国
が参加した．成人調査には，他に教育テスト機構（Educational Testing Service）による
成人識字・生活技能調査 ALL（Adult Literacy and Lifeskills Survey）もある．これもや
はり 16 歳から 65 歳までを対象に 2003 年，6 カ国が参加して実施された．他に 12 カ国が
今後の参加を表明している．

28) 数学については，以下のようになっている．

TIMSS（小学校）

　数学第 3 回（1995 年，26 カ国）：日 3 位，米 12 位，英 17 位

TIMSS（中学校）

　数学第 1 回（1964 年，12 カ国）：日 2 位，米 10 位，英 5 位

　数学第 2 回（1981 年，20 カ国）：日 1 位，米 14 位，英 11 位

　数学第 3 回（1995 年，39 カ国）：日 3 位，米 24 位，英 23 位

PISA2000（31 カ国）：　　　　　　日 1 位（557 点），米 19 位（493 点），英 8 位（529 点）

PISA2003（40 カ国）：　　　　　　日 6 位（534 点），米 28 位（483 点）

PISA2006（57 カ国）：　　　　　　日 10 位（498 点），米 35 位（474 点），英 24 位（495 点）

　数学については，英も米も段々落ち込む傾向にある．日本も上位グループに属するとは
いえ，順位を落としている．

29) 日本が上位グループ内でよい位置を占めているのは確かだが，より詳細に検討してみ

ると，成績を徐々に落としている傾向にある．各回の参加国が違う結果を比較するために，対象をOECD加盟国だけにかぎると，日本の順位は2位，2位，3位と移行している．これだけをみるとさして変わりはないようにみえるが，統計誤差を考慮し，統計的に考えられる上位および下位の順位に直すと，1-2位，1-3位，2-5位となり，わずかずつ，順位を下げているからである．

30) Silberman, C. E., *Crisis in the Classroom*, New York: Random House, 1970. 邦訳：山本正訳，『教室の危機――学校教育の全面的再検討（上)』，サイマル出版会，1973.

31) 先にみたように学力にはいろいろな側面があるが，このような調査で測られるのはもっぱら「見える学力」である．本文中では煩瑣を避けるため単に学力と記したが，この点は注意されたい．

32) ただし，英国では探求に力を入れており，国際調査は探求の力を測るのに適切な形に構成されてはいないのだから，国際調査によって示される数値がただちに学力全般の低下を示しているとは考えていない．

33) 佐藤，前掲論文4).

34) American Association for the Advancement of Science, *Science for All Americans: A Project 2061 Report on Literacy Goals in Science, Mathematics, and Technology*, 1989. Rutherford, F. J. and Ahlgren, A., *Science for All Americans*, Oxford University Press, 1991. これはインターネット上にも公開されている．American Association for the Advancement of Science 'Science for All Americans' <http://www.project2061.org/publications/sfaa/default.htm> [2008, Aug 8]. また，次の邦訳がインターネット上にある．米国科学振興協会，日本理数教育比較学会訳，『プロジェクト2061　すべてのアメリカ人のための科学』，文部科学省科学技術・学術政策局基盤政策課，2005. American Association for the Advancement of Science 'Science for All Americans' <http://www.project2061.org/publications/sfaa/SFAA_Japanese.pdf> [2008, Aug 8].

35) DES Welsh Office, Science 5-16: A Statement of policy, *Education in Science*, No. 112, pp. 21-36, 1985.

36) The University of York, Science Education Group, Nuffield Curriculum Centre, 'Twenty First Century Science', <http://www.21stcenturyscience.org/> [2008, Aug 8].

37) 科学技術庁，『平成5年版科学技術白書』，大蔵省印刷局，1993.

38) 21世紀の科学技術リテラシー像　豊かに生きるための智プロジェクト「Science for All Japanese」<http://www.science-for-all.jp/> [2008, Aug 8].

39) たとえば，左巻健男（長く教諭を勤めた後，京都工芸繊維大学教授）が中心となった，『新しい科学の教科書』シリーズ，文一総合出版，2003や『新しい理科の教科書』シリーズ，文一総合出版，2004，『現代人のための高校理科』シリーズ，講談社ブルーバックス，

2006 や，滝川洋二編，『発展コラム式　中学理科の教科書第1分野』，石渡正志・滝川洋二編，『同第2分野』，講談社ブルーバックス，2008 などが世に問われてきた．

40）　にもかかわらず，義務教育レベルの理科の学力は長い間維持された．少なくともただちには低下しなかった．筆者はその理由をつまびらかにすることはできない．現時点では現場の教師の並々ならぬ努力および大学入試の圧力が推測できるのみである．

第12章　市民参加と科学コミュニケーション

藤垣裕子

　科学と社会の間を結ぶうえで近年注目されている「市民参加モデル」におけるコミュニケーションとはどのようなものになるのだろうか．本章ではまず，科学技術と民主主義の議論と PUS 論との関係を吟味し，市民参加モデルの今日における重要性について言及する．次に，市民参加のしくみを概説し，具体例として，市民陪審，市民によるフォーサイト（技術予測），DECIDE プロジェクト，シナリオワークショップにおける科学コミュニケーションを考えてみる．最後に，市民参加と科学コミュニケーションの将来について考えてみる．

12.1　科学技術と民主主義

　科学技術と民主主義の関係に言及した日本の科学者の興味深い記述がある．

　　……現在核兵器やミサイルの出現は大きな問題ですが，核兵器にしてもミサイルにしても技術的にいっても非常にむつかしいもので，一般民衆にはとても理解できない．そういうように民衆に理解できないものが政治の中に介入してきて，それが社会を大きく動かしていく．そうなると民主主義というものはどうなるだろうか．いわば政治を動かす力が極度に専門家の手ににぎられ，民衆はいわばつんぼさじきにいるわけです．こういう事態が世界をどう変えてゆくか，われわれも考えなければならないが，こういった例が歴史にあったかどうか．いま例を核兵器にとりましたが，科学の

平和利用の面でも技術を通じて民衆の手のとどかないところで産業構造が変わっていく．そこでまた同じ問いを発したくなるのです[1]．

　このように，一般の人々に理解しにくい科学技術の普及は，民主主義のありかたに対して問いを提起する．つまり，「科学の公衆理解（Public Understanding of Science: PUS）」の問題と「科学技術と民主主義」の問いとは，大変近いところにあると考えられる．

　上記の朝永の指摘にもあるように，第二次世界大戦後，高度な科学技術でかつ民衆に理解できないと考えられるものが政治のなかに介入してきて，それをどう動かすかの意思決定は，極度に行政と専門家のコミュニティに閉じられてきたという経緯がある．このような閉じられた意思決定の根拠となるのは，技術官僚モデル（technocratic model）であり，「科学者集団が証拠を評価するときの基準に行政官が通じることによってよい判断ができる」というものであった．しかし，現代の科学技術と社会との接点においては，「科学者に問うことはできても，科学者にも答えられない問い」が存在する[2]．専門家にも答えられない問いに対する意思決定を行うのだから，いわば民衆を意思決定の場から閉め出して意思決定をする根拠がなくなる．その意思決定の場は，行政と専門家のコミュニティに閉じられていてはならない．地域住民，関連企業はじめ利害関係者に開かれたものである必要がでてくる．技術官僚モデルではなく，民主主義モデル（democratic model）[3]のほうが必要となるのである．科学技術に関連する政策や意思決定をより広い公衆（public）に開くには，市民参加（public involvement）が重要である．EUの科学技術政策では，科学と社会の関係に重点がおかれているが，その行動計画（Science and Society Action Plan）においても，この参加（involving, participation, engagement）が焦点の一つとして挙げられている．

　さて，6.5節で示したように，PUSのモデルのなかで，双方向の科学コミュニケーションに加え，とくに科学技術と民主主義について考慮したものが，「市民参加モデル」である．ただの対話を越え，意思決定への参加，市民のエンパワメントまで考慮する．Lay-expertise（素人の専門性）の知もふくめて未来を選択する意思決定を市民参加型で考え，市民参加によって民主主義の原則

に近づけ，科学政策のプロセスを民主化することを目指したものである．この
モデルにのっとると，情報を受け取るということは，ただ受動的に知識を受け
取るのではなく，積極的にその受け取った情報をもとに判断し，意思決定に参
加することである．したがって，情報を受け取ることは，次の行動を力づける
（エンパワーする）ことである．この市民参加におけるコミュニケーションは
どのようなものになるのだろうか．このことを考えるのが本章の目的である．

12.2 市民参加のしくみ

　さて，科学者が確実な予測を行えるなら，科学的妥当性に基づいた「科学的
合理性（scientific-rationality）」にのっとって，公共の判断もつけられよう．し
かし科学者にも予測がつかない問題を公共的に解決しなくてはならないときに
は，科学的合理性は使えなくなる．それに代わって，「社会的合理性（social-
rationality）」というものを公共の合意として作っていかなくてはならない．
　それでは，社会的合理性はどのようにして担保されるのだろうか．社会的合
理性の担保のためには，以下の三つの点が重要である．
　（1）意思決定の主体の多様性の保証（利害関係者の「参加」）
　（2）意思決定に必要な情報の開示，選択肢の多様性の保証
　（3）意思決定プロセス，合意形成プロセスの透明性と公開性の保証，手続き
　　　の明確化
　実際，欧州を中心に，社会的合理性を担保するための市民参加の制度として，
多くの試みがなされている．このような市民参加の制度を考えるとき，科学技
術の発展の各フェーズ（「萌芽期」「発展期」「製品開発・応用期」「市場への流通
期」）のどこで市民参加が必要であるかが問題となる．「製品開発」の直前，あ
るいは製品開発後という下流段階での一般市民への啓蒙，あるいは市場調査が
あれば十分である，という立場がこれまでは一般的であった．しかし，それで
は社会としての対応が遅いのではないかと考え，研究開発の「萌芽期」という
「上流」からリスクを予測し，それを研究開発にフィードバックすることの必
要性も指摘されている．これを「上流工程からの参加（upstream-
engagement）」という．とくに欧州では，遺伝子組換え食品のリスク評価に対

する市民参加が遅れ，製品開発のほうが吟味なしに先に進んでしまったことへの反省から，近年，新しい技術であるナノテクノロジーに対する，上流工程からの参加の必要性が叫ばれている．科学と民主主義の考え方からすると，われわれ一人一人の現在の選択が，次世代の技術に影響を与えることになる．したがって，研究の「萌芽期」という「上流」からリスクを予測し，選択を公に開く，ことが必要となる[4]．

以下に市民参加のしくみの具体例を追ってみる．そして，このような社会的合理性を担保するしくみを作っていくことは同時に，コミュニケーションに関してのモデルを，「高度な科学技術は民衆には理解できない」というものから市民参加モデルに改変していくことと並行していることを考察しよう．

現代の市民参加のしくみには，さまざまな試みがみられる．この試みの背景には，技術の社会的合理性を議論するテクノロジーアセスメント（Technology Assessment: TA）における市民参加の試みの蓄積がある[5]．1972 年に米国において設立された OTA（Office of Technology Assessment：議会技術評価局）は，TA の先駆的役割を果たした．米国 OTA，および米国 NIH（National Institutes of Health）によって初期に行われた CDC（Consensus Development Conference）などの TA では，新しい技術に対する受容や新しい医療技術の受容（acceptance）の評価主体は，主に専門家であった．しかし，米国 OTA の設立の影響で，欧州各国に 1980 年代に TA 機関が設立され[6]，TA が制度化されていった際，デンマーク DBT（Danish Board of Technology：デンマーク技術委員会）が評価パネルとして市民を採用した．これを機に，参加型 TA（Participatory Technology Assessment）が開発され，欧州各国に普及していった．参加型 TA は，専門家の支援を受けつつも，専門家以外の一般市民や利害関係者が評価主体となるものである．遺伝子組換え作物などの科学技術そのものだけでなく，やはり科学技術が深く関わる都市計画など公共事業の評価にも適用されている．

参加型 TA の手法は，評価の主体を誰にするか，参加する主体の代表性をどのように担保するか，という観点から次の二つに類別することができる．第一のタイプは，専門性や利害関係とは無関係に，年齢・性別・居住地域など人口動態学的な分布を考慮して選ばれた非専門的な一般市民が主体のものである．

表 12.1　市民参加のしくみの例

タイプ I	参加者の性質	時間の幅	特徴
コンセンサス会議	年齢，性，居住地域を考慮した12人から20人の一般市民	予備会議と本会議約3カ月	市民と独立のファシリテータが利害当事者パネルによって選ばれた専門家と市民の討論を進行．
市民陪審	運営委員会が地域住民を代表するよう選んだ12人から20人の市民	証人の話をもとに市民陪審が議論約3カ月	運営管理委員会，科学諮問委員会証人，市民陪審，評価者からなる．
市民フォーサイト	同上	各パネルの話をもとに市民パネルが議論約3カ月	運営委員会，利害関係者パネル，知識人パネル，専門家パネルからなる．意見，態度の測定に用いられる．

タイプ II			
シナリオワークショップ	市民，専門家，利害関係者	拡大―選択法数カ月 - 半年	シナリオを4通り用意する．各シナリオをもとに各利害関係者ごとに議論．4フェーズの議論あり．
フューチャーサーチ	同上	数カ月 - 半年	将来についてシナリオ形式で考え，議論を深める．

それに対し，第二のタイプは，一般市民よりはむしろ専門家もふくめた問題の技術や事業の利害関係者（住民，行政官，政治家，事業者など）が評価主体となるものである．

　第一のタイプのものには，「コンセンサス会議」「市民陪審」「市民フォーサイト（citizen forsight）」などが挙げられる[7]．これに対し第二のタイプには，「シナリオワークショップ」「フューチャーサーチ」などの手法がある．第一のタイプのような人口動態学的基準による選択は，非専門的な一般市民の「代表性」を担保するうえではよい設計である．しかし，代表性ではなく当事者性を担保する場合は，事業の利害関係者（住民，行政官，政治家，事業者など）をふくめた第二のタイプを用いる．

このように参加型 TA の手法として発展してきた市民参加のしくみの主な
ものを表12.1にまとめる．科学技術に関連した意思決定における参加のしく
みとして考えることができる．本章では，各タイプの具体例をもとに市民参加
とコミュニケーションについて考えてみる[8]．

12.3　市民陪審および市民フォーサイトにおける科学コミュニケーション

　市民陪審とは，新しい技術の社会的側面に対し，市民陪審員が専門家パネル
や証人からの情報をもとに議論し，結果を判決文（verdict）としてメディアに
公表する手法である．市民フォーサイトは，市民による技術予測であり，今ま
で専門家だけが行ってきた技術予測を，一般市民が行うというものである．将
来の技術の動向について，これまで専門家による予測に偏っていたのに対し，
それを使うユーザの側から予測し，社会の選択の幅を広げるという意図をもつ．
　英国では，まず1998年に「食料品の将来」というテーマで，市民フォーサ
イトが行われた．たとえば放射線照射によって発芽を抑える技術についてどの
ように考えるか，などの食品に関連する技術の将来について市民の立場からの
予測が行われた．参加主体は，利害関係者（stakeholders）パネル，知識人パ
ネル，市民パネルから要請された知識人パネル，専門家パネルに分けられる．
利害関係者パネルは，「消費者同盟（生協にあたる）」「国立分子生物学研究所
（専門家も一つの利害関係者である）」「農民雇用者の同盟（生産者その1）」「ス
ーパーマーケット同盟（流通）」「肥料作成企業の同盟」「農民の同盟（生産者
その2）」「食料品会社（生産者その3）」である．そして，知識人パネルには，
「食料品研究所所長」「食品政策センター所長」「キール大学環境社会科学部講
師」「食料品審議会議長」が並ぶ．市民パネルから要請された知識人パネルに
は，「農民代表」「モンサント社」がいる．そのほかに専門家パネルがある．こ
の市民フォーサイトの結果は，議会に報告された．
　最近の市民陪審の例では，英国でナノテクノロジーに対する市民陪審（ナノ
ジュリー）が2005年4月から7月にかけて行われた．これはロイヤル・ソサ
エティの勧告によって準備がはじめられ，四つの主催機関によって実施された．
四つの主催団体は各利害関係者にまたがっている．まず，科学の推進側として

ケンブリッジ大学ナノテクノロジー研究センター，市民団体としてグリーンピース，メディアとしてガーディアン（*Guardian*）誌，そして市民陪審や市民フォーサイト運営の技術を提供する組織として，ニューカッスル大学生命科学政策倫理研究センターが加わっている．これら4団体の主催のもと，運営を企画担当する監督委員会，科学諮問パネル（大学研究者5名，企業1名），証人6人（開発に携わる研究者，企業の研究者，消費者運動にかかわる思想家など），市民陪審員が組織された．陪審員は，英国ハリファックス市の有権者名簿から無作為抽出した市民に参加をよびかけ（この段階ではテーマは提示されない），参加に応じた市民のなかからハリファックス市の年齢や民族構成を代表するように階層別無作為抽出を行い，20人を選出している．ハリファックス市が選ばれた理由は，同市の民族構成が，英国全体の民族構成とほぼ一致しているため，同市で民族構成を代表するように階層別無作為抽出を行えば，英国全体の民族構成とほぼ同じ分布を確保できるためである．陪審員の代表性の担保のために，このようなことが考慮された．

　陪審員は3カ月の間に，2時間半の会合に20回招集され，証人からの証言を聞き，最終的に判決文（政策提案）を作り，メディアに公表した．テーマは二つあり，前半が若者の犯罪について，そして後半がナノテクノロジーである．監督委員会のなかに入っていたイーストアングリア大学の研究者が，この手法全体の評価を担当した．陪審員の会合をモニターしたり，プロセスを監視したりしたほか，陪審員に独自の評価基準を設定させ，評価させ，最終評価報告書を公開している．

　では，この市民陪審では，どのような科学コミュニケーションが行われていたのであろうか．参加した市民は，「どんな小さな疑問も，臆することなく聞くように励まされ，大変有意義な議論ができた」「市民陪審のプロセスは大変公正で，市民の意見が最終報告にきちんと反映された」「民主的プロセスとして重要だと思う」[9]と述べている．市民陪審でのコミュニケーションは，主に6人の証人をよんでの討議において行われた．証人は15分ほど主要なメッセージを伝え[10]，そのあと，市民からの自由な質問に答えることを通して，市民の思考を先に進め，学習と熟慮を促進させた．証人および運営管理委員会と市民との間のコミュニケーションは円滑に行われたと市民からは評価されてい

る.

　主催団体の一つであるケンブリッジ大学ナノテクノロジー研究センター教授のウェランド（Welland）氏も，今回の市民陪審を高く評価し，自分の研究が，広く社会とつながりをもつようにすることは，科学者の社会的責任の一つとして重要であることを指摘している．また，同じく主催団体の一つであるグリーンピースのパー（Parr）氏は，市民陪審のコミュニケーションは，市民をエンパワー（力づける）し，そのようなプロセスを間近にみた自分自身も力づけられたと述べている．さらに，「科学は社会，経済，etc のなかに埋め込まれている．科学に関する論争とは，将来をどうするか，将来をどうアレンジするかということである．論争は，次の選択肢を開く可能性をもつ」と述べている[11]．

　日本では，2009 年に市民裁判員制度が発足する．そこでも科学的証拠をめぐっての議論がふくまれるが，全般的には科学コミュニケーションに限定されるわけではない．しかし，市民裁判員制度による市民参加コミュニケーションの機会の増大は，将来的にこのような市民裁判員制度を科学に応用する，上記の英国のケースのような市民陪審の機会を日本においても開くきっかけとなる可能性もある．そのときは，英国の経験をベースとしたエンパワメントの議論が役立つだろう．

12.4　DECIDE にみる科学コミュニケーション

　欧州では討論会形式で，上記で述べた市民陪審のサイエンスカフェ版のようなものも企画されている．欧州各国の 13 カ所が提携して行っている DECIDE プロジェクトは，一般的なサイエンスカフェ（理解を目的としたカフェ）と異なり，議論を目的としたカフェである．一般的なサイエンスカフェは，科学の話題について，大学の教室ではなくカフェのようなリラックスした空間で，ざっくばらんな雰囲気のなかでコミュニケーションするために企画されており，日本でも多くの試みがみられる[12]．市民陪審のような熟慮型の参加アプローチを最初から作るのではなく，そのための土壌として，科学技術をめぐる討議空間を社会のなかに作りあげていくことを役割として担っていると考えられる．一般のサイエンスカフェは，他の参加型アプローチとは違って，①コンセンサ

スを得る必要がないこと，②特定の問題の解決をめざさないこと，③「代表制」の問題にわずらわされなくてすむこと，が最大のメリットであると考えられる[13]．それに対し，以下で述べる DECIDE プロジェクトのような議論型カフェは，①参加者のコンセンサスをまとめ，②特定の問題解決をめざし，③代表性の問題（そこに参加した人の結論が，国民全体の意見を代表しているといえるかどうか）が問われてくる．

　DECIDE プロジェクトでは，たとえば「エイズウィルスに感染した人が，相手に自分の感染の事実を伝えずに性行為をすることは犯罪か，合法か」などのテーマについて議論し，討論内容をまとめ，政策立案機関などに提案するようになっている．当日は，まず主催者が DECIDE の概略を説明し，次に専門家による説明が5分から10分行われる．次にテーブルごと，7，8人のグループごとの討論が行われる．討論は漫然と行われるのではなく，1人1枚配布される作業用シートにそって，3段階で行われる．第1段階では，数十枚用意されている「ストーリーカード」（テーマにそった議論点が書かれている）のうち，自分がもっとも関心をもつ1枚を選ぶ．第2段階では，そのストーリーを考えるうえで大事な情報と論点を「情報カード」「論点カード」から各2枚ずつ選ぶ．そのうえでテーブルのメンバとの議論が行われる．第3段階として各人が選んだストーリーカード，情報カード，論点カードをもとにグループとしての結論（グループレスポンス）がまとめられる．議論の結果としてのグループレスポンスは，「政策ポジションシート」上にまとめる．このシートをもとに各テーブルごとに結果の発表をする．後に，自分のグループの結論を，ウェブ上の DECIDE のホームページに投稿する．現場から参加できない人たちには，インターネットによる参加の方法も設けられている．

　この方法は，サイエンスカフェの形式をとりながら，実質的にはカフェ版フォーカスグループ，あるいはゆるやかなグループ版市民陪審となっている．多くの幅広い市民の声をすいあげ，政策に反映させるには興味深い方法である．カフェの参加者をあらかじめ人口動態学的無作為抽出で選んでいるわけではないので，結果の代表性などには検討が必要となる．しかし，議論を先に進めるためのツールとしての「情報カード」「論点カード」「ポジションシート」などは，議論の進め方が得意とはいえない日本での議論の実践に，大変参考になる

ものである.

12.5　シナリオワークショップにおける科学コミュニケーション

　参加型 TA の第二のタイプとして，シナリオワークショップを紹介しよう.

　社会的合理性が担保されるためには，意思決定に必要な情報の開示，意思決定のための選択肢の多様性を保証することが必要である．専門家と行政官主導の意思決定では，専門家によって唯一の選択肢（科学的合理性に基づいた選択肢）が示され，それを選択するか，しないのか（受容か拒否か）の二者択一モデルで示されることが多かった．しかし，別の選択肢は，実は複数存在するのである．この別の選択肢の構築を補佐するしくみの一つが，シナリオワークショップである．シナリオワークショップは，現場で実際に，選択肢（将来ビジョン）を構築する.

　シナリオワークショップとは，ある技術を用いたり，公共事業を実施したりした結果，どんな社会的影響や効果が生じ，どのような未来になるかを，特定の地域社会について予測したシナリオをいくつか用意して議論するものである．何段階かにわたる討論をへて，これらの影響や効果にかかわる人々によって吟味し，それぞれの立場からみて望ましい未来像（ビジョン）を描き，最終的に全員が共有できるビジョンと，それを実現するための行動プランを定めるためのものである[14]．まず，ワークショップ全体の出発点となるシナリオは，通常 4 本作成される．その執筆は，ワークショップの企画グループを作り，複数の専門家と協議したうえで，ジャーナリストやサイエンスライターなどが単独ないし専門家と共同で書く．執筆の前には，準備段階として，10 人未満の問題に詳しい人々を集めて，ブレーンストーミングが行われる．このメンバの選定は，「新しいアイディアに果敢に取り組めること」「幅広い関心をもっていること」などの条件を基準に行われる．また，シナリオの作成は，トピックの内容に応じて，系統的，構造的な方法で行われる場合と，柔軟な方法で行われる場合とがある．系統的なやり方の例としては，問題解決の主体（アクター）と，方法に関するシナリオであるとすれば，アクターの軸（自治体組織―個々の住民）および解決方法の軸（技術的解決―非技術的解決）という二つの評価軸か

らなる四つの象限ごとにシナリオが作成される．この場合，陥りがちな誤りとして，評価軸を一つにして，両極端の二つのシナリオを作ることが挙げられている[15]．さらに，現時点でのある行動の選択が，将来のある時点でどのような影響をもたらす可能性が高いかの数値的な予測を行う「統計的シナリオ」という手法もある．たとえば，ある海岸地域の開発計画があった場合に，「何もしない」という選択肢もふくめて，どのような計画を実行するかの複数の選択肢（行動1，行動2，…）を用意し，それぞれがもたらす将来のプラス／マイナスの帰結を，いくつかの必要な評価項目（たとえば自然環境への影響，地域の雇用状況への影響，地域経済への影響など）について予測する．

　これらのプロセスをへて作成されたシナリオは，続いて，「批評フェーズ（criticism phase）」「ビジョンフェーズ（vision phase）」「現実フェーズ（reality phase）」「行動計画フェーズ（action plan phase）」の四つのフェーズをへて評価される（図12.1参照）．前者の二つは，利害関係者・役割ごとに行われ，後の二つは，立場を離れて混成で行われる．まず批評フェーズにおいて，それぞれの役割（産業界，NGO，行政当局，被影響者）ごとにシナリオすべてに対する批評が行われ，批評カタログが作られる．この批評は，次のビジョンフェーズにおいてビジョン作成に資するような建設的なものでなければならない．この批評フェーズは，後続のフェーズの議論の質を決定するので，もっとも時間が多くかけられる（四つのフェーズによるワークショップ全体の時間の3/4の時間）．批評カタログが得られたのちに，そのなかの論点に優先順位をつけ，各役割グループごとに，比較的少数の論点に絞り込む作業が行われる．ここまでのプロセスは，まず，できるだけたくさんの論点をだし，その後，数を絞り込むことから，「拡大─選択法（expansion-selection method）」といわれる．

　論点の絞り込みののち，ビジョンフェーズに進む．選ばれた論点をもとに，それぞれの役割グループの立場から，望ましい未来像としてのビジョンを作る．もし批評フェーズで絞り込まれた論点が五つ，グループが四つあれば，全体では5×4＝20個のビジョンが作成されることになる．ここでふたたび，ビジョンの優先付け，絞り込みが行われ，選ばれた比較的少数のビジョンが次の現実フェーズに進む．現実フェーズでは，各グループが提案し選択したビジョンについて，他の立場の利害関心や，ビジョンの実現にあたって考慮しなければ

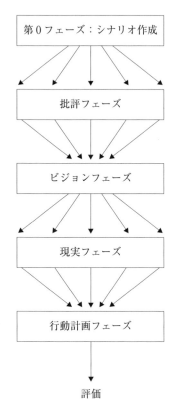

第0フェーズ：シナリオ作成

批評フェーズ

ビジョンフェーズ

現実フェーズ

行動計画フェーズ

評価

図12.1　シナリオワークショップにおける拡大―選択法

ならないさまざまな条件（物理的条件，技術的条件，経済的条件など）の「現実」の観点から，ビジョンの評価，検討，優先選択などが行われる．これはすべての役割グループの参加のもとに行われ，十分議論をつくすことが重要となる．最後に，行動計画フェーズでは，現実フェーズで洗練され合意されたビジョンを実現するための具体的行動プランの策定が行われる．これらのプロセスをへて最終的に選ばれたビジョンと行動プランが，シナリオワークショップの結論としてプレス発表される．

　以上のシナリオワークショップの方法は別の選択肢を明示し，構築するのを補佐するしくみとして優れている．また批評フェーズで議論を発散させたまま

終わるのではなく，ビジョンフェーズで収束させ，もう一度現実フェーズで議論を拡散させ，……という形で議論の発散と収束をプロセスとしてふむ手続きは，議論の進め方があまり上手とはいえない日本の国民にとって，大変参考になるものである[16]．

12.6　市民参加と科学コミュニケーションの将来

　このような市民参加の試みは，何の役に立つのだろうか．そして市民参加と科学コミュニケーションとの関係は今後どうなっていくのだろうか．これらの問いを，数々の市民参加の試行を重ねてきた英国での「市民参加」に関するシンポジウムでの議論を参考にして考えてみよう．ロンドンで行われた DEMOS 主催のシンポジウム（2007 年 6 月，於物理学研究所）には，自然科学者，社会科学者，政策立案者，予算配分機関，市民団体，ナノダイアローグ（ナノテクノロジーに関する市民と専門家の対話）にかかわった企業，などから計 140 人が参集し，これまでの市民参加の試行をレビューし，批判し，今後の展望についての議論などが行われていた．これらの議論をもとに市民参加の意義について考えてみる．

　まず一つめに，市民参加は，EBP（Evidence-Based Policy，証拠に基づいた政策）を実施するために役立つという論点が挙げられる．これは，いくつかのナノダイアローグを設計してきたシンクタンクの研究者が挙げていた点である．EBP とは，政府が食品の安全性や科学技術の安全性について何らかの意思決定を行うとき，必ず「証拠」に基づいて判断し，それら判断の証拠を開示することを指す．市民に証拠を開示することによって，公表される大気汚染情報の質の向上がみこめること，あるいは工場からの化学物質排出への圧力となりうることなどが，第 6 章に紹介した論文のなかでも指摘されている．

　次に，市民参加は，「イマジネーションを民主化する」ために役立つという論点がある．イマジネーションを民主化するとは，専門家や行政官が専門家だけの閉じた領域での思考に埋没することを避け，目の前の市民の疑問に耳を傾けることによって，その想像力において民主的な側面が十分考慮されるようにすることを指す．そして，今後の市民参加の推進のために，①社会の側の調査

(social research)，②新しい政策空間（new political space）としての可能性，
③毎日の参加（everyday engagement）の模索，④制度のイノベーション
（institutional innovation），といった側面が重要であると指摘されている．

　三つめに，市民参加は，「政府と人々との考えのギャップを橋渡しするため
に有効」という考え方がある．これは，英国科学技術カウンシルの議長をつと
めるブリストル大学の分子遺伝学の教授ベリンガー（Beringer）卿から指摘さ
れた．さらに，政府と人々との考えのギャップを橋渡しするために，その市民
参加における社会科学者の役割（「科学者を巻き込む」こと，参加のしくみの改良，
参加の評価），自然科学者の役割について検討が必要である．

　また，市民参加としては，次の二つの要求に応える可能性をもつと考えられ
る．第一に，「市民に透明性を保つ」可能性，第二に，「市民から政府へのアド
バイス」の可能性である．これらの点は，英国政府科学審議会議長のキング
（King）卿によって指摘されている．

　さて，このDEMOS主催のシンポジウムでは，自然科学者による社会科学
者への注文，あるいは逆方向の批判，政策立案者から自然科学者への注文およ
び社会科学者への注文，市民団体から政府や自然科学者への注文，予算配分機
関やナノダイアローグにかかわった企業から自然科学者や政府への注文などが
徹底的に議論された．そこに観察されたのは，市民参加（public-engagement）
といったときの痛み，これまでの英国における試行の蓄積とそのプロセスで発
生した各陣営の負った論争の痛みと，将来にむけての真剣な議論であった．こ
れは，日本において「科学コミュニケーション」といったときの，痛みの感覚
の欠如という意味での生ぬるさとは対極にあるものである．日本の科学コミュ
ニケーションが英国の痛みに比較して生ぬるいのはなぜだろう．第一に，日本
の科学コミュニケーションが政府主導の「理解増進」の文脈で語られ，欠如モ
デルに基づいた日本国民のリテラシー向上，理科離れへの対処，基礎科学への
社会的支援を国民から得ること，および産学連携の円滑な実施，といった科学
技術政策上の課題のなかで定義されやすいことが理由として挙げられる．第二
に，日本において論争というと，原子力など歴史的に論争関係者間の関係が硬
直したものが多く，その論争が，遺伝子組換え食品やBSEなどの比較的新し
い技術に関する論争とあまり密接な関係をもたないのが特徴であるためであろ

うと考えられる．第三に，これら二つの理由から，現場における論争の数々と，
「科学コミュニケーション」概念とが比較的離れたものとして語られる傾向が
あるためであろうと考えられる[17]．それに対し，英国や欧州における科学コ
ミュニケーションが，過去の原子力，遺伝子組換え食品，BSE，そして現在の
ナノテクノロジーと論争の蓄積をもとにした，痛みをともなうコミュニケーシ
ョンの積み重ねであること，それらの痛みをベースとした市民参加であること
には，注意を要する．

註

1)　朝永振一郎，「自然科学者の立場から──学問のありかたと研究者の社会的責任」，『歴
　　史学研究』，1962 年 11 月号，朝永振一郎著作集第 4 巻所収，pp. 296-300.

2)　Weinberg, A. M., Science and Trans-Science, *Minerva*, 10, 209-222, 1972. このような問
　　いの例として，大気汚染防止のために排出される煤塵の大きさを何ミクロン以下に規制す
　　るか？，という問いがある．科学的には（ここでは疫学），200Y 年現在 X ミクロン以下
　　の煤塵摂取群（N）と X ミクロン以上の摂取群（E）とに分け，201Y 年の時点でそれぞ
　　れの群における疾病になった群（Nd, Ed）とならなかった群（Nh, Eh）の人数を調べ，
　　Ed ／（Ed + Eh）の値が，Nd ／（Nd + Nh）の値よりも有意に大きいかどうかを調べる
　　ことによって X が決まる．もし有意に大きければ，X ミクロンという値で規制すること
　　に意味があることが疫学的に保証される．しかし現実には，人間を使ったコホート研究
　　（上のような研究デザインのことを指す）はできない．また，10 年も観察している時間が
　　なく，今，判断を下さなくてはならない場合がほとんどである．したがって，この判断の
　　場合，根拠となる科学的データの多くは，(a)実験動物を使ったデータから人間の影響を
　　推定しなければならず，(b)数カ月程度の観察で得たデータから，数年のオーダーで推測
　　しなくてはならない．その推定には不確定要素をふくむ．そのため，この規制のための基
　　準である X ミクロンの X を決める「境界引き」の作業には，科学者に問うことはできて
　　も，科学者に答えることができない．不確定要素をふくんだ，グレーゾーンにおける証拠
　　をもとに議論しなくてはならないのである．

3)　技術官僚モデルでは，強い科学主義・技術官僚主義があり，科学者集団が証拠を評価す
　　るときの基準に行政官が通じることによってよい判断ができる，とされている．Jasanoff,
　　S., *Fifth Branch: Science advisors as policy makers*, Cambridge, MA: Harvard Univ.

Press, 1990, 1994. それに対し，民主主義モデルでは，より多くの価値観（専門家以外の）を導入することによってよい判断ができるということが主張されている．前者のモデルは，環境における有害物質の規制の失敗は，不十分な専門家投入の結果である，と主張し，一方後者では，市民は十分に技術的なことを議論できる，という仮定にたち，民主制の導入を説く．

4) 小林信一・小林傳司・藤垣裕子，『社会技術概論』，放送大学教育振興会，2007.

5) 平川秀幸，「科学技術と市民的自由から——参加型テクノロジーアセスメントとサイエンスショップ」，『科学技術社会論研究』，No. 1, 2002.

6) 欧州の TA 機関は，独立型，議会型，行政機関型の三つに分類することができる．若松征男，「ヨーロッパにおける参加型テクノロジーアセスメントの現状——コンセンサス会議を中心に」，第 27 回科学技術社会論研究会資料，2001 を参照．独立機関型は，デンマーク DBT（Danish Board of Technology：デンマーク技術委員会，1985 年-），オランダ NOTA（Rathenau Institute：ラーテナウ研究所，1986 年-），ノルウェイなどである．議会付属型は，イギリス OST（Office of Science and Technology：議会科学技術局，1989 年-），フランス OPECST（議会科学技術政策評価局，1983 年-），ドイツ TAB（議会技術帰結評価局，1990 年-）である．行政機関型はスイス（Science Council, Min. of Interior 内に TA 機関あり）などである．

7) もっと積極的に研究開発過程に市民や利害関係者の関与を強めた「共形成モデル」に相当するものに，1980-90 年代に主にオランダ技術研究局（NORAT）で開発された「コンストラクティヴ・テクノロジーアセスメント（Constructive Technology Assessment: CTA）」がある．これは，研究開発と TA を一体化したものであり，さまざまな利害関係者や一般市民，専門化が技術開発の初期からくり返しアセスメントを実施し，その結果を随時開発プロセスにフィードバックさせながら漸次的に研究開発を進める参加的で学習的なアプローチとなっている．

8) コンセンサス会議については第 6 章の 6.5 節を参照．

9) 2007 年 6 月 DEMOS 主催シンポジウムの講演での発言．DEMOS とは，英国の民間シンクタンクで，主に「民主主義」に関する委託研究や自主研究を行っている．

10) たとえば，証人の一人であったメダワー（Medawer）氏（ソーシャル・オーディット代表）は，市民陪審に以下の 3 点を伝えている．
 (1) 新しい技術を人間がコントロールする必要があること．
 (2) 新しければ新しいほどよい（New is better）という考え方を再考する必要のあること．
 (3) 技術的に解決できないが，人類にとって重要な問題，というものが存在すること．

11) 上記 DEMOS シンポジウムでの発言．

12) 中村征樹，「サイエンスカフェ——現状と課題」，『社会技術社会論研究』，6, 31-43,

2008.

13)　中村，前掲論文 12).

14)　平川秀幸，『デンマーク調査報告書——シナリオワークショップとサイエンスショップ
に関する聞き取り調査』，2002.

15)　科学技術をめぐる従来の意思決定が，このような両極端の対抗図式（国や企業のシナ
リオ v.s. オータナティヴなシナリオ）で争われていたことは，この意味で反省を要する.

16)　日本での実施事例については，若松征男他，「科学技術政策形成過程を開くために——
開かれた科学技術政策形成支援システムの開発」，プロジェクト研究成果報告書，2004 を
参照.

17)　たとえば日本には，大気汚染地域における住民の草の根的調査活動が，三島・沼津・
清水地域，川崎地域，千葉地域などで 1960 年代から観察される．重松真由美，「大気汚染
地域における住民による調査学習活動の分析」，『科学技術社会論学会 2007 年予稿集』，
pp. 233-234, 2007 を参照．この住民による汚染状況の調査活動は，どのような方法論を用
い，どの調査地点を選択するか，という点で十分に「科学コミュニケーション」の一つで
あるのに，これらの活動が，日本の科学コミュニケーションの文脈でとらえられることは
少ない．この理由として，欧米のサイエンスショップやコミュニティ・ベースド・リサー
チに組織的なネットワークが存在するのに対し，日本の NGO や NPO を拠点とした活動
が原子力資料情報室，国土問題研究会，などに点在し，組織的ネットワークの形成にいた
っていないことが挙げられる．平川，前掲論文 5).

第13章 科学者の社会的責任と
科学コミュニケーション

藤垣裕子

　本章では，科学者の社会的責任（Scientists' Social Responsibility: SSR）と科学コミュニケーションとの関係を吟味する．まず，科学者の社会的責任論がどのように変遷してきたかを追い，今後どのように展開していくかを考えてみる．原爆や核兵器などを作ってしまったことへの責任から，説明責任やわかりやすく説明する責任へ重点が移りつつあることを示し，さらに科学の「システムとしての責任」を考え，CSR（Corporative Social Responsibility：企業の社会的責任）論に対置される SSR について考え，科学コミュニケーション論との関係を考える．

13.1　科学者の社会的責任の変遷

　科学技術の社会への影響をめぐっては，「科学者の社会的責任」というものが問われて久しい．「科学者の社会的責任」の内実は時代とともに変容してきたと考えられる．たとえば19世紀後半から20世紀前半にかけては，科学者の権利と地位の向上，および科学の諸成果による国家の繁栄に，科学者が責任を負うことが謳歌された．20世紀半ば，戦後になると，このようなナショナリズム的な色彩は後退し，科学の維持と発達に対する責任，科学の利用（悪用）に対する責任が問われるようになる．1957年に開催されたパグウォッシュ会議は，冷戦と核軍拡競争の激化を憂慮した「ラッセル－アインシュタイン宣言」（1955年）の精神に基づき，東西の科学者たちによってカナダの寒村で開

催されたものである．自分たちの作ってしまったもの（原爆と核兵器）が世界の平和に及ぼす影響を，科学者の社会的責任として論じたもので，自己懺悔的傾向が強い．これらは科学者自らが科学者の社会的責任を定義したものである．一方，1980年に日本で出版された『科学者の社会的責任についての覚書』（唐木順三）は，科学者以外の手による社会的責任論である[1]．ここでは，「嬉々として原子力開発に挑む科学者に反省の色はない」というように，研究への没頭が倫理観の欠如と共存することが指摘されている[2]．そして，この時代の責任論は主に物理学者に対するものであった．

このような変遷をへてきた科学者の社会的責任概念であるが，現在では，物理学者の責任論だけにかぎられるものではなく，生命工学（バイオテクノロジー）関係の諸科学，温暖化予測に関わる科学の諸分野，食品安全や薬害に関わるもの，各種災害に関わるもの，と対象領域も広い．しかも，研究への没頭と倫理の欠如をただ責めるだけに終わるのではなく，社会全体としてそれをよい方向に改善するためには，どういうしくみが必要か，についての展望が必要となってきている．現代の科学者の社会的責任とは，上記とはどのように異なるものであるのだろう．

責任（responsibility）とは，他者と対峙したときの応答（response）として生じ，応答の能力・可能性（ability）に由来する．倫理（ethics）とは，人間が何をすべきかについての規範であり，個の確立の過程で生じるのに対し，責任とは，他者と対峙したとき応答として生じる．何らかの行動や決定に対して，行動者や決定者に生じるものが多い．倫理は行動をおこす前にしたがうべき規範で，責任はコトがおきたとき他者に対して「背負うもの」ととらえられやすい．パグウォッシュ会議の科学者たちは自分たちが作ってしまったもの（原爆と核兵器）に対して背負う責任について論じたのであって，彼らが原爆を作る前にしたがうべき規範について議論したわけではない．このように倫理と責任は異なる概念である．

しかし，昨今の倫理学における責任論のなかでは，責任を「過去におこしてしまったものに対して生じるもの」ととらえる見方だけでなく，「応答可能性」「呼応可能性」といった形で解釈しようとする傾向も強い[3]．また，科学者の社会的責任論も，過去に科学技術が作ってしまったものに対して生じるも

のから，市民からの問いかけへの応答可能性として定義されうるものも増えてきている．研究しているものの社会における位置付け，説明責任という応答可能性や，研究しているものを公開し，わかりやすく説明するという応答可能性などである．

以上を考慮して科学者の社会的責任論の変遷を再整理してみると，少なくとも三つの責任が存在することが示唆される．一つめは，研究者共同体内部を律する責任，二つめは製造物責任（知的生産物に対する責任），三つめは市民からの問いかけへの呼応責任である．以下，順を追って考えてみよう．

13.2　科学者共同体内部を律する責任

科学者共同体内部を律する責任とは，研究の自主管理と研究の自由に関連する責任論のことである．たとえば，「すべてのバイアスから自由であること」「一見わかりやすい説明が流通していても，それに反するいくつかの知見があるときは，目先のわかりやすさや利潤にこころを奪われることなく，探求を続けなくてはならない」といった責任である．研究の自由と自主性を守るためには，まずは自らを内部から律する必要がある．

このような共同体内部を律する責任について，全米科学アカデミーは，*On Being A Scientist: Responsible conduct in research*（『科学者をめざす君たちへ——科学者の責任ある行動とは』）[4]という冊子の第1版を1989年に出版している．これは全米で20万部以上が大学院および学部学生に配布され，授業やセミナーなどで使用された．6年後の1995年には，全米科学アカデミー，全米工学アカデミー，医学研究所の三団体によって，第2版が出版されている．第2版のまえがきには，「……科学そのものを特徴づけ，科学と社会との関係を特徴づけてきた高い"信頼性"こそ，今日の比類なき科学的生産力の時代をつくりだしてきたのである．しかしこのような信頼性は，科学者のコミュニティー自らが節度ある科学活動によって得た基準を，具体的に示し伝えていくことに努めなければ，維持できないことを心にとどめてほしい」とある．科学が社会との間の信頼を維持するために，コミュニティ内部を自ら律する必要性が主張されている．この冊子は，13章からなり，科学の社会的基礎，実験テク

ニックとデータの扱い方，科学における価値観，利害による衝突，出版と公開，業績評価とその表記，著者名の扱い方，科学上の間違いと手抜き行為，科学における不正行為，科学的倫理違反とその反応，社会のなかの科学者などの項目について，ていねいに説明されている．9割がたは，研究者共同体のなかで守るべき責任であるが，第12章「社会のなかの科学」では，科学の生産物が社会に与えるインパクトへの責任，一般の人々に科学の中身や過程を教える役割（本章でいえば，13.3節および13.4節に関する責任）に言及している．

　近年研究者のデータ捏造に関する倫理の問題が多々指摘され，科学者共同体外部にも報道されている．日本では，日本学術会議が国内外で頻発する科学者の不正行為に強い危機感をもち，再発防止の対策をたてるために，「科学者の行動規範に関する検討委員会」（委員長：浅島誠東京大学教授）を2005年10月27日から2006年10月31日にかけて開催し，声明「科学者の行動規範について」を2006年10月に策定した[5]．第2章「科学者の行動規範」として，科学者の責任，科学者の行動，自己の研鑽，説明と公開，研究活動，研究環境の整備，法令遵守，研究対象への配慮，他者との関係，差別の排除，利益相反といった項目についてそれぞれ数行の説明がなされている．また，第3章「科学者の行動規範の自律的実現をめざして」では，組織の運営にあたる者の責任，研究倫理教育の必要性，研究グループの留意点，研究プロセスにおける留意点，研究上の不正行為などへの対応，自己点検システムの確立，などの実施上の具体的取り組みがまとめられている．全米科学アカデミー編のものが，「次世代に伝える研究上守るべきこと」をわかりやすく解説した書であるのに対し，日本の上記声明は，「今，シニア研究者もふくめて自戒すべきこと」という趣が強い．作成されたパンフレット「科学における不正行為とその防止について」も全米科学アカデミーのものに比べると，不正行為に注目したものが多い．いずれにせよ，これらの科学的知識の品質管理に関わる問題は，基本的には科学者共同体内部を律する責任のなかに入る．その意味で，日本学術会議が研究者みずからの手で行動規範を作成したことには意義がある．科学者共同体内部を律する責任は，本来，研究の自主性と研究の自由に関わるものであり，共同体のなかで閉じる形の責任である．

13.3 知的生産物に対する責任

　第二の責任として，科学技術が作ってしまったもの／作ろうとしているもの
の社会に対する影響についての責任論がある．前節で扱った責任が共同体内部
を律するものであるのに対し，本節で扱う責任は，その共同体の知的生産物の
共同体外部に対する製造物責任である．たとえば，原子爆弾の世界への影響，
遺伝子組換え技術によって作られた作物の健康影響および生態への影響などが
対象となる．上記のパグウォッシュ会議の正式名称は，「科学と世界の諸問題
に関するパグウォッシュ会議」で，すべての核兵器を廃絶することが目的とな
っており，科学技術（とくに原子力物理学）が作ってしまったものの社会に対
する影響を憂慮するものである．ラッセル（Russel）卿とアインシュタイン
（Ainstein）のよびかけにより，11 名の著名な科学者によって創設され，1957
年に第 1 回会議が 110 カ国 22 人の科学者の参加によりカナダのパグウォッシ
ュ村において開催された．また，遺伝子組換え技術の社会的影響に関しては，
「アシロマ会議」が 1975 年に開催されている．1973 年にコーエン（Cohen）と
ボイヤー（Boyer）によって遺伝子組換えの技術が確立された 2 年後，その潜
在的リスクを懸念した研究者たちが米国カリフォルニア州アシロマで開いた会
議である．この会議では，遺伝子組換え技術によって生態や環境に悪影響を及
ぼすものが開発された場合の「物理的封じ込め」「生物学的封じ込め」などの
リスク管理について話し合われた．このアシロマ会議では，科学技術が社会に
作ってしまったものと同時にこれから作りつつあるものに対する責任も論じら
れている．ここで焦点となるのは，研究の自由と研究への規制（科学者みずか
らの手による）との間にどうやっておりあいをつけていくかについての息の長
い議論である．

　さて，現代の生命倫理，環境倫理，技術倫理などの議論をみると，13.2 節
のような研究者コミュニティ内部を律する責任（行動規範）にとどまらず，本
節のような製造物責任に関する議論に広がっていることが観察される．たとえ
ば，代理母をめぐる生命倫理では，技術的に可能であることの品質管理は 13.
2 節の議論になるが，技術的に可能であること（代理母出産）の社会における

是非は本節の問題である．13.2 節はあくまで研究者内部に閉じる形で，つまり全米科学アカデミーや日本学術会議に閉じる形で論じることができる．しかし，本節で扱うような「責任」になると，技術の社会における意味など，研究者内部にとどまらず，多くの利害関係者の意見を聞く必要がでてくる．代理母をめぐる議論であれば，技術をもつ産婦人科医のほか，代理母出産を望む患者，その家族，代理母を請け負うボランティア，産む権利を擁護する人権擁護論者，生まれてくる子どもの人権を擁護する人権擁護論者で意見が異なる．これらの意見をもとに議論するのが本節の製造物（ここでは代理母出産を可能とする生殖医療技術）責任である．このように，製造物責任になると，研究者コミュニティに閉じた形での議論ではなく，社会に広く議論を広げる必要がでてくるのである．研究者共同体のもつ閉鎖性に対し，批判的視点が必要となるだろう．

　パグウォッシュ会議やアシロマ会議は，研究の自由と研究への規制とのおりあいを科学者みずからの手によって議論したのに対し，現代の生命倫理や環境倫理の議論は，研究の自由と研究への規制との間にどうやっておりあいをつけていくかを，科学者のなかに閉じることなく社会の利害関係者とともに議論することが要求される[6]．

13.4　市民からの問いかけへの呼応責任

　第三に，市民からの問いかけへの応答可能性に関する責任論がある．これは，科学者集団が公共の場における公衆からの問いかけにさらされることによって，共同体内部に閉じる形では果たすことができない責任を指す．13.3 節では具体的知的生産物一つ一つの製造物責任の是非を扱ったが，本節ではこのような知的生産物全体に関連した，公衆からの「問いかけ」に注目する．本節の「責任」には，自らの行っている研究の社会的意味，科学者の社会的リテラシーなどがふくまれる．さらに詳しくみていこう．

13.4.1　科学者の社会的リテラシー
　科学者が社会的リテラシーをもつことは，市民からの問いかけへの応答可能性にふくまれる．社会的リテラシーとは，自分のやっている研究の社会的意味

を理解することである. 具体的には, 研究している内容の社会における位置付け, 研究予算がどのようにして公的資金のなかから予算化されるのか, 各国の研究予算の推移, 配分の論理といったものから, 科学技術系人材育成のゆくえ, 理科教育のゆくえ, 科学技術のガバナンスへの市民参加の現状への知識, そして科学について市民がどのようなイメージをもっているかについての議論もこれに入るだろう.

第6章で述べたように, ウィン (Wynne) は「文脈モデル」に言及した際, 次の三つのレベルの PUS (Public Understanding of Science) を区別しなくてはならないと述べた. ①知識の中身, ②方法論, ③知識が組織化される形式や制御, の三つである. この三つめのレベル, 知識が組織化される形式や制御とは, 科学が社会のなかにどのように制度的に埋め込まれているか, 科学を「社会のなかの一事業」として理解することに相当する. この, 科学を「社会のなかの一事業」として理解することは, 科学者のもつべき社会的リテラシーである. 上記の全米科学アカデミー編の冊子の第12章「社会のなかの科学」ではこのことにも言及している. また, 以下に述べる説明責任やわかりやすく説明する責任も, 科学が社会のなかでどのような役割を果たしているか, 科学が社会のなかにどのように埋め込まれているのかについての社会的リテラシーがあってこそ, 効果的に果たせるものとなる.

13.4.2 説明責任

説明責任, つまりアカウンタビリティ (accountability) の語源は財務会計用語で, アカウンティング (会計) とレスポンシビリティ (責任) の合成語であり, 会計責任のことである. アカウンタビリティは, 会計主体が保有する資源の利用を認めてくれた利害関係者に対して負う責任のことであり, 一般には会計主体である企業が株主などから委託された資金を企業の経営目的に適正な使途に配分し, その保全をしなければならない責任 (財産保全責任) と, その事実や結果の状態を株主などに説明報告する責任 (説明報告責任) を表す概念である (『現代用語の基礎知識 1997年版』). この言葉が, 1990年代以降, 国の公共事業への説明責任, 国の科学技術への投資の説明責任, などの意味でも広く用いられるようになってきている.

したがって，科学者の「アカウンタビリティ」（説明責任）とは，会計主体である科学者が保有する資源（研究資金）の利用を認めてくれた利害関係者（国民）に対して負う責任のことになる．会計主体である研究者が国民から委託された資金を研究目的に適正な使途に配分し，その保全をしなければならない責任と，その事実や結果の状態を国民に説明報告する責任を表す．したがって，公的資金を用いて研究することの意味を考え，適正な使途に配分し，その中身を納税者に説明する責任，という意味になる．パブリックサポート（公的支援）を得ている研究者が，その資源の利用を認めてくれたパブリックに対して負う責任である．13.3節でみた，「研究の自由と研究への規制との間にどうやっておりあいをつけていくか」，あるいはそのおりあいをどのようにパブリックに説明するか，についての議論もこれにふくまれる．

13.4.3　わかりやすく説明する責任

　最近では前項に加えて，わかりやすく説明することの責任がよく指摘される．もともと説明責任＝公的資金をもらう意味を説明する責任であったが，最近はわかりやすく説明することが説明責任であるという使われ方さえ見受けられる．いかに正しく伝えるか，どうしたら誤解されずにすむか，どうしたら科学に対するイメージのギャップを埋められるか，どのように科学者と市民のコミュニケーションギャップが埋められるか，という問いである．これらの問いは，最近では科学者自身の口から聞かれることが多い．科学者の社会的責任論と科学コミュニケーション論との間に重なり部分ができつつあることが示唆される．

　たとえば，研究の実態と市民のもつ科学イメージとの間にはどのような差異があり，そのギャップの責任は誰にあるか，などの議論も「わかりやすく説明する責任」のなかに入る．第5章において，「科学とは作動中である」というモデルが十分に流通しないことによって，現実の科学と，一般の人々のもつ科学へのイメージにギャップが生じていることを説明した．専門家が今，まさに論文を作り出している「作動中の知識」（論文生産作動が行われている時点での知識）と，すでに証拠の固まりつつある「事後の知識」，すでに構造を形成しつつある知識，とは区別する必要があるのに対し，この区別がうまく伝わっていないため，科学のイメージと現実の科学との間にギャップが生じてしまう例

である．現実に流通している科学のイメージの多くは，この事後の知識，つまり厳密でつねに正しい客観性をもった知識，というものであり，「科学はつねに正しい」（書き換わるということが考慮されていない）「確実で厳密な科学的知見がでるまで，環境汚染や健康影響の原因の特定はできない」といった種類のイメージである．しかし，現実の科学的知見は時々刻々更新され，つねに新しいものにとってかわるので，「科学的知見は書き換わる」「根拠となる科学的知見がでるまで待っていられないこともある」という記述のほうが現実の科学に近い．一般の人々のもつ，「すべての科学的知識は事後の知識＝厳密でつねに正しい客観性をもった知識」という固いイメージに注意して，「科学は書き換えられつつある」ということを伝えていかないと，上記のような固い科学のイメージと，現実の科学との間のギャップが生じてしまうのである．

このようなことをわかりやすく説明するのも，科学者の責任の一つである．米国の研究者ミラー（Miller）は，これを「科学研究への理解」「実験の性質への理解」のなかに入れている（第5章参照）．科学研究のプロセスを説明し，科学者の日々の努力によって，日々，正しい知見が書き換えられる，更新されていくプロセスを説明することである．そのことによって，科学に対するイメージのギャップを埋め，科学者と市民のコミュニケーションギャップを埋めることが可能となる．

13. 4. 4 意思決定に用いられる科学の責任：システムとしての責任

科学的知見は，社会の意思決定にも用いられる．たとえば米国牛の輸入再開を決めるために必要な科学的条件の判断，遺伝子組換え食品の安全性を議論するための科学的知見，地球温暖化防止のための二酸化炭素排出量をめぐる国際協定を行うために基礎となる科学的知見，などである．この意思決定に用いられる科学の責任とは何だろう．これは意思決定を行う委員会もふくめて国の意思決定のシステムとしての責任が問われる．以下詳しくみていこう．

まず問題になるのは，意思決定をするときの，専門分野ごとの知見の対立である．社会の要素である専門家集団の単位は，その単位ごとに独自のクライテリア（知の判断基準）をもっている．各専門誌共同体（ジャーナル共同体）の査読システムは，各専門家集団のクライテリアを提供する．この，各査読システ

ムによって作られる論文掲載諾否の境界を，妥当性境界（validation-boundary）とよぼう[7]．この境界が，その分野の知のクライテリアとなる．科学と社会との接点で何か問題がおこったとき，それぞれの集団は，それぞれのクライテリアから責任を考える．それぞれのクライテリア（妥当性境界）に「自己準拠」して判断を下し，責任について考えるわけである．たとえば，ある建築物が地震で壊れてしまったとしよう．そのとき，工学者のもっている知のクライテリア（妥当性境界）と，法学者のもっている妥当性境界と，一般の人々のもっている妥当性境界とが異なると，その責任をめぐって論争になる．工学者の妥当性境界からみると，そのような崩壊がおこることは「工学的には予測できなかった」となる．しかし，法律の妥当性境界からみると，そのような状況下での「予見可能性」「職責の範囲」「結果回避可能性」について法的責任が問えるかどうかが焦点となる．そして市民のもつ妥当性境界は，それらとはまた別の地域住民の立場から，「科学技術者はここまでの責任を負ってしかるべき」という主張をするだろう．妥当性境界は，このように知の責任境界のひき方と重なる．

　知の責任境界の概念は，このような専門分野ごとの「妥当な知識」の違いから発生する論争に応用していくことが可能である．分野ごとに妥当な知識の違いから，最終判断が異なった場合，そしてその判断の結果の責任が問われた場合に，知の責任境界概念を使って分析できる．たとえば水俣病事例では，患者の症状を根拠とした原因分析を行う臨床医学の妥当性境界と，窒素水俣工場のアセトアルデヒド生産工程における有機水銀生成メカニズムを立証しようとする原因分析を行う化学工学の妥当性境界とでは，明らかに立証の方向性が異なったのである．また，Winny の事例においても，技術者の責任に対する考え方と法律家による責任に対する考え方には乖離がみられた．ほかにも，医学者と法律家（薬害エイズ事件），原子力の専門家と法律家（もんじゅ裁判）といった事例で妥当性境界の対立，ひいては責任境界のひき方の対立が観察される[8]．科学的知見が，社会の意思決定にも用いられる際，その種の政府の委員会は，複数の専門分野の専門家によって構成されるのである．そのため，委員会内での専門家の対立，とくに妥当性境界の違いに起因する対立には，敏感である必要があろう[9]．

さて次に，不確実性下の意思決定，予測ができなかった事態についての責任について考えてみよう．科学および技術研究はつねに未知の部分をはらみながら，その未知の解明を続けていく過程であるため，その未知の部分は，時々刻々変化する．その時々刻々変化する事実（作動中の科学）に対応して，ある時点での「事実Ａ」に基づいた判断が，数十年後の「事実Ｂ」からみて誤っていた場合，事実Ａに基づいた判断のもつ責任は，どのように定式化していけばよいのだろうか，という問いが生じる．たとえば，もんじゅ裁判（高裁判決2003年1月，最高裁判決2005年5月）では，1983年の設置許可のときの安全審査（事実Ａ）が，現代（2003年および2005年当時）の事実Ｂからみて看過しがたい過誤があったとみなされるかどうかが問われた．原子力のケースでは，「科学技術が不断に進歩することを考慮して，処分（設置許可）当時問題がなくとも，現在の科学技術水準に照らして不十分であることがわかれば，設置許可処分は違法であるとして取り消すべきである（伊方最高裁判決）」という立場が取られている．つまり事実Ｂ重視である．それに対し，薬害エイズ事件の事例では，安部被告の責任が「医師の治療行為については当時の医療水準がいわばそのときの法律にあたるのであるから，たとえ今日の医療水準からみて誤っていたとしても，これに従った医療行為は適法である」という形で免罪になった．ここでは事実Ａ重視である．原子力と医療過誤とでは，事実Ａと事実Ｂが異なったときの責任の扱いが異なっている[10]．これらは行政法と刑法との考え方の違いにも起因しているが，作動中の科学のもつ責任をどう考えるか，裁判になる前に法とは独立に責任をどう考えるか，はわれわれに残された課題である．

　以上の考察をもとに，意思決定の際の「システムとしての責任」について考えてみよう．委員会内の分野ごとの知見の対立，あるいは不確実性下の責任といった論点は，科学者個人の責任とともに，科学システムを内包した国の意思決定システムの問題にもなる．企業の社会的責任（CSR）が集団としての企業の責任と企業内ではたらく従業員個人の責任の両方を対象とするように，科学者の社会的責任（SSR）も集団としての責任と個人の責任の両方が関係するだろう．上記の薬害エイズ事件では，国際比較によると海外諸国と比して，日本

のとった対応（加熱製剤が使用可能になった時期，加熱処理製剤の義務化時期）には遅れがみられる．これは水俣病やBSEの対処とならんで日本の科学政策，公衆衛生に関連する政策に共通してみられる傾向である．安部被告の責任が上記のような形で免罪になったとしても，その「当時の医療水準」を左右したと考えられる国の対応が，国際比較のなかで遅れをとってしまったことの責任は，誰がどのようにとるのだろうか．科学的不確かさがある時の意思決定の責任問題を考えるうえでの重い課題を提示している．

　国際比較によると海外諸国と比して，日本の科学政策，公衆衛生に関連する政策がとった対応に遅れがみられるケースは，水俣病，BSE，そして薬害エイズともに海外から批判されている[11]．科学的な証拠がないと何の対策もとらないという日本のシステムのあり方への批判である．これは，科学システムを内包した国の意思決定システムの責任と考えることができるだろう．

　このシステムとしての責任を考える際，統計学上の第2種の過誤（問題があるのに問題がないと判断してしまう，判断のエラー）という概念を行政上に応用すること[12]は役に立つ．たとえば，水俣病事例では，チッソ水俣の排水に問題があったのに，当時は問題なしと判断してしまったこと（そしてそのことの責任），もんじゅの判決では，安全性に問題があったのに，当時は問題なしと判断してしまったこと（そしてそのことの責任），などである．第2種の過誤は，第1種の過誤（問題がないのに問題があると判断してしまう，判断のエラー）を避けようとするあまり，つまり科学的厳密性を守るあまり，「科学的に立証できていないこと＝問題がないこと」としてしまう傾向にも起因している．このような第2種の過誤を避けるシステム，問題解決のしくみを社会に作っていくために，①科学的不確かさが残っていても対応するシステムと，②同時並行して科学的究明を続けていくシステムと，さらに③新知見がでてきたときの責任の分担システム，とを構築していくことが必要であることが示唆される[13]．

13.4.5　報道に用いられる科学の責任

　もう一つ，市民からの問いかけへの呼応責任のなかに入ると考えられるのは，報道に用いられる科学の責任である．自分の分野のデータのメディアでの取り扱われ方への責任である．2007年1月に「発掘！あるある大事典Ⅱ」という

テレビ番組の捏造をめぐって議論がおこったことから，歪曲報道についての議論も増えた．「あるある」問題は以下の三つの側面から，科学コミュニケーションに関する問題提起をしていると考えられる．

　まず，報道の側の演出の問題である．「わかりやすさ」「面白さ」を過剰に追求することによって生まれる問題である．「あるある」問題を扱った *Nature* 誌の記事は，番組報道の具体例として，テンプル大学のシュヴァルツ（Schwartz）博士がやった実験ではないものが，あたかもシュヴァルツ博士がやった実験のように報道されたこと，米国の大学に勤めるキム（Kim）博士の言葉の上に，彼がまったくいっていない言葉が日本語でかぶせられていたこと，千葉大学の長村氏がレタスをマウスに与えた実験を番組制作者とともに実施し，マウスが眠らないことを確認したにもかかわらず，テレビではマウスが眠った実験として紹介されたこと，などを紹介している[14]．これは確かに捏造にあたる．放送倫理に抵触する問題であろう．しかし，今回の事件は，「わかりやすさ」を過剰に追求したときに，故意の歪曲か，ただの演出か，映像がもともともつ性質（わかりやすさの追求による正確さの低下）か，といったグレーゾーンがあることに警鐘を鳴らしてもいる．第5章でも示したように，専門用語ネットワークから日常用語ネットワークへ，「わかりやすく」置き換えるプロセスでは，①ある種の情報量は確実に減り（物質名，化学式，専門用語で表現された概念など），②「概念の精度」が落ち，③比喩，対比などにより日常の文脈が追加される．「わかりやすく」することによって正確さが低下することは，故意がなくても必ずおきうるのである．メディアに携わる人間の報道や取材の倫理においては，この点も考慮が必要となるだろう．

　続いて，こうしたテレビ番組をみる一般の人々の批判力，疑う力の問題である．これはリテラシー論と関係する．第5，6章でも紹介したように，バーンズ（Burns），オコナー（Oconnor）そしてストックルマイヤー（Stocklmayer）による科学リテラシーの定義によると，「科学リテラシーは，……科学的事柄に関して他人が発する主張を批判的にみたり疑問をもったりすることを助け，質問を同定することができ，証拠に基づいた結論を探求したり描いたりすることができることを助け，環境問題や健康問題に関して，十分な情報に基づいた意思決定をすることができることを助ける」．データや実験をみせられても，

それを批判的にみる力があれば，番組を疑うこともできる．実際，「発掘！あるある大事典Ⅱ」の番組を胡散臭いと考えていた人も少なからずいたはずである．メディアによって「わかりやすく」加工されたものを鵜呑みにし，それが捏造されたものだとし，報道関係者と取材された専門家だけの責任だけを強調するのでは，一般の視聴者の「受動」性が強調されすぎてしまうだろう．

　最後に，こうした報道に対する専門家の責任である．*Nature*誌の記事は，取材され発言を歪曲された専門家は，あくまで犠牲者である，と書いている．「研究者の発言が歪曲されると事態がいかに間違った方向に向かうかを実証したと指摘，取材の危険性について科学者に警鐘を鳴らした」[15] としている．しかし同時に上記 *Nature* 誌の記事は，自分の実験を歪曲して報道された研究者のその後の行動についても言及している．1998年に自分の実験を間違って伝えられた日本の研究者は，番組制作会社やテレビ局に文句をいうことはしなかった．それはあまりにばかげたことだと思われたからだという．そして，学会や公開の討論の場で，そのことを問題とした．そして多くの科学者がこの番組を信用できない，疑わしいと思っていることを示唆した．

　さて，報道に直接，批判を申し立てる行動を1998年に研究者がとらなかったことを，われわれはどのように考えたらよいのだろう．自らのデータを自ら捏造するのは，13.2節の科学者共同体内部を律する責任と関係するのに対し，自らのデータが歪曲して伝えられることそのものへの責任は，市民からの問いかけへの呼応責任と考えられる．このようなことが発生したとき，報道関係者だけの責任に帰してしまってよいのか，さらなる議論が必要となるだろう．

13.5　CSR と対置したときの SSR

　本節では，企業の社会的責任（CSR）と科学者の社会的責任（SSR）とを対置して，さらに考察を深めてみよう．企業の社会的責任とは，持続可能な社会を目指すためには，行政，民間，非営利団体のみならず，企業も経済だけでなく社会や環境などの要素にも責任をもつべきであるという考えのもとに成立した概念であるといわれる．もっとも基本的な CSR 活動として挙げられるのは，企業活動について，利害関係者（ステークホルダー）に対して説明責任を果た

すこと，会社の財務状況や経営の透明性を高めることである．また，CSR の
なかには，「コンプライアンス（法令遵守）」「リスクマネジメント」「内部統
制」といった概念もふくまれる．もともとは企業の環境破壊に対抗する主張と
して考え方の基礎が作られ発展した概念であるが，現在では，環境（対社会）
はもちろん，労働安全衛生・人権（対従業員），雇用創出（対地域），品質（対
消費者），取引先への配慮（対顧客）など幅広い分野に拡大しているとされる．

　このうち SSR と重なり部分が観察されるのは，説明責任であろう．しかし，
環境（対社会），労働安全衛生・人権（対従業員），雇用創出（対地域），品質
（対消費者），取引先への配慮（対顧客）となると，科学者共同体とはかなり様
相を異にしていることがうかがえる．科学者共同体はたしかに環境に配慮する．
科学者の人権や労働安全衛生にも科学者共同体として取り組むが，あくまで職
能団体としてであって，雇用者としてではない．科学者の雇用，キャリアマネ
ジメントについて科学者共同体はもちろん対策をたてるが，実際に雇用を創出
する主体であるわけではない．そして品質管理は 13.2 節の研究者共同体内部
を律する責任に関係し，取引先への配慮は 13.3 節の製造物責任に関係する．

　このように，CSR と SSR を対置するときにでてくるねじれは，人を雇用す
る団体としての企業の責任と，雇用関係とは別に存在する「職能共同体」の責
任である．科学者の社会的責任といったとき，それは科学者個人の責任を指す
と同時に，科学者共同体の責任も指す．科学者は，「共同体」の存在を想定で
きる集団なのである．たとえば科学者集団において，知的生産物の品質管理は
専門誌共同体（ジャーナル共同体）によって行われる．そこでの査読システム
が，品質管理の要となる．また自らが属する学会や学術会議という共同体とし
て社会にものを申すことの重要性は，大学や研究所など雇用されている機関に
対する帰属意識と同程度あるいはそれ以上に高く認識されている．このように，
品質管理，および帰属意識，の二つの側面において機関と個人との間に「共同
体」が厳として存在しているのが科学者集団である[16)]．

　科学者個人の責任問題は，科学者共同体の責任問題と重ねて論じられる．技
術倫理の教科書では，技術者個人の良心と企業の隠蔽の論理との対立の構造が
よくとりあげられるが，科学者集団においては，科学者個人の良心と所属する
大学や研究所の隠蔽の論理の対立構造は技術者の場合ほど前面にはでない．科

学者には，所属する大学や研究所のほかに，「科学者共同体」というワンクッ
ションがあるのである．技術者は，「自分の技術者としての倫理に誠実であろ
うとすること」と「雇用されている企業にとって有利であること」とが対置さ
れ，後者を説得する論理として CSR が使われる．しかし，科学者では，「科学
者としての倫理に誠実であろうとすること」と「科学者集団にとって有利であ
ること」とは対立しないのに対し，以下のような別の形の葛藤が生起する．

　科学者共同体内部を律する責任と，市民からの問いかけへの呼応責任との間
の葛藤である[17]．たとえばイタイイタイ病の事例において，研究者として「第
1 種の過誤」（水質汚染に問題がないのにあるという）を恐れるがゆえに，病気
の原因物質の特定に対して慎重になり，結果として「第 2 種の過誤」（水質汚
染に問題があるのにないという）を引き起こした例などがこれに該当する．こ
の行為は，第 2 種の過誤を防ぐという立場からみれば「負の役割」である．し
かし，第 1 種の過誤を避けようとする態度は，彼らのプロとしての要求水準の
高さ，自らが所属するジャーナル共同体（この研究者の場合は疫学に関連する専
門誌共同体）における精確さを維持することに対する責任感の表れである．そ
のことが結果として，公共からの要求（第 2 種の過誤を避けること）と対立す
るのである．科学者の責任感が，研究者内部を律する責任（13.2 節で扱ったこ
と）と呼応可能性としての責任（13.4 節で扱ったこと）との間で引き裂かれて
いる．この例は，唐木の指摘する「研究への没頭と倫理観の欠如との共存」と
は別の現象であり，現代の呼応責任に対応したものとして注意を要する．また，
このような葛藤は，CSR のなかにも観察しにくいものである．企業では，内
部の品質管理と，顧客からの問いかけへの応答責任とはふつう矛盾しないため
である．また，この葛藤は，科学コミュニケーションの問題としても重要であ
る．一般の人々が，科学の本質や書き換わる性質や第 1 種の過誤を避けること
の意味を理解すれば，あまりに過度の応答責任を求めたりはしないだろう．し
かし，現状では，人々の科学に対する大きすぎる期待がある．「早く応えてほ
しい，かつ間違っていては困る．」この要求は，研究者内部を律する責任と呼
応可能性としての責任の間の葛藤を理解していないために生ずると考えられる．

13.6　本章のまとめ

　本章では，科学者の社会的責任論の変遷をみたのち，現代の科学者の責任を三つ（共同体内部を律する責任，製造物責任（知的生産物に対する責任），市民からの問いかけへの呼応責任）に分けて論じた．13.1 節で述べたラッセル－アインシュタイン宣言や唐木の頃の科学者の社会的責任は，三つの責任のうち，二つめの「製造物責任」の議論に焦点があてられていた．それに対し，現在話題としてよくとりあげられがちなのは，一つめの研究者共同体内部を律する責任や三つめの市民からの問いかけへの応答可能性への責任である．一つめは，研究者のデータ捏造についての事件が相次いでいることが関係している．三つめは，「社会のなかの科学」を考えなくてはならない機会が増えてきていることを示唆している．また，科学者の社会的責任を企業の社会的責任と対置することを通して，科学者集団という「共同体」の果たす役割と企業体との違い，および科学者が独自にかかえる葛藤を明らかにした．

　これらの責任はどれも，科学コミュニケーションと密接に関係している．たとえば共同体内部を律する責任は，科学者共同体の共同体の外への科学コミュニケーションにとって大事なものである．製造物責任を考える生命倫理，環境倫理の議論では，社会の多くの利害関係者をふくんだ議論の場での科学コミュニケーションが必須である．また，市民の問いかけへの呼応責任では，「わかりやすく説明する責任」「意思決定に必要な科学の責任」「報道に用いられる科学の責任」いずれにしても，市民との科学コミュニケーションが必要となる．システムの責任（科学システムを内包した国の意思決定システムの責任）を構築することは，今後の科学コミュニケーションにとって避けて通れない課題である．最後に，研究者内部を律する責任と呼応可能性としての責任の間の葛藤を市民が理解することは，科学コミュニケーションにおける重い課題を提示していると考えられる．

註

1) 唐木順三，『科学者の社会的責任についての覚書』，筑摩書房，1980.

2) 廣野善幸，「科学者の社会的責任論——史的俯瞰序説」，『湘南科学史懇話会通信』，8，40-53，2002.

3) たとえば E. レヴィナス，合田正人訳，『存在の彼方へ』，講談社学術文庫，1999；瀧川裕英，『責任の意味と制度——負担から応答へ』，勁草書房，2003.

4) National Academy of Science *et al.*, *On Being A Scientist: Responsible conduct in research*, National Academy Press, 1995. 邦訳：池内了訳，『科学者をめざす君たちへ——科学者の責任ある行動とは』，化学同人，1996.

5) 日本学術会議，『科学者の行動規範について』，平成 18 年 10 月 3 日.

6) 知的生産物に対する責任のうち，科学者倫理と技術者倫理との違いをまとめておきたい．科学者集団においては，品質管理，および帰属意識，の二つの側面において，雇用されている組織（大学や研究所）より研究者共同体のほうが強い傾向がある．たとえば科学者集団において知的生産物の品質管理は，専門誌共同体（ジャーナル共同体）によって行われる．そこでの査読システムが，品質管理の要となる．また自らが属する学会や学術会議という共同体として社会にものを申すことの重要性は，大学や研究所など雇用されている機関に対する帰属意識と同じくらい高く認識されている．このように，雇用している機関と個人の研究者との間に「共同体」が存在するのが科学者である．それに対し，技術開発の現場においては，知的生産物の品質管理は，専門誌共同体（ジャーナル共同体）によって行われるとはかぎらない．論文を書かずに，製品をまずは作ってしまう場合もあり，論文の品質管理を担う共同体の重要性がそれほど高くない分野も多い．同時に，技術者は企業への帰属意識のほうが技術アカデミーや技術士会への帰属意識よりずっと高いのが現状である．このように，品質管理，および帰属意識，の二つの側面において機関と個人との間に「共同体」が厳として存在しているのが科学者であり，共同体の存在が薄いのが技術者となる（CSR と SSR とを対比させるときに要注意）．その証拠に，技術倫理の教科書では，本来，技術者共同体内部を律する責任（品質管理）と考えられるもの，科学者集団であれば共同体が担うべきものが，技術者「個人」に負わされているケースが非常に多いのである．

7) 藤垣裕子，『専門知と公共性——科学技術社会論の構築にむけて』，東京大学出版会，2003.

8) 藤垣裕子編，『科学技術社会論の技法』，東京大学出版会，2005.

9) 自分の専門ではない分野への科学者の言動の責任をどう考えるか，は新たな問題である．自分の分野以外のところで，何らかの発言をするとき，そこにどのていどの責任を負った語り方をするべきなのだろう．これは新しく考えていかねばならない問題である．

10) 藤垣，文献8）の第3章，第4章参照.

11) たとえば，Beef Scandal in Japan, *Nature,* **413**, 33, September 27, 2001.

12) 松原望，「環境学におけるデータの十分性と意思決定判断」，石弘之編，『環境学の技法』，第5章，東京大学出版会，2002.

13) 藤垣，文献8）の解題を参照.

14) Japanese TV show admits faking science, *Nature*, **445**, 804-805, 22 February, 2007.

15) 『日本経済新聞』2007年2月24日夕刊.

16) 技術者にも「技術者協会」が存在するが，科学者の共同体ほどの品質管理と帰属意識があるかどうかは，注6）にも述べたとおりである．また，13.4.4項で，システムとしての責任（科学システムを内包した国の意思決定システムの責任）に言及したが，システムとしての責任は個人，科学者共同体，企業，のどの枠も超えた一つの国のシステムとしての責任になろう.

17) 藤垣裕子，「科学技術社会のゆくえ——科学者の社会的責任論の系譜から」，『科学』，**77** (8), 866-870, 2007.

読書案内

　さらに進んで科学コミュニケーションを学んでいくのによい書籍を挙げておくことにしよう.

[1] ストックルマイヤー，S. 他編著，佐々木勝宏他訳，『サイエンス・コミュニケーション――科学を伝える人の理論と実践』，丸善プラネット，2003.
Stocklmayer, S. M., Gore, M., and Bryant, C. eds., *Science Comunication in Theory and Prqactice*, Kluwer Academic Publishers, 2001.
　日本語で科学コミュニケーションについてまとまって読むことができるようになったはじめての本.

[2] 北海道大学科学技術コミュニケーター養成ユニット（CoSTEP）編著，『はじめよう！科学技術コミュニケーション』，ナカニシヤ出版，2007.
　本文でも述べたように，科学技術振興調整費により，北海道大学・早稲田大学・東京大学で科学技術コミュニケーターの養成が時限付きで行われているが，北海道大学関係者によってまとめられたのが本書である. ラジオやウェブなど，さまざまな場を「道具」として紹介している.

[3] 千葉和義・仲矢史雄・真島秀行編著，『サイエンス コミュニケーション――科学を伝える5つの技法』，日本評論社，2007.
　これも本文で述べたことだが，科学技術振興調整費以外でも，科学技術コミュニケーター養成がさまざまな大学で試みられるようになってきた. 本書は，そうした試みを早くから実施してきたお茶の水女子大学関係者がメインとなって作られている. とりあげられている五つの技法とは，「プレゼンテーショ

ン」「サイエンス・ライティング」「科学的探求能力育成スキル」「教材開発スキル」「外部資金導入スキル」である.

[4] 日本科学技術ジャーナリスト会議編,『科学ジャーナリストの手法——プロから学ぶ七つの仕事術』, 化学同人, 2007.
　科学技術ジャーナリストについては, これまでにも多くの書籍が出版されてきた. そのなかでもっとも新しく, かつ比較的科学コミュニケーションの技法を念頭に作成されているのが本書である.

　他に日本語で読める参考書として以下のものがある (欧文献については各章の文末注を参照).

[5] The Royal Society, The Public understanding of science: Report of a Poyal Socety ad hoc group endorsed by the Counsel of the Royal Society, 1985. 大山雄二訳,「公衆に科学を理解してもらうために-1-」,『科学』, 56 (1),「公衆に科学を理解してもらうために-2-」,『科学』, 56 (2),「公衆に科学を理解してもらうために-3-」,『科学』, 56 (3), 1986.
[6] Burkett, W., *News Reporting: Science, medicine, and high technology*, Iowa State Pr, 1986. 医学ジャーナリズム研究会訳,『科学は正しく伝えられているか——サイエンス・ジャーナリズム論』, 紀伊國屋書店, 1989.
[7] 黒田玲子,「社会の中の科学, 科学にとっての社会」, 河合隼雄・佐藤文隆共同編集,『現代日本文化論13　日本人の科学』, 岩波書店, 1996.
[8] 牧野賢治,「日本の科学技術ジャーナリズム研究　ほぼゼロからのスタート」,『科学技術社会論研究』, 1, 134-139, 2002.
[9] 小林傳司,「科学コミュニケーション——専門家と素人の対話は可能か」, 金森修・中島秀人編,『科学論の現在』, 到草書房, pp. 117-147, 2002.
[10] 石浦章一・黒田玲子他,『社会人のための東大科学講座』, 講談社, 2008.

おわりに

　本書は，科学技術振興調整費人材養成プログラム「東京大学科学技術インタープリター養成プログラム」における必修授業の一つ，科学コミュニケーション基礎論の授業用に整備されたものである．当プログラムは 2005 年 1 月に発足したが，われわれは，2005 年度の終わりに当プログラムのポスドク（PD）およびリサーチアシスタント（RA）の方々と，『科学技術コミュニケーション基本論文集』を作成した．これは，さまざまな雑誌上，書籍上に展開される科学コミュニケーション関連の論考を集めたもので，51 編の論文のコピーからなり，厚さは 4 センチ近くある．この論文集を編むプロセスで，われわれは，科学コミュニケーションに関わる論説が，白書，政府文書のほか，理科教育に関わるもの，理系の専門家のアウトリーチ活動に関するもの，科学ジャーナリズムに関するもの，リテラシー論に関するもの，科学技術社会論に関するもの，社会学のコミュニケーション論，メディア論に関わるもの，などに分散しており，掲載されている場所も多岐にわたっていることに気づいた．上記のプログラムでこれらの文献を系統的に学習するためには，これら多岐にわたって分散している論考を一望のもとにレビューできる教科書がどうしても必要だと考えるようになった．そこで 2006 年度は，当プログラムの PD, RA の方々と専門誌『科学の公衆理解（*Public Understanding of Science*）』の 1992 年創刊時から 2006 年まで 300 編あまりの論文を抄読する勉強会を設け，とくに欧州で活発な科学コミュニケーションの理論的モデルと実践の評価についての論文群にあたった．これらの勉強会をもとに，2007 年度に章立てを考え，系統的に学習するための教科書としたのが本書である．

　ある読者の方々には，本書の内容は理論に偏りすぎてみえるかもしれない．しかし，これは同プログラムが役割分担を図りながら事業を進めていることに

も起因している．本書のほかにも多種の出版物が企画されている．第1期社会人講座はすでに『社会人のための東大科学講座』として講談社から出版されており，ほかにも同プログラム代表である黒田玲子先生の講義ノートをベースとした教科書等々，いろいろ構想されているので，楽しみにお待ちいただければ幸いである．

　本書の作成においては，同プログラムの現在の代表である黒田玲子先生，執行委員会幹部の石浦章一先生，長谷川壽一先生，村上陽一郎先生に大変お世話になった．また，当プログラムの申請書作成でご尽力された佐倉統先生，平成17年度同プログラムの代表であった松井考典先生にもお世話になった．また，当プログラムの企画するシンポジウムに登壇してくださった先生方，および議論に参加してくださった多くの方々の意見も大変参考になった．この場を借りてお礼申し上げたい．また本書の企画の段階からさまざまな意見をよせてくださった東京大学出版会の丹内利香さんにもお礼申し上げる．

　本書をきっかけとして，多岐にわたって分散している科学コミュニケーション論の系統的な知見の蓄積が行われることを願ってやまない．

2008年7月　藤垣裕子，廣野喜幸

索　引

執筆者および分担一覧

編者

藤垣裕子　東京大学大学院総合文化研究科教授
　　　　　　科学技術インタープリター養成プログラム構成員　第 3, 5, 6, 12, 13 章
廣野喜幸　東京大学大学院総合文化研究科教授
　　　　　　科学技術インタープリター養成プログラム構成員　第 3, 4, 7, 11 章

執筆者（五十音順）

大島まり　東京大学大学院情報学環・生産技術研究所教授
　　　　　　科学技術インタープリター養成プログラム構成員　第 8 章
草深美奈子　元東京大学大学院総合文化研究科科学技術インタープリ
　　　　　　ター養成プログラム特任研究員　　　　　　　　　第 9 章
舩戸修一　静岡文化芸術大学文化政策学部文化政策学科教授　　第 10 章
水沢　光　国立公文書館アジア歴史資料センター研究員　　　　第 1, 2 章

科学コミュニケーション論　新装版

2008 年 10 月 15 日初　版第 1 刷
2020 年 12 月 11 日新装版第 1 刷

［検印廃止］

編者　藤垣裕子・廣野喜幸
発行所　一般財団法人　東京大学出版会
代表者　吉見俊哉
153-0041 東京都目黒区駒場 4-5-29
電話 03-6407-1069　Fax 03-6407-1991
URL http://www.utp.or.jp
振替　00160-6-59964
印刷所　株式会社平文社
製本所　牧製本印刷株式会社

科学技術社会論の挑戦 [全3巻]　　A5判・平均 256 頁

責任編集：藤垣裕子
協力編集：小林傳司・塚原修一・平田光司・中島秀人

第1巻　科学技術社会論とは何か　　3200 円
科学技術社会論とは何だろうか. 原発事故, 気候工学, ゲノム編集など, 最先端科学技術と社会との接点に発生する課題を扱い, 日ごろあたりまえと思っている事柄の見え方を変えてしまう力をもつ. イノベーション論や科学技術政策との関係もふくめて問い直す.

第2巻　科学技術と社会　具体的課題群　　3500 円
現代の日本が抱える課題群は, 科学技術を抜きに語れないと同時に, それだけでは解決できない社会の諸側面も考慮する必要がある. さまざまな分野と関連するSTS研究を, 個別具体的な課題（メディア, 教育, 法, ジェンダーなど）ごとに解説し, その広がりを示す.

第3巻　「つなぐ」「こえる」「動く」の方法論　　3500 円
科学技術と社会, 研究者と市民の間を「つなぎ」, 学問分野や組織の壁を「こえ」, 課題を解決し, 今後の問題を防ぐために, STS はどう「動く」のか. 科学計量学や質的調査, 市民ワークショップの手法などさまざまな方法論について, 具体例を交えながら紹介する.

科学技術社会論の技法
藤垣裕子編　A5判・288 頁・2800 円

BSE, 薬害エイズ, Winny 事件――環境, 食糧, 医療, 災害, 情報など, さまざまな分野で科学／技術と社会との接点にある問題の調停が求められている現在, 境界領域の問題を扱うSTS の役割は大きい. その具体的事例から方法論・思想までをまとめた, 初のテキスト.

専門知と公共性　科学技術社会論の構築へ向けて
藤垣裕子　四六判・240 頁・3400 円

専門知と社会をつなげるために――異分野間摩擦のしくみを分析, それを越えて, 現代社会の直面する諸問題に対応するため, 専門家・市民・行政の三者をつないで公共空間を担保する具体的な仕組みを示す.

ここに表示された価格は本体価格です. ご購入の際には消費税が加算されますのでご了承ください.